Vorwort zur 3. Auflage

Das Fach Lüftungs- bzw. Klimatechnik ist in der Ausbildung von Architekten und Bauingenieuren nur ein Teilgebiet im Gegensatz zur Ausbildung von Ingenieuren der Technischen Gebäudeausrüstung bzw. der Ver- und Entsorgungstechnik. Besonders die Lüftung und ihre Komponenten können einen nicht unerheblichen Einfluss auf die innere und äußere Gestaltung des Gebäudes bzw. des Raums, deren Nutzung und vor allem die Gewährleistung der Raumparameter sowohl im Winter als auch im Sommer haben.

Eine Überarbeitung und Erweiterung der 2. Auflage erschien notwendig, um die konstruktiven Hinweise von Fachkollegen und von Lesern zu berücksichtigen, neue Erkenntnisse aus Praxis und Theorie einzuarbeiten und die neuen Normen und technischen Regeln infolge der Anpassung an die europäische Normung einschließlich der zum Teil geänderten Formelzeichen und Indices aufzunehmen. Aus diesem Grund wurde eine kurze Übersicht über die veränderten Bezeichnungen aufgenommen. Infolge der europäischen Normung werden keine verbindlichen Werte sondern Standard- und Orientierungswerte für die Dimensionierung von raumlufttechnischen Anlagen ausgewiesen, die nicht mehr unbedingt als verbindlich zu werten sind, sondern als Grundlage für die vom Planer und Architekten bzw. Bauherrn u.a. in einem Pflichtenheft zu vereinbarenden bzw. vertraglichen zu regelnden Parameter dienen.

Insbesondere durch die Harmonisierung der europäischen Normung im Zusammenhang sowohl mit der Bewertung der Behaglichkeit und den zahlreichen technischen Möglichkeiten diese zu gewährleisten, als auch mit der Umsetzung der europäischen Gebäudeeffizienzrichtlinie von 2002 in der Energieeinsparverordnung EnEV 2007 und der damit verbundenen energetischen Bewertung ist eine Erweiterung und Ergänzung der Grundlagen und der Klassifizierung erforderlich.

Mit dem vorliegenden Buch soll versucht werden, in anschaulicher Weise die Wechselwirkung zwischen der Lüftungstechnik des Gebäudes und dessen Nutzung so darzustellen, dass der Leser Zusammenhänge und physikalische Hintergründe erkennt, in einer frühen Bearbeitungsphase eines Projektes über Vorbemessungsverfahren verfügt und Abschätzungen über die Größenordnung z.B. der Kühllasten, Druckverluste, Luftvolumenströme, des Platzbedarfs und der Kosten der RLT-

Zentralen und der zu erwartenden sommerlichen Raumlufttemperaturen vornehmen kann. Dabei wird bewusst auf die Vorbemessungsverfahren eingegangen. Diese sollen und dürfen nicht die exakten Berechnungsverfahren und -möglichkeiten (PC-Programme, Simulationsberechnungen) in den Planungsphasen und Entscheidungsprozessen ersetzen.

Die Darstellungen sollen dem Leser ermöglichen, lüftungstechnisches Hintergrundwissen zu erwerben, um zusammen mit dem Fachplaner den notwendigen integralen Planungsprozess realisieren zu können.

Die Verweise auf die zahlreichen aktuellen Normen sind ebenso im Zusammenhang mit der Planung und der energetischen Bewertung von lüftungstechnischen Systemen wie für vertraglichen Grundlagen notwendig geworden.

Eine Überarbeitung der Diagramme, Bilder und Formeln mit der englische Indizierung der Luftvolumenströme in der aktuellen DIN EN 13779 (09/2007) wurde größtenteils vorgenommen, jedoch nicht konsequent, weil bei einigen Abbildungen der Aufwand dafür sehr hoch wäre.

Bewusst wurde auf die Problematik der „Wärmelast", der „Feuchten Luft", des sommerlichen Wärmeschutzes, der Vorbemessung der Raumlufttemperatur, der Aspekte der natürlichen (Freien) Lüftung und der „Raumströmung" eingegangen, weil sich aus diesem Wissen Schlussfolgerungen sowohl für ein klimagerechtes Bauen und ein bauwerksgerechtes Klimatisieren als auch die Investitions- und Betriebskosten von RLT-Anlagen ableiten lassen.

Neue Lösungen in der Lüftungstechnik, wie z.B. die Multisplittechnik, dezentrale Fassadenlüftungssysteme und alternative Kühlsysteme in Kopplung mit der Lüftung, werden komprimiert vorgestellt, wobei für detaillierte Aussagen auf die entsprechende aktuelle Fachliteratur verwiesen wird.

Die Problematik der Schwimmhallenlüftung wurde in einem zusätzlichen Kapitel aufgenommen, da diese sich sowohl von der Dimensionierung, der technischen Konzeption als auch der Anlagentechnik von den allgemein beschriebenen lüftungstechnischen Systemen unterscheidet.

Bei der Lüftung von Wohnungen wird sowohl auf die Probleme im Zusammenhang mit der Behaglichkeit, den Lüftungsregularien und Feuchteschäden als auch Lösungen der kontrollierten Wohnungslüftung, insbesondere dezentrale Systeme, hingewiesen.

Bei Ausführungen zur Lüftungstechnik bzw. Klimatechnik erscheint ein Bezug zur Kältetechnik notwendig. Deshalb werden kurz Aspekte der Kälteerzeugung, der Kälteanlagen, der alternativen Kühlprozesse und der Kälte- und Wärmespeiche-

Achim Trogisch

**Planungshilfen
Lüftungstechnik**

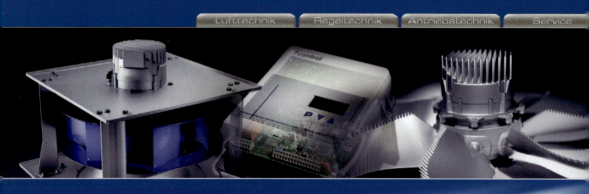

Achim Trogisch

Planungshilfen
Lüftungstechnik

3., überarbeitete und erweiterte Auflage

C. F. Müller Verlag · Heidelberg

Bibliografische Information der Deutschen Nationalbibliothek

Die Deutsche Nationalbibliothek verzeichnet diese Publikation in der Deutschen Nationalbibliografie; detaillierte bibliografische Daten sind im Internet über http://dnb.d-nb.de abrufbar.

ISBN 978-3-7880-7833-1

© 2009 C.F. Müller Verlag, Verlagsgruppe Hüthig Jehle Rehm GmbH, Heidelberg, München, Landsberg, Frechen, Hamburg

www.huethig.de

Satz: III-satz, Husby
Druck: Kessler Druck + Medien, Bobingen

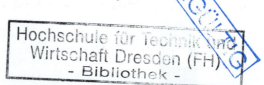

rung in gestraffter Form dargestellt. Auf neuartige Lösungen, wie den Einsatz von PCM (Latentspeichern) in Verbindung mit RLT-Anlagen und der Erdwärmenutzung wird kurz eingegangen.

Für die aktive Mitgestaltung und Erstellung von Beiträgen geht mein besonderer Dank an Herrn Prof. Dr.-Ing. habil W. Richter und Dr.-Ing. J. Seifert, TU Dresden, Institut für Thermodynamik und TGA (ITT) (Abschnitt 1.2), Herrn Dr.-Ing. U. Arndt, Fa. Kaut (Kapitel 3), Herrn Dr.-Ing. T. Sefker, Fa. Trox (Kapitel 4) und Herrn Dr.-Ing. J. Röben, Fa. Menerga (Kapitel 8)

Die Bereitstellung von Werksunterlagen und fotografischen Dokumentationen von namhaften Herstellern ermöglichte eine anschauliche Behandlung der Themen. Dafür sei ausdrücklich gedankt.

Dem Verlag sei für die kooperative Zusammenarbeit gedankt.

Dresden, im Februar 2009 *Prof. Dr.-Ing. Achim Trogisch*

Symbole, Indizes und Einheiten

Die Symbole und Indices werden den in den europäischen Normen verbindlichen angepasst, wobei es innerhalb der nationalen Regeln (DIN EN) für Heizlast (DIN EN 12831), die Lüftung (DIN EN 12792 bzw. DIN EN 13799, der Behaglichkeit EN ISO 7730 bzw. DIN EN 15251 und der energetischen Bewertung von Gebäuden (DIN V 18 559) Unterschiede gibt. Einige alte Symbole werden beibehalten, die aus den Grundlagen der Thermodynamik stammen (z.B. der Wärmeübergangskoeffizient α).

Symbol		Benennung	Einheit
neu	alt		
A		Fläche	m^2
A_B		Nettogrundfläche, Bodenfläche	m^2
A_{HK}		Heizkörperfläche	m^2
A_m		mittlere wärmeübertragende Fläche	m^2
A_N		Nutzfläche	m^2
A_w		Fensterfläche	m^2
a	a	Temperaturleitfähigkeit	m^2/s
a_S		Absorptionsvermögen, Absorptionsgrad	
$\vec{B}$		Wärmeabsorptionskoeffizient	$W/(m^2\,K)$
b		Wärmeeindringkoeffizient	$J/(m^2\,K\,s^{0,5})$
C	W	Wärmekapazität	J/K oder Wh/K
C		Strahlungszahl	W/m^2K^4
C_{wirk}		wirksame Speicherkapazität	J/K oder Wh/K
c	c	spezifische Wärmekapazität	$W/(kg\,K)$
c	k	Konzentration	g/m^3
$c_{p,L}$		spezifische Wärmekapazität der Luft	$W/(kg\,K)$
d		Durchlassgrad	
d_{SP}		speicherwirksame Dicke	m
d_T		wirksame Dicke	m

Symbol		Benennung	Einheit
neu	alt		
E		Energieverbrauch bzw. Energiebedarf	J (MJ. GJ)
$\dot{E}$	G	Solarstrahlung	W/m²
E_n		Beleuchtungsstärke	lx
F_c	z	Abminderungsfaktor für Sonnschutz	
f_A		Auslastungsfaktor	
f_G		Gleichzeitigkeitsfaktor	
$f_{h,i}$		Raumhöhenkorrekturfaktor	
g		Gesamtenergiedurchlassgrad	
H		spezifischer Wärmeverlust	W/h
H_T		Spezifischer Transmissionswärme-verlustkoeffizient	W/K
H_V		Spezifischer Lüftungswärme-verlustkoeffizient	W/K
h		Höhe	m
h	h	spezifische Enthalpie	J/kg
h	α	Oberflächen Wärmeübergangs-koeffizient	W/(m² K)
h_c	α_K bzw. α_{Konv}	konvektiver Wärmeübergangs-koeffizient	W/(m² K)
h_r	α_S bzw. α_{Strahl}	Strahlungs-Wärmeübergangs-koeffizient	W/(m² K)
m_A		Flächenbezogene Masse	kg/m²
m_B		spezifische Bauwerksmasse	kg/m²
m_{sp}		spez. speicherwirksame Bauwerks-masse	kg/m²
n	λ bzw. β	Luftwechsel	h⁻¹
P	P	Leistung	W
Q	Q	Wärmemenge Energiebedarf (DIN V 18 599)	J kWh/a
Q_P''		Jahres-Primärenergiebedarf	kWh/(a m²)
$Q_{P,c}''$		Jahres-Primärenergiebedarf bei gekühlter Raumluft	kWh/(a m²)
q_m	$\dot{m}$	Massestrom	kg/s oder kg/h
q_V	$\dot{V}_L$	Volumenstrom	m³/s oder m³/h
R		Wärmdurchgangswiderstand	(m² K)/W

Symbol		Benennung	Einheit
neu	alt		
R_i		innerer Wärmeübergangs-widerstand	$(m^2\,K)/W$
R_e		äußerer Wärmeübergangs-widerstand	$(m^2\,K)/W$
R_λ		Wärmeleitwiderstand	$(m^2\,K)/W$
r		Reflexionsgrad	
r		Abstand	m
S_n		Wärmespeicherkoeffizient	$W/(m^2\,K)$
s		Dicke	m
T		Absoluttemperatur	K
t	τ	Zeit	s
U	k	Wärmedurchgangskoeffizient	$W/(m^2\,K)$
V	V	Volumen	m^3
V_e		Volumen der Gebäudehülle	m^3
V_i		Raumvolumen	m^3
v	c	Geschwindigkeit	m/s
v_x		Raumluftgeschwindigkeit an der Stelle x	m/s
w_L		Luftgeschwindigkeit	m/s
x	x	absolute Feuchte	g/kg bzw. kg/kg
$\vec{Y}_n$		Thermische Admittanz	$W/(m^2\,K)$
β		Raumausdehnungskoeffizient	
χ_m		flächenbezogen wirksame Speicherkapazität	$W/(m^2\,K)$
$\Delta\theta$ bzw. ΔT	$\Delta\vartheta$ bzw. ΔT	Temperaturdifferenz	K
Δp		Druckdifferenz	Pa
ε		Emissionsvermögen	
ϕ		Einstrahlzahl	
Φ	$\dot{Q}$	Wärmestrom (thermische Leistung) Wärme- oder Kühllast	W
Φ_B		Beleuchtungslast	W
Φ_E		Innere Wärmebelastung	W
Φ_{HL}		Heizlast	W
Φ_K		Wärmestrom durch Konvektion	W
Φ_{KL}		Kühllast	W

Symbol neu	Symbol alt	Benennung	Einheit
Φ_L		Lüftungsheizlast	W
Φ_M		Technologische Last	W
$\Phi_{N,m}$		Mittlere nutzungsbedingte Last	W
Φ_S		Strahlungslast	W
Φ_S		Wärmestrom durch Strahlung	W
Φ_T		Transmissionslast	W
Φ_T		Transmissionsheizlast	W
η		Wirkungsgrad	-
η_B		Teilnutzungsgrad für Verluste der Außenbauteile	
η_C		Teilnutzungsgrad für Raumtemperaturregelung	
$\eta_{c,oe}$		Gesamtnutzungsgrad Kühlung	
$\eta_{h,oe}$		Gesamtnutzungsgrad Heizung	
η_L		Teilnutzungsgrad für vertikales Lüftungsprofil	
η_{Motor}		Motorwirkungsgrad	-
φ	$\dot{q}$	Wärmestromdichte	W/m²
φ_D	φ	relative Feuchte	-
φ_{HL}^{*}		spezifische Heizlast	W/m²
φ_{Str}		spezifische Strahlungswärme	
φ_T		spezifische Transmissionswärme	W/m²
φ_V		spezifische Verdunstungswärme	W/m²
λ	λ	Wärmeleitfähigkeit	W/(m K)
ν		Kinematische Zähigkeit	
θ	ϑ	Celsiustemperatur	°C
θ_a	ϑ_R oder ϑ_{int}	Lufttemperatur im Raum	°C
θ_e	ϑ_e	Außenlufttemperatur	°C
$\theta_{e,O}$		Sonnenlufttemperatur	°C
θ_{int}	ϑ_{int} bzw. ϑ_i	Rauminnentemperatur	°C
θ_{Him}		Temperatur des Himmels	°C
θ_O	ϑ_E	Operative Temperatur) (Empfindungstemperatur	°C

Symbol		Benennung	Einheit
neu	alt		
θ_S		Sonnenlufttemperatur	°C
θ_r	$\overline{\vartheta}_{o,i}$	Strahlungstemperatur (mittlere Oberflächentemperatur)	°C
ρ	ρ	Dichte	kg/m³
Θ_b		Temperaturfaktor	K⁻³
$\vec{\Theta}_n$		Temperaturschwingung	°C
$\hat{\Theta}_n$		Temperaturamplitude	°C oder K
τ		Zeitabschnitt	s ,min, oder h
τ_P		Schwingungsdauer	h
τ		Zeitkonstante	s

Indizes:

Indizes		Benennung	DIN EN
neu	alt		
a	R bzw. i	Innen, Raum	13 779
C		Kälte	18 599
c		Kühlung	
E		Emission	13 779
EHA	FO bzw. FOL	Fortluft	13 799
ETA	AB bzw. ABL	Abluft	13 779
e	e	außen	12 831, 13 779
ex		Abluft	12 831
ex		Fortluft	12 831
FOL	FO	Forluft	13 779
G	B	Fußboden (Nettofläche)	12 831, 13 799
g		Erdreich	12 831
HL		Heizlast	13 779
i bzw. j		beheizter Raum	12 831
inf		Infiltration	12 831
IDA	R bzw. RAL	Raumluft	13 779
INF	INF	Infiltration	13 779
int	i	innen	12 831
KL		Kühllast	13 779

Indizes		Benennung	DIN EN
neu	alt		
LEA	*LEC*	Leckluft	13 779
MIA	*MI* bzw. *MIL*	Mischluft	13 779
m		mittel	12 831, 13 779
m	Masse		
max		maximal	12 831, 13 779
mech		mechanisch	12 831
min		minimal, mindest	12 831, 13 779
nat		natürlich (Freie Lüftung)	12 831
ODA	*AU* bzw. *AUL*	Außenluft	13 779
p		Primärluft	12 792
p	*p*	Druck	
RCA	*UM* bzw. *UML*	Umluft	13 779
SEC	*SEC*	Sekundärluft	13 779
SUP	*ZU* bzw. *ZUL*	Zuluft	13 779
s		Sekundärluft	12 792
su bzw. *inf*		Zuluft	12 831
T	*T*	Transmission	12 831, 13 779
V	*V*	Lüftung	12 831, 13 779
Vl		Leckluft	12 792
WRG	*WRG*	Wärmerückgewinnung	
w	*W*	Wasser	
w	*F*	Fenster	12 831
	AW	Außenwand	
	D	Deckenfläche	
	FG	verglaste Fläche	
	G	Grundfläche	
	L	Luft	
	O	Oberfläche	
	0	Anfang, Beginn	
	S	Strahlung	

Symbolverzeichnis für Abschnitt 1.2 entsprechend ISO EN 7730

Symbol	Benennung	Einheit
A_m	Oberfläche des bekleideten Menschen	m²
$A_{m,n}$	Oberfläche des nackten Menschen	m²
A_S	Strahlungswirksame Fläche des Menschen	m²
DR	Zugluftrisiko	%
	Bekleidungsflächenfaktor ($A_m / A_{m,n}$)	
f_S	Strahlungsflächenfaktor (A_S / A_m)	
n	Wichtungsfaktor	
PD	Prozentsatz von unzufrieden Raumnutzern infolge von lokalem Diskomfort	%
PMV	Predicted Mean Vote	
PPD	Predicted Percentage of Dissatisfied	%
$\dot{q}_A$	spez. Wärmestrom durch Atmung auf $A_{m,n}$ bezogen	W/m²
$\dot{q}_D$	spez. Wärmestrom. durch unspürbare Verdunstung auf $A_{m,n}$ bezogen	W/m²
$\dot{q}_K$	spez. Wärmestrom durch Konvektion auf $A_{m,n}$ bezogen	W/m²
$\dot{q}_{Kl}$	spez. Wärmestrom infolge Wärmeleitung durch Kleidung auf $A_{m,n}$ bezogen	W/m²
$\dot{q}_S$	spez. Wärmestrom durch Strahlung auf $A_{m,n}$ bezogen	W/m²
$\dot{q}_M$	spez. Gesamtwärmeentwicklung des Menschen auf $A_{m,n}$ bezogen	W/m²
$\dot{q}_{Br}$	spez. Bruttoenergieumsatz = f (Belastung des Menschen)	W/m²
$\dot{q}_V$	spez. Wärmestrom durch spürbare Verdunstung auf $A_{m,n}$ bezogen	W/m²
$\dot{q}_{V,b}$	behaglicher spez. Wärmestrom durch spürbare Verdunstung auf $A_{m,n}$ bezogen	W/m²
$\sum \dot{q}_{ab}$	Summe der spez. Wärmeabgabeströme	W/m²
$\sum \dot{q}_{ab,b}$	Summe der behaglichen spez. Wärmeabgabeströme	W/m²
Tu	Turbulenzgrad der Raumluftströmung	%
w_L	mittlere Luftgeschwindigkeit	m/s
x	Berechnungsparameter	
x	Wasserdampfgehalt (absolute Feuchte) der Raumluft	g/kg
y	Berechnungsparameter	
z	Höhenkoordinate	m

Symbol	Benennung	Einheit
z	Berechnungsparameter	
α_K	Wärmeübergangskoeffizient – Konvektion	W/(m²K)
α_S	Wärmeübergangskoeffizient – Strahlung	W/(m²K)
δ	Schichtdicke	m
λ	Wärmeleitfähigkeit	W/(mK)
ϑ_H	mittlere Hauttemperatur des Menschen	°C
$\vartheta_{H,b}$	behagliche mittlere Hauttemperatur des Menschen	°C
ϑ_L	Lufttemperatur	°C
$\Delta\vartheta_{L,1,1-0,1}$	Lufttemperaturgradient	K
ϑ_M	mittlere Oberflächentemperatur des bekleideten Menschen	°C
ϑ_M^*	charakteristische Oberflächentemperatur der für Zugluft empfind-lichen Körperpartien ($\vartheta_M^* = 34\,°C$)	°C
ϑ_{OF}	Oberflächentemperatur des Fußbodens	°C
ϑ_{op}	operative Raumtemperatur (Empfindungstemperatur)	°C
ϑ_S	mittlere Strahlungstemperatur der Umgebung	°C
$\Delta\vartheta_S$	Strahlungsasymmetrie	K
φ	relative Feuchte	%
φ	Einstrahlzahl	
η	Wirkungsgrad des Menschen	

Index	
i	Laufvariable
j	Laufvariable
max	maximal
min	minimal

Inhaltsverzeichnis

Vorwort zur 3. Auflage V

Symbole, Indizes und Einheiten IX

1 Grundlagen 1

  1.1 Einführung 1

  1.2 Behaglichkeit 7

    1.2.1 Kriterien der thermischen Behaglichkeit 7

    1.2.2 Globales thermisches Behaglichkeitskriterium 8

    1.2.3 Lokales thermisches Behaglichkeitskriterium 11

      1.2.3.1 Zugluftrisiko 11

      1.2.3.2 Strahlungsasymmetrie 12

      1.2.3.3 Vertikaler Lufttemperaturgradient 13

      1.2.3.4 Oberflächentemperatur 13

      1.2.3.5 Schwülegrenze 14

    1.2.4 Verfahren zur Gesamtbewertung 15

  1.3 DIN EN 15251: Parameter für das Raumklima:
Raumluftqualität, Temperatur, Licht und Akustik 18

  1.4 Wärmelastberechnung 20

    1.4.1 Heizlast (Wärmebedarf) 21

      1.4.1.1 Transmissionsheizlast eines Raums 22

      1.4.1.2 Lüftungsheizlast eines Raums 24

      1.4.1.3 Norm-Heizlast 25

      1.4.1.4 Überschlägige Bemessung 26

      1.4.1.5 Sonderfälle 27

    1.4.2 Kühllast 29

      1.4.2.1 Definition: Wärmebelastung-Kühllast 29

      1.4.2.2 Kühllastermittlung 39

    1.4.3 Raumlufttemperaturberechnung 58

      1.4.3.1 Grundlagen 58

    1.4.4 Berechnung 59

    1.4.5 Wärmeschutz 64

      1.4.5.1 Winterlicher Wärmeschutz 64

      1.4.5.2 Sommerlicher Wärmeschutz 65

1.4.5.3   Vorbemessung des sommerlichen Wärmeschutzes 66

1.4.5.4   Vorbemessung des sommerlichen Wärmeschutzes
nach Petzold/Trogisch([1-33]) 72

1.4.5.5   Nachweis des sommerlichen Wärmeschutzes
nach Petzold 76

1.5   Normen – EPBD 80

2   Lüftung und Klimatisierung 91

2.1   Systematisierung der Luft- und Klimatechnik..................... 91

2.2   Natürliche (Freie) Lüftungssysteme 109

    2.2.1   Grundlagen 109

    2.2.2   Fensterlüftung...................................... 115

    2.2.3   Schachtlüftung 117

    2.2.4   Dachaufsatzlüftung.................................. 120

    2.2.5   Rauch- und Wärmeabzugsanlagen (RWA) 121

    2.2.6   Anwendungsbeispiele für Kombinationen der „Freien Lüftung" ... 123

2.3   Außenluftansaugung/ Fortluftführung........................... 139

    2.3.1   Außenluftansaugung 139

    2.3.2   Fortluftführung..................................... 143

    2.3.3   Abstand zwischen Außenluftansaugung und Fortluftführung...... 144

    2.3.4   Luftbrunnen, Thermolabyrinth....................... 150

    2.3.5   Sonderform des Thermolabyrinths
(eingebettetes Flächenkühlsystem mit Luft) 154

2.4   Luftaufbereitung... 157

    2.4.1   Einführende Beispiele............................... 157

    2.4.2   Aufbereitungsformen 158

    2.4.3   Aufbereitungsgeräte 171

    2.4.4   Lufttransport....................................... 179

2.5   Luftführung im Raum (Raumströmung) 187

    2.5.1   Allgemeine Aspekte................................. 187

    2.5.2   Begriffe.. 189

    2.5.3   Grundsätze... 193

    2.5.4   Luftführungsarten.................................. 195

    2.5.5   Luftdurchlässe (Luftauslässe) 200

2.6   RLT-Zentrale 213

    2.6.1   Raumbedarf.. 213

    2.6.2   Anordnung 220

    2.6.3   Kosten für RLT-Anlagen 222

2.7   Planerische Hinweise für RLT-Anlagen nach DIN EN 13779 225

    2.7.1   Spezifische Ventilatorleistung P_{SFP} 225

    2.7.2   Hinweise zur fachgerechten Planung 229

2.7.3   Checklisten für die Auslegung und Nutzung von Anlagen
mit niedrigem Energieverbrauch 231

2.8   Planungsablauf RLT-Anlage 232

2.9   Inspektion und Wartung 234

3 Dezentrale Klimatisierung mittels VRF-Multisplittechnologie 239

3.1   Allgemeine Vorbemerkungen 239

3.2   Anlagenkonzeption und Komponenten 242

3.3   Zur Auslegung von VRF-Multisplitanlagen 252

    3.3.1   Grundlagen der Leistungsregelung 252

    3.3.2   VRF-Verbund-Multisplitsysteme für große Leistungen 253

    3.3.3   Anlagenkonfigurationen 255

        3.3.3.1   Kühlen und Heizen im Alternativbetrieb
(Zwei-Rohr-System) 255

        3.3.3.2   Kühlen und Heizen im Simultanbetrieb
(Drei-Rohr-System). 256

        3.3.3.3   Besondere Einsatzmöglichkeiten für gasbetriebene
Außeneinheiten 258

3.4   Betriebsverhalten und Wirtschaftlichkeit [3-21] 259

    3.4.1   Allgemeine Betriebseigenschaften 259

    3.4.2   Teillastverhalten und Jahresenergieverbrauch 260

    3.4.3   Kostenvergleich mit Nur-Luft- und Luft-Wasser-Anlagen 262

4 Dezentrale Fassadenlüftungssysteme 267

4.1   Systembeschreibung 267

4.2   Systemvorteile und -nachteile 267

4.3   Anwendungsgebiete und Einsatzgrenzen 268

4.4   Bauformen dezentraler Lüftungsgeräte 269

4.5   Anforderungen an dezentrale Lüftungsgeräte 272

    4.5.1   Einfluss von Druckdifferenzen 272

    4.5.2   Kompensation von Windeinflüssen. 273

    4.5.3   Akustische Anforderungen 274

    4.5.4   Kondensatanfall 275

    4.5.5   Einsatz der Wärmerückgewinnung 275

        4.5.5.1   Bypass für das WRG-System
aus energetischen Gründen 275

        4.5.5.2   Bypass für das WRG-System
zum Schutz vor Vereisung 275

4.6   Luftführung im Raum 276

4.7   Brand- und Rauchschutz 277

4.8   Wartung 278

4.9   Schlussfolgerungen 278

5   Kontrollierte Wohnungslüftung 279

    5.1   Allgemeines 279

    5.2   Natürliche Lüftung 290

    5.3   Mechanische Wohnungslüftung 292

        5.3.1   Mechanische Wohnungslüftung ohne WRG 292

        5.3.2   Mechanische Wohnungslüftung mit WRG 295

        5.3.3   Bewertung 301

6   Alternative Kühlprozesse und -verfahren 303

    6.1   Kühlprozesse 303

    6.2   Kühlverfahren 305

7   Kälteerzeugung und Kühlung 311

    7.1   Kälteerzeugung 313

        7.1.1   Aufbau 313

        7.1.2   Kältezentrale 317

        7.1.3   Rückkühler 319

        7.1.4   Oberflächenkühler 322

        7.1.5   Kaltwassernetz 323

    7.2   Kälte- und Wärmespeicherung 323

8   Klimatisierung von Hallenbädern 333

    8.1   Anforderungen in einem Hallenbad 334

    8.2   Auslegungsdaten für die Schwimmhalle 335

    8.3   Anforderungen an die Luftaufbereitung 337

        8.3.1   Wämerückgewinnung in der Schwimmhalle 338

        8.3.2   Rückgewinnung latenter und sensibler Wärme 338

    8.4   Betriebskosten 339

Literaturverzeichnis 343

Stichwortverzeichnis 353

1 Grundlagen

1.1 Einführung

Aufgabe der Lüftung ist:

- die Gewährleistung der thermischen und hygienischen Behaglichkeit,
- die Einhaltung von thermischen Grenzwerten (z.B. Raumlufttemperaturen) und Schadstoffgrenzwerten (u.a. MAK-Werte, CO_2-Maßstab, Geruchsgrenzwerte) und
- die Zuführung von Verbrennungsluft oder nutzungsabhängigen Luftvolumenströmen.

Für die hygienische und thermische Behaglichkeit gibt es in Abhängigkeit von den Personen und der Nutzung einzuhaltende Mindestwerte für den erforderlichen Außenluftvolumenstrom.

In der lüftungstechnischen Praxis wird im Allgemeinen mit dem Luftvolumenstrom q_V gerechnet. Für exakte Berechnungen ist es aber besser, den Luftmassenstrom q_m in den Ansatz zu bringen. Der Luftvolumenstrom ist die entscheidende Größe für die Dimensionierung der raumlufttechnischen Anlage, der erforderlichen Leistung und Größe der Luftaufbereitungsgeräte, der Kanalquerschnitte, des Leistungsbedarfs für die Ventilatoren und des Platzbedarfs für die RLT-Zentralen.

Die Grundbeziehungen zur Ermittlung des Luftvolumenstromes sind:

- beim Bezug auf die thermische Last Φ

$$q_V = \Phi / \rho * |\Delta h|$$

weit verbreitet, jedoch ungenau bei größeren Feuchtelasten ist die Beziehung:

$$q_V = \Phi / \rho * c_{p,L} * |\Delta \theta|$$

- beim Bezug auf eine stoffliche Last $q_{m,E}$ (z.B. Feuchte, Schadstoffe)

$$q_V = q_{m,E} / (c_{Schadstoff} - c_{ZUL})$$

- beim Bezug auf den Luftwechsel n (dieser Wert ist ein Erfahrungs- und Orientierungswert)

$$q_V = n * V_{Raum}$$

Weitere wichtige Grundbeziehungen sind:

$$A_k = q_V / v_L$$

$$\Delta p \cong \rho * v_L^2 / 2$$

$$P_{Vent} \cong q_V * \Delta p / \eta_{Motor}$$

Zu beachten ist beim Luftwechsel, auf welchen Luftvolumenstrom der Wert bezogen wird (z.B. Außenluft, Zuluft) und dass es sich um eine „freie" effektive Querschnittsfläche A_k handelt. Diese ist – außer bei Kanälen (A_c) – im Allgemeinen kleiner als die „konstruktive" Fläche.

Aus den letzteren Beziehungen wird die Bedeutung der Größe des Luftvolumenstromes auf die Dimensionierung der RLT-Anlage, d.h. die Investitionskosten und die Betriebskosten (z.B. Elektroenergieverbrauch) deutlich. Deshalb sollte darauf orientiert werden, dass

- der zu fördernde Luftvolumenstrom q_V so klein wie möglich bzw. nötig ist,
- die Luftgeschwindigkeiten v_L in den Luftleitungen und den Luftbehandlungsgeräten ebenfalls gering sind und
- der zu fördernde Luftvolumenstrom geregelt werden kann.

Dies gilt auch im Zusammenhang mit der zukünftigen energetischen Bewertung von Gebäuden nach DIN EN V 18599 [1-3]. Der Zuluftvolumenstrom $q_{V,ZUL}$ (s.a. 2.1) ist jedoch nicht losgelöst von einer stabilen Raumströmung, d.h. Zuluftzuführung und Ablufterfassung, und der Einhaltung der Behaglichkeitsparameter im Aufenthaltsbereich (z.B. v_x, $\Delta\theta_x$) zu sehen. Dies bedeutet u.a., dass ein ausreichender Zuluftimpuls $I_{O,ZUL} = \rho * A_{k,O} * v_O^2$ vorhanden sein muss.

Einer Minimierung von q_V durch Vergrößerung von Δh bzw. $\Delta \theta$ sind sowohl durch die Gewährleistung der Behaglichkeit im Aufenthaltsbereich als auch durch die Luftdurchlässe Grenzen gesetzt. Deshalb wird heute im Allgemeinen darauf orientiert, die thermischen Lasten so zu kompensieren, dass

- dem Raum nur der hygienisch notwendige Mindestaußenluftvolumenstrom $q_{V,AUL,min}$ bzw. der für eine stabile Raumströmung erforderliche Zuluftvolumenstrom $q_{V,ZUL}$ zugeführt wird und

- eine Flächenkühlung bzw. -heizung über den Wärmeträger „Wasser" zur Anwendung gelangt.

Der Vorteil dieser Lösung ist in den wesentlichen Unterschieden der Dichte ($\rho_L \approx 1{,}2$ kg/m³; $\rho_W \approx 1000$ kg/m³) und in der spezifischen Wärme ($c_L \approx 1{,}02$ kJ/kg K und $c_W \approx 4{,}2$ kJ/kg K) begründet.

Mit der Novellierung der DIN V EN 13799 [1-2] an die europäisch verwendeten Bezeichnungen für die Luftvolumenströme gelten die in Abbildung 1.1-1 bzw. Tabelle 1.1-1 Bezeichnungen [1-1].

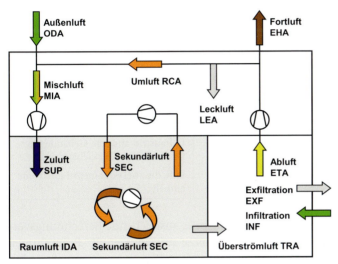

Abb. 1.1-1 Definitionen gemäß EN 13779 [1-1]

Tab. 1.1-1 Festlegung der Luftarten nach [1-1]

Nr. nach Abb. 1.1-1	Luftart	Abkürzung neu	Abkürzung alt	Farbe	Definition
1	Outdoor air	ODA	AUL	Grün	Unbehandelte Luft, die von außen in die Anlage oder in eine Öffnung strömt.
2	Supply air	SUP	ZUL		Luftstrom, der in den behandelten Raum eintritt oder Luft, die in die Anlage eintritt, nachdem er behandelt wurde
3	Indoor air	IDA	RAL	Grau	Luft im behandelten Raum oder Bereich
4	Transferred air	TRA	ÜSL	Grau	Raumluft, die vom behandelten Raum in einen anderen behandelten Raum strömt

Tab. 1.1-1 Festlegung der Luftarten nach [1-1] (Forts.)

Nr. nach Abb. 1.1-1	Luftart	Abkürzung neu	Abkürzung alt	Farbe	Definition
5	Extract air	ETA	ABL	Gelb	Luftstrom, der den behandelten Raum verlässt
6	Recirculation air	RCA	UML	Orange	Abluft, die der Luftbehandlungsanlage wieder zugeführt wird und als Zuluft wiederverwertet wird
7	Exhaust air	EHA	FOL	Braun	Luftstrom, der ins Freie strömt
8	Secondary air	SEC	SEK	Orange	Luftstrom, der einem Rum entnommen wird und nach Behandlung demselben Raum wieder zugeführt wird
9	Leakage air	LEA	LEC	Grau	unbeabsichtigter Luftstrom durch undichte Stellen der Anlage
10	Infiltration	INF	INF	Grün	Lufteintritt in das Gebäude über Undichtheiten der Gebäudehülle.
11	Exfiltration	EXF	EXF	Grau	Luftaustritt aus dem Gebäude über Undichtheiten der Gebäudehülle
12	Mixed air	MIA	MIL		Luft, die zwei oder mehr Luftströme enthält

Zur Ermittlung der Belastungen bzw. Lasten gibt es ausreichende Berechnungsverfahren; angefangen bei Handrechenverfahren bis zu aufwändigen PC-Programmen und Simulationsberechnungen. Für den technischen Planungsprozess ist es aber notwendig, schon zu einem frühen Zeitpunkt die Größenordnung der Belastung bzw. Last zu kennen und auf mögliche Einflussgrößen (z.B. bauliche, nutzungsspezifische) hinzuweisen. In den ersten Planungsphasen „Grundlagenermittlung" und „Vorentwurf" liegen neben den in gesetzlichen Vorgaben ausgewiesenen Daten nur ungenaue Eingangsdaten sowohl für die Baukonstruktion als auch für die Nutzung vor.

Deshalb wird insbesondere auf praktikable Vorbemessungsverfahren zur Ermittlung der thermischen Belastung bzw. Last (Kühllast, Heizlast) eingegangen, die in keiner Weise exakte Berechnungen in den Planungsphasen „Entwurf" und „Ausführungsplanung" ersetzen können und dürfen.

Während für den „Winterfall" die einzuhaltenden Raumlufttemperaturen θ_a bzw. auch operativen Temperaturen θ_O in den technischen Regeln in Abhängigkeit von der Nutzung vorgegeben sind, stellt die sich im „Sommerfall" einstellende Raumlufttemperatur ein Qualitätskriterium für die Baukonstruktion und die raumlufttechnische Anlage bzw. notwendige Lüftung dar. Die Bewertung der Raumlufttemperatur erfolgt im Zusammenhang mit dem sommerlichen Wärmeschutz. Über die vorgestellten Vorbemessungsverfahren können die zu erwartenden sommerlichen Raumlufttemperaturen in ihrer Größenordnung ermittelt werden. Dies ist ausreichend für die Planungsphasen „Grundlagenermittlung" und „Vorentwurf". Für die Planungsphasen „Entwurf" und „Ausführungsplanung" und für genauere Untersuchungen sollten heute vorhandene qualifizierte Simulationsprogramme zur Anwendung gelangen.

Nur mit Kenntnis der Zusammenhänge bezüglich der zu gewährleistenden Behaglichkeit, insbesondere der thermischen (ISO DIN 7730 [1-5] und hygienischen (s.a. DIN EN 15251 [1-6], der thermischen und stofflichen Belastungen bzw. Lasten und der sich einstellenden Raumlufttemperatur kann eine zweckmäßige und funktionsfähige lüftungstechnische Lösung erarbeitet werden.

Mit der europäischen Harmonisierung der Normen ist weiterhin verbunden, dass die planungstechnischen Eingangsgrößen zukünftig vereinbart und fortgeschrieben werden müssen und zum Vertragsbestandteil werden. Im Gegensatz zur bisher üblichen Praxis, dass die technischen Regeln und/oder Normen einzuhaltende Werte vorgegeben wurden, geben die in den Normen und auch in den folgenden Kapiteln ausgewiesenen und z.T. den Normen entnommen Tabellen die im Allgemeinen üblichen Bereiche und Standardwerte der Auslegungsbedingungen an. Die Annahme abweichender Werte wird zukünftig prinzipiell zugelassen. Dies erfordert jedoch eine eindeutige vertragliche Fixierung und setzt eine entsprechende Beratung zu den Konsequenzen durch den gebäudetechnischen Planer und auch Architekten voraus. Dieser Aspekt wertet die o.g. Vorbemessungsverfahren auf.

Da die Raumlufttemperatur θ_a für den Nutzer die einzige messtechnisch nachvollziehbare Temperatur ist, aber z.T. anders empfunden werden kann und auch empfunden werden, weisen die Normen für die Auslegung der Heizungsanlage (DIN EN 12813 [1-4] bzw. [1-7]) und der Lüftungsanlage (DIN EN 13779 [1-1]) eindeutig auf die operative, empfundene Temperatur θ_O und deren Gewährleistung in einem definierten Aufenthaltsbereich (Tabelle 1.1-2 und Abbildung 1.1-2) hin.

Diese empfundene Temperatur θ_O

- sollte im Allgemeinen nicht mehr als 2 bis 3 K von der Raumlufttemperatur abweichen,
- ergibt sich überschlägig aus dem arithmetischen Mittel der Raumlufttemperatur und der mittleren Strahlungstemperatur der Raumumschließungsflächen θ_r und
- kann u.U. erheblich von der Raumlufttemperatur abweichen (Strahlungsasymmetrie) und somit zu Unbehaglichkeiten führen.

Für die Auslegung, die Regelung und Fahrweise der RLT-Anlage sind sowohl die Lufttemperaturen wie z.B. die Raumlufttemperatur $\theta_a = \theta_{RAL}$, die Außenlufttemperatur θ_e, die Zu- (θ_{ZUL}) und/oder Ablufttemperatur (θ_{ABL}) als auch die Schadstoffbelastungen bzw. Schadstoffkonzentrationen der Außenluft und der Raumluft entscheidende messtechnischen Größen bzw. Datenpunkte.

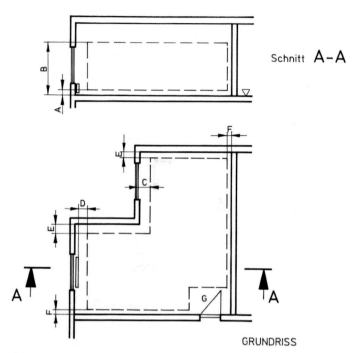

Abb. 1.1-2 Darstellung des Aufenthaltsbereichs nach [1-1]

Tab. 1.1-2 Maße zur Definition des Aufenthaltsbereichs nach [1-1] für Abbildung 1.1-2

Abstand von der folgenden Innenfläche		Üblicher Bereich in m	Standardwert in m
Fußboden (untere Begrenzung)	A	0,0 bis 0,20	0,05
Fußboden (obere Begrenzung)	B	1,30 bis 2,00	1,80
Außenfenster und -türen	C	0,50 bis 1,50	1,00
Heiz- und/oder Klimageräte	D	0,50 bis 1,50	1.00
Außenwand	E	0,15 bis 0,75	0,50
Innenwand	F	0,15 bis 0,75	0,50
Türen, Durchgangsbereiche usw.	G	Besondere Vereinbarung	

1.2 Behaglichkeit

1.2.1 Kriterien der thermischen Behaglichkeit

Der Begriff der „thermischen Behaglichkeit" ist als der Zustand definiert, bei dem der Körper die geringsten thermoregulatorischen Aufwendungen vornehmen muss, um eine konstante Körperkerntemperatur aufrecht zu erhalten (Abbildung 1.2-1). Dabei erfolgt die lebensnotwendige Wärmeabgabe unspürbar und anstrebungslos. Subjektiv ist der Mensch mit den raumklimatischen Verhältnissen zufrieden, d.h. die Bedingungen werden als nicht zu kühl oder zu warm empfunden [1-8].

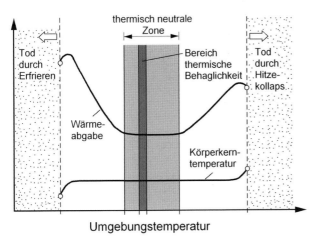

Abb. 1.2-1 Schematische Darstellung der Abhängigkeit der Wärmeabgabe des menschlichen Organismus von der Umgebungstemperatur

Dabei ist das Empfinden des Menschen abhängig von einer ganzen Reihe von Kriterien. Zu ihnen gehören:

- physikalische Umweltbedingungen (Lufttemperatur, Temperaturen der Umschließungsflächen, relative Feuchte, Luftdruck sowie Luftbewegung),
- physiologische Bedingungen (Alter, Geschlecht, körperliche Verfassung, Tätigkeit) und
- intermediäre Bedingungen (Kleidung, psychosoziale Faktoren).

Erfüllt werden müssen die genannten Kriterien zum einen für den Gesamtenergiehaushalt des menschlichen Organismus („Globales thermisches Behaglichkeitskriterium"). Zum anderen müssen sie jedoch auch für einzelne Körperregionen eingehalten werden („Partikuläres Behaglichkeitskriterium"). In den nachfolgenden Abschnitten sollen beide Behaglichkeitskriterien detailliert erläutert werden.

1.2.2 Globales thermisches Behaglichkeitskriterium

Wie schon in den einführenden Bemerkungen in 1.2 benannt, stellt das globale thermische Behaglichkeitskriterium eine notwendige jedoch nicht hinreichende Bedingung für das Wohlbehagen des Menschen im Raum dar. In rein mathematischer Form charakterisiert dieses Kriterium die Wärmebilanz des Menschen. Die heute oftmals verwendete Schreibweise geht dabei auf Fanger [1-9] zurück, der mittels einer großen Anzahl von Testpersonen durch Klimakammerexperimente die grundlegenden biophysikalischen Bedingungen detektierte, die zur Gewährleistung einer globalen thermischen Behaglichkeit gleichzeitig eingehalten werden müssen. Sie können wie folgt formuliert werden:

1. Gleichheit von Wärmeproduktion und Wärmeabgabe charakterisiert durch die Prozesse Atmung, unspürbare und spürbare Verdunstung, Strahlung und Konvektion

$$\dot{q}_M = (1-\eta)*\dot{q}_{Br} \equiv \sum \dot{q}_{ab} = \dot{q}_A + \dot{q}_D + \dot{q}_V + \dot{q}_K + \dot{q}_S$$

2. Einhaltung einer behaglichen mittleren Hauttemperatur als Funktion der Gesamtwärmeproduktion

$$\vartheta_{H,b} = 35,7 - 0,0275*\dot{q}_M = 35,7 - 0,0275*(1-\eta)*\dot{q}_{Br}$$

3. Berücksichtigung einer behaglichen Wärmeabgabe durch spürbare Schweißverdunstung in Abhängigkeit der Gesamtwärmeproduktion

$$\dot{q}_{V,b} = 0,42*(\dot{q}_M - 58)$$

Führt man diese drei Bedingungen zusammen, so entsteht das erstmals von Fanger formulierte Gleichungssystem für die Wärmebilanz des menschlichen Körpers:

$$\dot{q}_M - \dot{q}_A - \dot{q}_D - \dot{q}_V = \dot{q}_{Kl} = \dot{q}_K + \dot{q}_S$$

wobei der Wärmestrom durch die Kleidung sowie der Strahlungs- und Konvektionswärmestrom wie folgt bestimmbar sind[1]:

$$\dot{q}_A = \dot{q}_{Br}*(0,149 - 1,128*10^{-3}*\vartheta_L - 1,72*10^{-5}*p_{D,L})$$

$$\dot{q}_D = 3,07*10^{-3}*[5766 - 7,04*\dot{q}_{Br} - (1-\eta_M) - p_{D,L}]$$

---

1 Index „KL" steht für die Koppelbeziehung der Wärmeleitung.

$$\dot{q}_V = 0{,}42 * [\dot{q}_{Br} * (1 - \eta) - 58]$$

$$\dot{q}_{Kl} = \left[\frac{\lambda}{\delta}\right]_{Kl} * (\vartheta_H - \vartheta_M)$$

$$\dot{q}_K = \alpha_K * f_{Kl} * (\vartheta_M - \vartheta_L)$$

$$\dot{q}_S = \alpha_S * f_S * f_{Kl} * (\vartheta_M - \vartheta_S)$$

Aus der Differenz zwischen realer aktivitätsabhängiger Wärmeabgabe und der bei den vorliegenden raumklimatischen und physiologischen Verhältnissen bestimmbaren behaglichen Wärmeabgabe lässt sich die mittlere subjektive Klimabewertung der Raumnutzer (PMV-Index) ermitteln.

$$PMV = (e^{-0{,}036 * \dot{q}_M} + 0{,}0275)(\dot{q}_M - \sum \dot{q}_{ab,b})$$

Interpretierbar ist der PMV-Index als ein dimensionsloser Maßstab der thermischen Empfindung der Raumnutzer. Eingeteilt wird er nach einem Vorschlag der ASHRAE [1-10] in sieben Klimakategorien, entsprechend Tabelle 1.2-1.

Tab. 1.2-1 Zuordnung der thermischen Empfindung zum PMV-Index nach [1-10]

PMV-Index	-3	-2	-1	0	1	2	3
Empfindung	kalt	kühl	mäßig kühl	neutral	mäßig warm	warm	heiß

Direkt ableitbar aus dem PMV-Index ist der PPD-Index, der den Prozentsatz von Raumnutzern darstellt, die mit den vorhandenen raumklimatischen Verhältnissen nicht zufrieden sind.

$$PPD = 100 - 95 e^{(-0{,}03353 * PMV^4 - 0{,}2179 * PMV^2)}$$

Betrachtet man den PPD-Verlauf, wie er in Abbildung 1.2-2 dargestellt ist, so ist festzustellen, dass aufgrund der individuellen Unterschiede der Raumnutzer auch bei einem optimalen PMV-Index (PMV=0, d.h. neutrale Bewertung) mindestens noch 5 % der Nutzer mit dem Raumklima nicht zufrieden sind.

Für eine einfache praktische Handhabung dieses globalen thermischen Behaglichkeitskriterium werden in der aktuellen DIN EN ISO 7730 [1-5] die einzelnen Kriterien so genannten Behaglichkeitskategorien zugeordnet. Dabei steht die Kategorie A für eine hohe thermische Behaglichkeit, die Kategorie B für eine mittlere und die

Kategorie C für eine mäßige thermische Behaglichkeit. Speziell für den PMV und den PPD-Index sind in der zitierten Norm die in Tab. 1.2-2 dokumentierten Parameter zu finden.

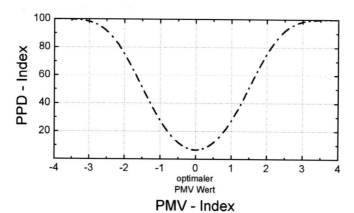

Abb. 1.2-2 PPD-Index in Abhängigkeit des PMV-Maßstabs

Tab. 1.2-2 Komfortkategorien für den PMV- und den PPD-Index nach [1-5]

Kategorie	PMV-Index	PPD-Index [%]
A (hoch)	-0,2 < PMV < +0,2	< 6
B (mittel)	-0,5 < PMV < +0,5	< 10
C (mäßig)	-0,7 < PMV < +0,7	< 15

Analysiert man den PMV- und somit auch den PPD-Index, so zeigt sich, dass z.B. die relative Luftfeuchte lediglich einen geringen Einfluss besitzt und für eine große Anzahl von praktischen Fällen in guter Näherung als konstanter Mittelwert (φ =50%) angenommen werden kann. Berücksichtigt man dies, so lässt sich das Raumklima näherungsweise mit der operativen Temperatur (Empfindungstemperatur) beschreiben. Die einfachste Definition der operativen Temperatur geht dabei von einer Mittelwertbildung von Lufttemperatur (ϑ_L bzw. θ_a) und Strahlungstemperatur (ϑ_S bzw. θ_r) aus. Ein detaillierter Zusammenhang bezieht die örtlichen Luftgeschwindigkeiten in stärkerem Maße mit ein und ist wie folgt definiert:

$$\vartheta_{op} = n * \vartheta_L + (1-n) * \vartheta_S$$
$$w_L < 0{,}2m/s \rightarrow n = 0{,}5$$
$$0{,}2m/s < w_L < 0{,}6m/s \rightarrow n = 0{,}6$$
$$w_L > 0{,}6m/s \rightarrow n = 0{,}7$$

1.2.3 Lokales thermisches Behaglichkeitskriterium

Neben der Einhaltung des globalen wärmephysiologischen Kriteriums ist es notwendig, auch an lokalen Stellen des menschlichen Körpers Wärmestromdichten nicht zu groß oder zu klein werden zu lassen, da dies zu Diskomfort führen kann. Als lokale Kriterien haben sich dabei in der Vergangenheit

- das Zugluftrisiko DR (engl.: draught rating),
- die Strahlungsasymmetrie $\Delta \vartheta_S$,
- der vertikale Raumlufttemperaturgradient $\Delta \vartheta_{L,1,1 - 0,1}$,
- die zulässigen Oberflächentemperaturen ϑ_{OF} sowie die
- Schwülegrenze

als sinnvoll erwiesen. Sie werden oftmals auch als partikuläre Behaglichkeitskriterien bezeichnet.

1.2.3.1 Zugluftrisiko

Das partikuläre Behaglichkeitskriterium „Zugluftrisiko" wird für die Begrenzung zu hoher konvektiver Wärmestromdichten an besonders sensiblen Körperstellen des menschlichen Organismus verwendet. Hierzu zählen insbesondere die Knöchel und Nackenpartien. In Abhängigkeit der Lufttemperatur, der Luftgeschwindigkeit, des Turbulenzgrades sowie der Aktivität gibt das Zugluftrisiko DR den Prozentsatz der Raumnutzer an, die über Zugerscheinungen klagen. Es kann wie folgt bestimmt werden:

$$DR = (\vartheta_M^* - \vartheta_L) * (w_L - 0{,}05)^{0{,}6223} * (3{,}14 + 0{,}37 * w_L * Tu) \, .$$

Wertet man diese Gleichung für praktisch relevante Wertepaare von Lufttemperatur und Luftgeschwindigkeit unter Berücksichtigung des Turbulenzgrades aus, so ergeben sich die in Abbildung 1.2-3 dargestellten Kurvenzüge.

Wie schon für den PMV- sowie für den PPD-Index sind auch für das Kriterium des Zugluftrisikos Grenzwerte für die einzelnen Behaglichkeitskategorien in der DIN EN ISO 7730 [1-5] benannt. So sind für die Kategorie A Werte kleiner als 10%, für die Kategorie B kleiner als 20% sowie für das Erreichen der Kategorie C Werte kleiner als 30% einzuhalten.

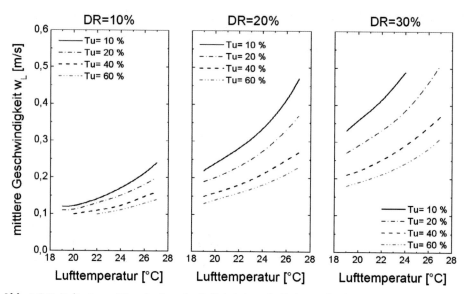

Abb. 1.2-3 Zulässige mittlere Luftgeschwindigkeit innerhalb der Aufenthaltszone als Funktion des Zugluftrisikos, der Lufttemperatur und des Turbulenzgrades

1.2.3.2 Strahlungsasymmetrie

Ein weiterer Parameter, der zu den partikulären Behaglichkeitskriterien gezählt wird, stellt die Strahlungsasymmetrie ($\Delta \vartheta_S$) dar. Sie ist ein Maß für die Unterschiede der lokalen Verteilung der Strahlungswärmeabgabe. Diese kommen zustande, wenn im Raum stark von der mittleren Strahlungstemperatur der Umgebung (ϑ_U bzw. θ_r) abweichende einzelne Oberflächentemperaturen auftreten. Nach einem Vorschlag von Glück [1-11] kann die Strahlungsasymmetrie entsprechend der folgenden Gleichungen beschrieben werden.

$$\vartheta_{S,i} = \left[\sum_j \varphi_{i,j} * (\vartheta_j + 273,15)^4 \right]^{0,25} - 273,15$$

$$\Delta \vartheta_S = \lfloor \vartheta_{S,i} \rfloor_{max} - \lfloor \vartheta_{S,i} \rfloor_{min}.$$

Hierbei ist φ_{ij} die Einstrahlzahl der Fläche i eines würfelförmigen Elementes auf die Umfassungsfläche j und ϑ_j die Oberflächentemperatur der jeweils betrachteten Umfassungsfläche. Eine weitere Definition der Strahlungsasymmetrie stellt der Zusammenhang dar, bei dem jeweils nur die beiden Halbräume betrachtet werden. Rein mathematisch ist dies eine Vereinfachung der oben beschriebenen Beziehung und soll daher hier nicht weiter betrachtet werden [1-20].

Als Grenzwerte für die Strahlungsasymmetrie werden in der DIN EN ISO 7730 [1-5] Prozentangaben von unzufriedenen Nutzern benannt (Kategorie A: PD < 5%, Kategorie B < 5% sowie Kategorie C < 10%):

$$PD = \frac{100}{1 + e^{x - y\Delta\vartheta_S}} - z$$

Die Faktoren x, y, z werden dabei in Abhängigkeit der Oberflächentemperaturverteilung im Raum nach Tab. 1.2-3 bestimmt.

Tab. 1.2-3 Parameter zur Ermittlung des Prozentsatzes von Unzufriedenen infolge von Strahlungsasymmetrie nach DIN EN ISO 7730[1-5]

	x	y	z	$< \Delta v_S$
Warme Decke	2,84	0,174	5,5	23
kalte Wand	6,61	0,345	0,0	15
kalte Decke	9,93	0,50	0,0	15
warme Wand	3,72	0,052	3,5	35

1.2.3.3   Vertikaler Lufttemperaturgradient

Das Kriterium vertikaler Lufttemperaturgradient soll zu große Differenzen der konvektiven Wärmestromdichte zwischen Kopf (beim sitzenden Menschen 1,1 m über dem Fußboden) sowie den Füßen (0,1m Höhe) vermeiden. Als Grenzwerte werden für die Kategorie A PD-Werte von kleiner 3%, für die Kategorie B <5 % sowie für die Kategorie C < 10% in der schon mehrfach zitierten Norm angegeben. Als Bestimmungsgleichung für den Prozentsatz an unzufriedenen Raumnutzern kann die folgende Beziehung verwendet werden (Gültigkeitsbedingung $\Delta\vartheta_{L,1,1-0,1m} < 8K$).

$$PD = \frac{100}{1 + e^{5,76 - 0,856*\Delta\vartheta_{L1,1-0,1m}}}.$$

Besondere Aufmerksamkeit ist dem partikulären Behaglichkeitskriterium „vertikaler Lufttemperaturgradient" zu schenken, wenn große Raumlufttemperaturgradienten vorliegen, wie z.B. bei vorwiegend konvektiv wirkenden Heiz- und Kühlsystemen.

1.2.3.4   Oberflächentemperatur

Ein weiteres, speziell für Flächenheiz- bzw. Kühlsysteme relevantes Behaglichkeitskriterium stellt die Begrenzung der Oberflächentemperaturen dar. Hintergrund dieses Kriteriums ist, dass auch unter Nutzungsbedingungen eine Wärmeabgabe über die Füße gewährleistet werden muss (Heizfall) bzw. diese nicht zu groß seine darf (Kühlfall). Ausschlaggebendes Kriterium ist hierbei die Oberflächentemperatur des Fußbodens. Als Grenzwerte werden in der Literatur z. B. Oberflächentemperaturen von 19 °C-26 °C für Daueraufenthaltsräume angegeben. Speziell bei Fußbodenheizungen wurden diese Werte auf 29 °C bzw. 35 °C in den Randzonen (kein Aufenthaltsbereich) sowie $\vartheta_{OF} = 33$ °C in den Bädern angehoben. Darüber hinaus existieren Angaben von Fanger [1-12] der in Daueraufenthaltsräumen einen Wert von $\vartheta_{OF} = 33$ °C angibt.

Die aktuelle DIN EN ISO 7730 benennt als Grenzwerte für den Prozentsatz an Unzufriedenen für die Kategorie A PD-Werte < 10%, für die Kategorie B PD < 10% sowie für die Kategorie C PD < 15%. Der PD-Wert ist dabei entsprechend der folgenden Gleichung zu bestimmen:

$$PD = 100 - 94 * e^{(-1,387+0,118*\vartheta_{OF}-0,0025*\vartheta^2_{OF})} .$$

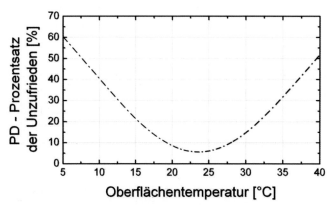

Abb. 1.2-4 Prozentsatz der unzufriedenen Raumnutzer in Abhängigkeit der Fußbodenoberflächentemperatur nach DIN EN ISO 7730

In Abbildung 1.2-4 ist die o.g. Gleichung ausgewertet. Auffällig ist dabei, dass entsprechend des mathematischen Zusammenhangs warme Fußböden vom Menschen eher akzeptiert werden als kalte Fußböden.

1.2.3.5 Schwülegrenze

Das Kriterium der Schwülegrenze bezieht sich auf die Begrenzung des maximal zulässigen Wasserdampfgehalts der Raumluft, sodass keine spürbare Behinderung der feuchten Wärmeabgabe auftreten kann. Anwendung findet dieses Kriterium dann, wenn prozessbedingt mit hohen relativen Feuchten der Raumluft zu rechnen ist. Als Grenzwerte sind in der Literatur Werte von $\varphi = 65 - 70$ % und x = 10,5 – 12 g/kg zu finden [1-13].

1.2.4 Verfahren zur Gesamtbewertung

Alle bisher erläuterten Kenngrößen können bei separater Einhaltung noch nicht für eine optimale Behaglichkeit im Raum bzw. in der Aufenthaltszone garantieren. Sie müssen, wie zu Beginn dieses Kapitels beschrieben, immer in Kombination gesehen werden. Erste Vorschläge, wie diese Kombination erfolgen kann, werden in der DIN EN ISO 7730 vorgenommen, bei der die operative Temperatur an die mittleren, maximalen Luftgeschwindigkeiten gekoppelt wird. Hierdurch ist es möglich, die für die Wärmphysiologie entscheidenden Parameter Lufttemperatur, Umgebungstemperatur sowie maximale, mittlere Luftgeschwindigkeit erstmals kombiniert zu betrachten. Auszugsweise sind die entsprechenden Wertpaare in Tab. 1.2-4 dokumentiert.

Tab. 1.2-4 Bemessungskriterien für Räume in unterschiedlichen Gebäudetypen nach DIN EN ISO 7730 [1-5]

Gebäude-/ Raumtyp	Akti-vität [met]	Kate-gorie	Operative Temperatur [°C]		max. mittlere Luftgeschwindigkeit [m/s]	
			Kühlperiode	Heizperiode	Kühlperiode	Heizperiode
Büro Restaurant Klassenraum	1,2	A	24,5 ± 1,0	22,0 ± 1,0	0,12	0,10
		B	24,5 ± 2,0	22,0 ± 2,0	0,19	0,16
		C	24,5 ± 3,0	22,0 ± 3,0	0,24	0,21
Kindergarten	1,4	A	23,5 ± 1,0	20,0 ± 1,0	0,11	0,10
		B	23,5 ± 2,0	20,0 ± 2,5	0,18	0,15
		C	23,5 ± 2,5	20,0 ± 3,5	0,23	0,19
Kaufhaus	1,6	A	23,0 ± 1,0	19,0 ± 1,5	0,16	0,13
		B	23,0 ± 2,0	19,0 ± 3,0	0,20	0,15
		C	23,0 ± 3,0	19,0 ± 4,0	0,23	0,18

Über diesen Ansatz hinaus gibt es weitere Vorschläge zur kombinatorischen Betrachtung der verschiedenen Behaglichkeitskriterien. Richter schlägt in [1-14] z.B. die Bildung einer summativen thermischen Behaglichkeit vor. Der Ansatz ist dabei so gewählt, dass basierend auf den Komfortkategorien der DIN EN ISO 7730[1-5], die Gesamtbewertung eines Raumes sich aus einem Vergleich der jeweiligen Teilbewertungen ergibt, wobei grundsätzlich verschiedene Richtungen möglich sind. Einen Eindruck über die Vorgehensweise bei der Bildung der summativen thermischen Behaglichkeit liefert Tab. 1.2-5.

Entscheidender Vorteil dieser Definition ist, dass es nunmehr nur noch ein Kriterium gibt und somit eine Einschätzung der wärmephysiologischen Raumsituation sehr schnell möglich ist. Nachteilig ist jedoch, dass aus dem kombinierten Kriterium bei Diskomfort keine Rückschlüsse auf dessen Ursache gezogen werden können.

Tab. 1.2-5 Definition der summativen thermischen Behaglichkeit – Beispiel – (konservative Betrachtung, schlechteste Kategorie entscheidet über die Gesamtbewertung)

Kriterium	Kategorie		Kombination	Kategorie
PMV, PPD max. Strahlungsasymmetrie vert. Lufttemp.-Gradient Zugluftrisiko	A B A C	⇒	summative Thermische Behaglichkeit	C

Im Anhang A von [1-15]] werden informativ Innentemperaturen angegeben bzw. empfohlen (Tabelle 1.2-6). Diese sind operative Temperaturen θ_o. Im Allgemeinen können mittlere „Raumlufttemperaturen" θ_a für die Auslegung von Lüftungs- und heizungstechnischen Anlagen verwendet werden. Weichen jedoch die Raumlufttemperaturen signifikant von der Raumlufttemperatur ab, so sollten die operativen Temperaturen verwendet werden.

Tab. 1.2-6 Empfohlene Auslegungswerte der Innentemperatur für den Entwurf von Gebäuden und RLT-Anlagen nach [1-5]

Gebäude- bzw. Raumtyp	Kategorie	Operative Temperatur θ_o in °C	
		Heizperiode (Winter) ≈ 1,0 clo	Kühlperiode (Sommer) ≈ 0,5 clo
Wohngebäude: Wohnräume (Schlafzimmer, Empfangsraum, Küche, usw.) Sitzend: ≈ 1,2 met	A B C	21,0 20,0 18,0	25.5 26,0 27,0
Wohngebäude: andere Räume: (Lagerräume, Dielen bzw. Vorräume usw.) Stehend, gehend: ≈ 1,6 met	A B C	18,0 16,0 14,0	
Einzelbüro (Zellenbüro) Sitzend: ≈ 1,2 met	A B C	21,0 20,0 19,0	25.5 26,0 27,0
Großraumbüro (Bürolandschaft) Sitzend: ≈ 1,2 met	A B C	21,0 20,0 19,0	25.5 26,0 27,0
Konferenzraum Sitzend: ≈ 1,2 met	A B C	21,0 20,0 19,0	25.5 26,0 27,0
Hör- bzw. Zuschauerraum Sitzend: ≈ 1,2 met	A B C	21,0 20,0 19,0	25.5 26,0 27,0
Cafeteria/Restaurant Sitzend: ≈ 1,2 met	A B C	21,0 20,0 19,0	25.5 26,0 27,0

Tab. 1.2-6 Empfohlene Auslegungswerte der Innentemperatur für den Entwurf von Gebäuden und RLT-Anlagen nach [1-5] (Forts.)

Gebäude- bzw. Raumtyp	Kategorie	Operative Temperatur θ_o in °C	
		Heizperiode (Winter) $\approx 1,0$ clo	Kühlperiode (Sommer) $\approx 0,5$ clo
Klassenraum Sitzend: $\approx 1,2$ met	A	21,0	25,0
	B	20,0	26,0
	C	19,0	27,0
Kindergarten Sitzend: $\approx 1,4$ met	A	19,0	24,5
	B	17,5	25,5
	C	16,8	26,0
Kaufhaus Sitzend: $\approx 1,6$ met	A	17,5	24,0
	B	16,0	25,0
	C	15,0	26,0

Tab. 1.2-7 Temperaturbereich für die stündliche Berechnung der Kühl- und Heizenergie für drei Kategorien des Innenraumklimas nach [1-15]

Gebäude- bzw. Raumtyp	Kategorie	Operative Temperatur θ_o in °C	
		Heizperiode (Winter) $\approx 1,0$ clo	Kühlperiode (Sommer) $\approx 0,5$ clo
Wohngebäude: Wohnräume (Schlafzimmer, Empfangsraum, Küche, usw.) Sitzende Aktivitäten: $\approx 1,2$ met	A	21,0 – 25,0	23,5 – 25,5
	B	20,0 – 25,0	23,0 – 26,0
	C	18,0 – 25,0	22,0 – 27,0
Wohngebäude: andere Räume: (Lagerräume, Dielen bzw. Vorräume usw.) Stehende, gehende Aktivitäten: $\approx 1,5$ met	A	18,0 – 25,0	
	B	16,0 – 25,0	
	C	14,0 – 25,0	
Büros und ähnlich genutzte Räume (Einzelbüros, Büroland-schaften, Konferenzräume, Hör- bzw. Zuschauersäle, Cafeterien, Restaurants, Klassenräume Sitzende Aktivitäten: $\approx 1,2$ met	A	21,0 – 23,0	23,5 – 25,5
	B	20,0 – 24,0	23,0 – 26,0
	C	19,0 – 25,0	22,0 – 27,0
Kindergarten Stehende, gehende Aktivitäten: $\approx 1,4$ met	A	19,0 – 21,0	22,5 – 24,5
	B	17,5 – 22,5	21,5 – 25,5
	C	16,5 – 23,5	21,0 – 26,0
Kaufhaus Stehende, gehende Aktivitäten: $\approx 1,6$ met	A	17,5 – 20,5	22,0 –24,0
	B	16,0 – 22,0	21,0 – 25,0
	C	15,0 – 23,0	20,0 – 26,0

1.3 DIN EN 15251: Parameter für das Raumklima: Raumluftqualität, Temperatur, Licht und Akustik

DIN EN 15251 [1-6] gilt für Wohn- und Nichtwohngebäude und gibt Eingangs-parameter für die Auslegung von Gebäuden, Heizungs-, Kühl-, Lüftungs- und Beleuchtungsanlagen an. Sie schreibt keine Auslegungsverfahren vor, jedoch legt sie die relevanten Parameter für das Innenraumklima fest, die sich auf die Gesamt-energieeffizienz von Gebäuden auswirken und beschreibt Verfahren für die Lang-zeitbewertung des erhaltenen Innenraumklimas anhand von Berechnungen oder Messungen.

Die Norm enthält Kriterien für Messungen, die bei Inspektionen oder bei der Über-wachung des Innenraumklimas in bestehenden Gebäuden anzuwenden sind. Zur Vereinfachung der Kommunikation werden darüber hinaus verschiedene Katego-rien des Innenraumklimas (Tabelle 1.3-1) definiert, wobei Kategorie II gilt, wenn nichts vereinbart wird.

Tab. 1.3-1 Kategorien für das Innenraumklima nach DIN EN 15251 [1-6]

Kate-gorie	Beschreibung	PPD	PMV
		%	nach EN ISO 7730
I	Höchste Anforderung; empfohlen für Räume, in denen besonders empfindliche Personen arbeiten	< 6	-0,2 < PMV < +0,2
II	*Normale Anforderung; empfohlen für neue Gebäude und im Rekonstruktionsbereich*	*< 10*	*-0,5 < PMV < +0,5*
III	Akzeptabler Anforderungsbereich für bestehende Gebäude	< 15	-0,7 < PMV < +0,7
IV	Die Anforderungen sind außerhalb der hier genannten Kriterien. Die Nutzung sollte auf wenige Stunden im Jahr beschränkt sein	> 15	PMV < -0,7 oder PMV > +0,7

Für diese Kategorien enthält DIN EN 15251 im Anhang A Auslegungswerte für Innenraumtemperaturen für die Auslegung von RLT-Anlagen (Tabelle 1.3-2) und liefert darüber hinaus auch Auslegungswerte für empfohlene Innentemperaturen (! operative Temperaturen ($\theta_o = 0,5 * (\theta_a + \theta_r)$) für Gebäude ohne mechanische Kühlanlagen.

Tabelle 1.3-3 zeigt die empfohlenen Auslegungswerte für die relative Feuchte in Aufenthaltsbereichen bei installierten Be- und Entfeuchtungsanlagen.

Anhang B liefert Kriterien für die Raumluftqualität und die resultierenden Lüf-tungsraten. Dabei wird bei allen aufgeführten Auslegungsverfahren in personenab-hängige und gebäudeabhängige Lüftungsraten unterschieden. Erstmals muss sich der Planer damit auch mit den Schadstoffen auseinandersetzen, die vom Gebäude selbst, also aus Baustoffen und Materialien emittiert werden, für deren Planung in der Regel der Architekt zuständig ist. Hinweise für Grenzwerte und die zugehörige Klassifizierung liefert die Norm (Tabelle 1.3-4).

Tab. 1.3-2 Empfohlene Auslegungswerte der Innenraumtemperatur für die Auslegung von Gebäuden und RLT-Anlagen (Auszug) nach DIN EN 15251 [1-6]

Gebäude- bzw. Raumtyp	Kategorie	operative Temperatur	
		Mindestwert: Heizperiode (Winter), $\approx 1{,}0$ clo	Mindestwert: Kühlperiode (Sommer), $\approx 0{,}5$ clo
Wohngebäude: Wohnräume, Schlafzimmer, Empfangsraum, Küche usw. Sitzend: $\approx 1{,}2$ met	I	21	25,5
	II	20	26
	III	18	27
Einzelbüro: z.B. Zellenbüro Sitzend: $\approx 1{,}2$ met	I	21	25,5
	II	20	26
	III	19	27
Kaufhaus Stehend, gehend: $\approx 1{,}2$ met	I	17,5	24
	II	16	25
	III	15	26

Tab. 1.3-3 Empfohlene Auslegungswerte für die Feuchte in Aufenthaltsbereichen nach DIN EN 15251 [1-6]

Art des Gebäudes bzw. Raums	Kategorie	Auslegungswert der relativen Luftfeuchte φ_D in % für Entfeuchtung	Auslegungswert der relativen Luftfeuchte φ_D in % für Befeuchtung
Räume, für die die Luftfeuchtekriterien durch Belegung durch Personen bestimmt werden	I	50 (max. $x = 12$ g/kg)	30
	II	60 (max. $x = 12$ g/kg)	25
	III	70 (max. $x = 12$ g/kg)	20

Anhand der ermittelten Schadstoffemissionsklasse des Gebäudes muss ein zusätzlicher schadstoffabhängiger Luftvolumenstromanteil berücksichtigt werden, der die Verunreinigungen durch die Gebäudeemissionen kompensiert. Die Summe aus personenbezogenem und gebäudeabhängigem Luftstrom ergibt den Gesamtaußenluftvolumenstrom.

Für das Einzelbüro in einem schadstoffarmen Gebäude ergibt sich nach DIN EN 15251 (50 m³/h) eine Erhöhung des Luftvolumenstromes um 25% gegenüber der zurückgezogenen DIN 1946 T2 [1-15] (40 m³/h). Das bedeutet gleichzeitig auch eine 25%ige Erhöhung der Kanal- und Schachtquerschnitte, die der Haustechnikplaner beim Architekten durchsetzen muss. Alternativ müsste der Architekt davon überzeugt werden, ein sehr schadstoffarmes Gebäude zu errichten. Hier liegt der erforderliche Außenluftvolumenstrom $q_{V,ODA,\min}$ mit 36 m³/h genau 10% unter den Werten nach DIN 1946 T2 [1-15].

Tab. 1.3-4 Schadstoffklassifizierung von Gebäuden nach DIN EN 15251 (Anhang C)

Maximale Schadstoffemission	schadstoffarmes Gebäude	sehr schadstoffarmes Gebäude
Flüchtige organische Verbindungen VOC`s	0,2 mg/(m² h)	0,1 mg/(m² h)
Formaldehyd	0,05 mg/(m² h)	0,02 mg/(m² h)
Ammoniak	0,03 mg/(m² h)	0,01 mg/(m² h)
Krebserregende Verbindungen (IARC)	0,005 mg/(m² h)	0,002 mg/(m² h)
Materialgeruch	PPD < 15	PPD > 10

In Anhang D und E finden sich darüber hinaus Empfehlungswerte für die Beleuchtung und Innenlärmpegel.

Tab. 1.3-5 Empfohlene Lüftungsraten (= Mindestaußenluftvolumenstrom $q_{V,ODA,\min}$) für Einzelbüro (10m²/Pers – Standardwert) nach DIN EN 15251 [1-6]

Kategorie	Person	sehr schadstoffarmes Gebäude		schadstoffarmes Gebäude		nicht schadstoffarmes Gebäude		Zugabe bei Rauchen
		ohne Person	mit Person	ohne Person	mit Person	ohne Person	mit Person	
	m³/h	m³/h	m³/h	m³/h	m³/h	m³/h	m³/h	m³/h
I	36	18	54	36	72	72	108	25
II	25	11	36	25	50	50	75	18
III	14,4	7,2	21,6	14,4	28,8	28,8	43,2	11

1.4 Wärmelastberechnung

Zur Gewährleistung der vom Nutzer eines Gebäudes bzw. von Räumen oder der in gesetzlichen Regelungen vorgegebenen Raumlufttemperaturen ist es notwendig:

- vor allem im Winter auftretende Wärmeverluste (Heizlast (früher als Wärmebedarf bezeichnet); negative Wärmelast) auszugleichen bzw.
- im Sommer äußere und innere Wärmegewinne (Kühllast; positive Wärmelast) zu kompensieren.

Diese beiden Größen werden nach gesetzlichen Regelungen bzw. Vorschriften [1-4], [1-16] berechnet. Schon zu einem frühen Zeitpunkt der Planung eines Gebäudes ist es zweckmäßig, wesentliche konstruktive Parameter (z.B. Fenstergröße A_w, Wärmedurchgangskoeffizient der Außenkonstruktion U, Bauwerksmasse m_B bzw. speicherwirksame Masse m_{sp}) festzulegen.

Heizlast und Kühllast sind die Grundlagen für die Bemessung

- der gebäudetechnischen Anlagen „Heizungsanlage" bzw. „raumlufttechnische Anlage" (RLT-Anlage),
- des erforderlichen Massenstroms q_m und der Heizkörperfläche A_{HK} sowie des Luftvolumenstroms q_V,
- des Platzbedarfs der Heiz- und Lüftungszentrale bzw. der Querschnitte für die Versorgungsschächte (Steiger) bei RLT-Anlagen, der Energieanschlusswerte und
- der Investitionskosten.

Die konkrete Berechnung wird durch Fachplaner entsprechend der gesetzlichen Regelungen vorgenommen.

In der Grundlagenermittlung und Vorentwurfsphase der Planung ist es für den Architekten **und** den Fachplaner notwendig, **überschlägig** die entscheidenden Bemessungsgrößen zu ermitteln und nach architektonischen, gestalterischen und konstruktiven Möglichkeiten zu suchen, um die Heizlast **und** die Kühllast zu **minimieren**.

1.4.1 Heizlast (Wärmebedarf)

Die Heizlast (früher als Wärmebedarf bezeichnet) eines Raums oder Gebäudes ist die in einer Zeiteinheit zu erbringende Wärme, die alle auftretenden Wärmeverluste kompensiert. Die Heizlast ist der Planung des Heizsystems, d.h. Wärmeerzeugung, Schornstein, Raumheizflächen, Wärmeübertrager u.a.m. zugrunde zu legen. Es ist die Norm DIN EN 12 831 [1-4] bzw. [1-7] anzuwenden.

Die Heizlast Φ_{HL} besteht aus den zwei Komponenten:

- Transmissionsheizlast Φ_T
- Lüftungsheizlast Φ_L

Die Heizlast wird neben den genannten Randbedingungen vor allem durch

- die Gebäudeform (Abbildung 1.4-1)
- die Fensterorientierung und
- das Verhältnis A/V (Abbildung 1.4-2)

beeinflusst. Abbildung 1.4-3 zeigt die Einzelkomponenten der Transmissions- und Lüftungsheizlast.

relative Transmissionsheizlast

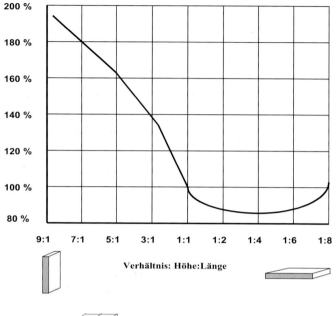

Verhältnis: Höhe:Länge

Abb. 1.4-1
Veränderung der relativen Transmissionsheizlast in Abhängigkeit von der Gebäudeform und dem Oberflächen/Volumenverhältnis

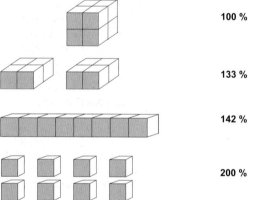

100 %

133 %

142 %

200 %

Abb. 1.4-2
Prozentuale Veränderung der Transmissionsheizlast bei Auflösung eines insgesamt gleichen Bauvolumens

1.4.1.1 Transmissionsheizlast eines Raums

Die Transmissionsheizlast Φ_T ist proportional

- der Wärme übertragenden Fläche A des Raums
- dem Wärmedurchgangskoeffizienten U und
- der Temperaturdifferenz zwischen der Raumlufttemperatur θ_{int} und
  - der Außenlufttemperatur θ_e oder
  - dem Erdreich in Abhängigkeit von der Lage des Grundwasserspiegels oder
  - der Raumlufttemperatur des beheizten Nachbarraums $\theta_{int,j}$ oder
  - der Raumlufttemperatur des unbeheizten Nachbarraums θ_u

Der Norm-Transmissionswärmeverlust eines beheizten Raums (i) $\Phi_{T,i}$ wird nach der Beziehung

$$\Phi_{T,i} = \left(H_{T,ie} + H_{T,iue} + H_{T,ig} + H_{T,ij}\right) * \left(\theta_{\text{int},i} - \theta_e\right)$$

berechnet.

Dabei ist $H_{T,i}$ ein Transmissions-Wärmeverlust-Koeffizient (in W/K). Bei der Ermittlung dieses Wertes werden

- durch entsprechende Korrekturfaktoren die möglichen unterschiedlichen Temperaturdifferenzen zu anderen Räumen bzw. dem Erdreich,
- die wärmeübertragenden Bauteilflächen nach einer Berechnungsvorschrift von [1-7] (es gelten nur Außenmaße !!),
- mögliche Verluste durch Wärmebrücken und
- witterungsbedingte Korrekturfaktoren

berücksichtigt.

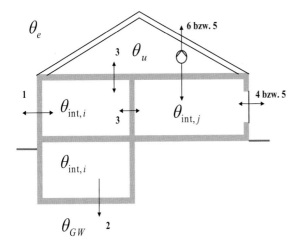

Abb. 1.4-3
Einteilung der Komponenten der Heizlast

1: Transmissionswärmestrom an außenluftgrenzende Bauteile (Außenwand, Fenster, Dach)
2: Transmissionswärmestrom an erdreichgrenzende Bauteile (Außenwand, Fußboden)
3: Transmissionswärmestrom zwischen Nachbarräumen
4: Lüftungswärmestrom durch Fugenlüftung (Freie Lüftung)
5: Lüftungswärmestrom durch hygienischen Mindestaußenluftvolumenstrom
6: Lüftungswärmestrom durch RLT

Die *Außenlufttemperatur* θ_e an einem Ort entspricht einem Zweitagesmittelwert, der in 20 Jahren zehnmal unterschritten wurde. Aus der DIN 12 831 (Beiblatt zum nationalen Anhang) [1-7] können aus der Tabelle 1.4-1 für eine Vielzahl von Orten mit Angabe der Postleitzahl die Außen(luft)temperatur θ_e', das Jahresmittel der Außen(luft)temperatur $\theta_{m,e}'$ und die Zuordnung zur Klimazone nach DIN 4710 [1-17] entnommen werden.

Bei gut gedämmten Gebäuden mit einer hohen Wärmespeicherfähigkeit kann die Norm-Außen(luft)temperatur in Abhängigkeit der thermischen Zeitkonstante $\tau = C_{wirk} / H$ des Gebäudes um bis zu 4 K angehoben werden.

Die **Raumlufttemperatur** θ_{int} (! in der Lüftungstechnik mit θ_a) wird auch als Norm-Innentemperatur bezeichnet. Sie ist die wärmephysiologisch empfundene Temperatur (auch als operative Temperatur θ_O bezeichnet). Sie kann messtechnisch über ein Ballon- oder Kathathermometer erfasst werden. In Anhang der DIN EN 12 831 [1-7] sind die Norm-Innentemperaturen θ_{int} in Abhängigkeit der Nutzung tabelliert. Tabelle 1.4-1 zeigt eine Auswahl von Werten[2].

Tab. 1.4-1 Ausgewählte Norm-Innentemperaturen θ_{int} nach [1-4] bzw. [1-7]

Raumart	Norm-Innen-temperatur θ_{int} in °C
Wohn- und Schlafräume	+ 20
Büroräume, Sitzungszimmer, Ausstellungsräume, Haupttreppen-räume, Schalterhallen	+ 20
Hotelzimmer	+ 20
Verkaufsräume und Läden allgemein	+ 20
Unterrichtsräume allgemein	+ 20
Theater- und Konzerträume	+ 20
Bade- und Duschräume, Bäder, Umkleideräume, Untersuchungs-zimmer (generell jede Nutzung für den unbekleideten Bereich)	+ 24
WC-Räume	+ 20
Beheizte Nebenräume	+ 15
Unbeheizte Nebenräume (Keller, Treppenhäuser, Abstellräume) s.a. Korrekturfaktoren nach Tabelle 4 in [1-4]	+ 10

1.4.1.2 Lüftungsheizlast eines Raums

Die Lüftungsheizlast Φ_V ist proportional

- dem einem Raum zugeführten Außenluftvolumenstrom (**Zu beachten ist:** $q_{V,AUL} \equiv \dot{V}_i$), der bestimmt wird durch
  - die Fugenlüftung ($\dot{V}_{inf,i}$); (proportional der Fugendurchlässigkeit der Fensterkonstruktion) **oder**
  - den hygienisch oder technologisch erforderlichen Mindestaußenluftstrom $\dot{V}_{min,i} = q_{V,AUL,min}$ bzw. den Luftwechsel n **oder**
  - den Verbrennungsluftvolumenstrom $\dot{V}_{verbr}$. **oder**
  - den Luftvolumenstrom einer raumlufttechnischen Anlage $\dot{V}_{su,i}$ bzw. $\dot{V}_{mech,inf}$
- der Temperaturdifferenz zwischen der Raumlufttemperatur θ_{int} und der Außenlufttemperatur θ_e.

---

2 Werden vom Nutzer oder Auftraggeber im Rahmen der Planung nach oben oder unten abweichende Temperaturen gefordert, so ist dies von diesem unbedingt schriftlich zu bestätigen.

Die Lüftungsheizlast eines beheizten Raumes (i) $\Phi_{V,i}$ ergibt sich zu

$$\Phi_{V,i} = H_{V,i} * \left(\theta_{\text{int},i} - \theta_e \right)$$

Der Norm-Lüftungsverlustwärmekoeffizient $H_{V,i}$ in (W/K) eines Raums ist abhängig vom zugeführten Luftvolumenstrom $\dot{V}_i$.

$$H_{V,i} = \dot{V}_i * \rho_L * c_{p,L}$$

Zu beachten ist: Für die Ermittlung der Lüftungsheizlast ist der jeweils größte der möglichen Luftvolumenströme in Ansatz zu bringen.

Vor allem unter dem Aspekt der immer dichter werdenden Fensterkonstruktionen ist der Luftvolumenstrom $\dot{V}_{\text{min},i} = q_{V,AUL,\text{min}}$ sehr häufig die entscheidende Bemessungsgröße. Entsprechend [1-4] bzw. [1-7] wird ein Mindestaußenluftwechsel $n_{AUL,\text{min}} = 0,5$ 1/h für die meisten Raumtypen in Ansatz gebracht.

Die Fugenlüftung, für die in der bisher gültigen Norm (DIN 4701) ein umfangreiches Regelwerk vorlag, wird zukünftig nur eine geringe Wertigkeit auf Grund der energetischen Forderungen der EnEV [1-18] bzw. [1-19] bzw. der energetischen Gebäudebewertung [1-3] besitzen. Sie wird geprägt durch Wind- und/oder Auftriebskräfte (s. a. 2.2) und gebäudeabhängige Größen wie

- Fugendurchlässigkeit (Fugendurchlässigkeitskoeffizient a * Fugenlänge l) des Fensters,
- die Lage des Gebäudes (Windstärke u. -häufigkeit, Lage hinsichtlich der Belastung durch Wind), charakterisiert durch die Hauskenngröße H,
- die Durchströmung des Gebäudes, charakterisiert durch den Gebäudetyp
- (Schachttyp-Gebäude; Geschosstyp-Gebäude),
- die Gebäudehöhe; charakterisiert durch den Höhenkorrekturfaktor ε und
- innere Strömungswiderstände (z.B. Dichtheit der Türen, Schwellen), charakterisiert durch die Raumkennzahl r.

1.4.1.3 Norm-Heizlast

Es ist zu unterscheiden in die Normheizlast

- eines Raumes $\Phi_{HL,i}$ und
- eines Gebäudes bzw. einer Gebäudezone Φ_{HL}

Die Gesamtheizlast eines Raums ergibt sich aus der Addition der Transmissions- und Lüftungsheizlast. Die zusätzliche Aufheizleistung $\Phi_{RH,i}$ wird getrennt von der Normheizlast ausgewiesen und wird entsprechend der neuen Festlegung in [1-7] berechnet.

$$\Phi_{HL,i} = \Phi_{T,i} + \Phi_{V,i}$$

Die Gesamtheizlast eines Gebäudes oder einer Zone (Gebäudeeinheit) ergibt sich zu

$$\Phi_{HL} = \sum \Phi_{T,i} + \zeta * \sum \Phi_{V,i}$$

Der Wärmefluss durch Lüftung wird über den Gleichzeitigkeitsfaktor $\zeta = 0{,}5$ in Analogie zur früheren Norm DIN 4701 berücksichtigt.

1.4.1.4 Überschlägige Bemessung

Für die überschlägige Bemessung der Heizlast kann mit hinreichender Genauigkeit (ausreichend für den Vorentwurf), d.h. zur Schätzung von Kosten, Aufstellflächen, Brennstoffbedarf, Abmessungen von Schornstein und Rohrleitungsbemessung, Einhaltung der DIN 4108 (Mindestwärmeschutz) [1-20] und WSVO (Wärmeschutzverordnung) [1-21], von folgenden Beziehungen ausgegangen werden:

$$\Phi_T = U_m * A * \left(\theta_{int} - \theta_e\right)$$

$$\Phi_V = n_{AUL,min} * V_i * c_{p,L} * \rho_L * \left(\theta_{int} - \theta_e\right)$$

Wird der Mindestaußenluftwechsel $n_{AUL,min}$ (im Allgemeinen zwischen 0,3...0,5 1/h) in Ansatz gebracht, so muss vorausgesetzt werden, dass entweder eine ausreichende Fugenlüftung (gegenwärtig bei dichten Fensterkonstruktionen kaum gewährleistet) oder eine kontrollierte Luftzufuhr gegeben ist.

Unter den Voraussetzungen

- $c_p * \rho_L = 0{,}34$ Wh/m³K für Luft und $n_{AUL,min} = 0{,}5$ 1/h sowie
- Gebäudehöhe ist ≤ 10 m bzw. 4 beheizte Geschosse

ergibt sich die *Überschlagsbeziehung*

$$\Phi_{HL} = \left(U_m * A + 0{,}17 * V\right) * \left(\theta_{int} - \theta_e\right)$$

Für die Berechnung des mittleren Wärmedurchgangskoeffizienten U_m sind entweder die geplanten oder die einzuhaltenden Wärmedurchgangskoeffizienten nach [1-4] bzw. [1-13] zu verwenden.

$$U_m = \frac{\sum (U_{AW} * A_{AW}) + \sum (U_w * A_w) + 0{,}8 * \sum (U_D * A_D) + 0{,}5 * \sum (U_G * A_G)}{\sum (A_{AW} + A_w + A_D + A_G)}$$

Die in Tabelle 1.4-2 ausgewiesenen Richtwerte (φ_{HL}^{*} in W/m³) zur Bestimmung der Heizlast sind als grobe Anhaltswerte zu betrachten. Sie dienen der überschlägigen Bestimmung der zu erwartenden Heizlast und sind mit einer Genauigkeit von 20 % zu werten. Mit der gesetzlich geforderten Minimierung bzw. Optimierung der Heizlast aus energetischen (Niedrigenergiegebäude) und ökologischen Gesichtspunkten (CO_2-Belastung der Atmosphäre) kann zukünftig mit einer Reduzierung dieser Werte um 30 bis 50 % gerechnet werden.

Tab. 1.4-2 Richtwerte für spezifische Heizlasten

Räume	φ_{HL}^{*} in W/m³
Eckräume	35 ... 70
ungünstige Lage der Räume	25 ... 45
günstige Lage der Räume	10 ... 25
Hallenbauten (2000 .... 20.000 m³)	17 ... 35
große Säle	17 ... 23

1.4.1.5 Sonderfälle

DIN EN 12 831 [1-1] bzw. [1-7] gilt für Wohngebäude, analoge Gebäudetypen (z.B. Verwaltungsbauten) sowie Industriegebäude

- mit einer begrenzten Raumhöhe (nicht über 5 m) und
- bei denen angenommen werden kann, dass sie unter Norm-Bedingungen auf stationären Zustand beheizt werden.

Die Norm enthält Angaben für Sonderfälle wie

- Hallenbauten mit großer Raumhöhe und
- Gebäude mit wesentlich voneinander abweichender Luft- und Strahlungstemperatur.

Für hohe Räume und große Bauten (d.h. Raumhöhe > 5 m) darf unter der Voraussetzung, dass der spezifische Normwärmeverlust φ_{HL} < 60 W/m² beheizter Nutzfläche ist, die Heizlast über einen Raumhöhenfaktor $f_{h,i}$ (Tabelle 1.4-3) als Funktion des Heizverfahrens und der Art der Anordnung der Raumheizflächen korrigiert werden.

$$\Phi_{HL} = \left(\Phi_{T,i} + \Phi_{V,i}\right) * f_{h,i}$$

Für den Standardfall wird angenommen, dass die Norm-Innenlufttemperatur θ_{int} , die mittlere Strahlungstemperatur θ_r und die operative Temperatur θ_O annähernd dieselben Werte aufweisen bzw. die Differenzen relativ gering sind (i.A. ≤ 1 bis 3 K).

Tab. 1.4-3 Raumhöhenkorrekturfaktor $f_{h,i}$ nach [1-4] bzw. [1-7]

Heizverfahren und Art oder Anordnung der Raumheizflächen	$f_{h,i}$	
	Höhe des beheizten Raums	
	5 m bis 10 m	10 m bis 15 m
Überwiegend Strahlung		
Warmer Fußboden	1	1
Warme Decke (Temperaturen < 40 °C)	1,15	nicht geeignet
Abwärts gerichtete Strahlung mittlerer und höherer Temperatur aus großer Höhe	1	1,15
Überwiegend konvektiv		
Natürliche Warmluftkonvektion	1,15	nicht geeignet
Zwangskonvektion Warmluft		
Querstrom aus niedriger Höhe	1,30	1,60
Abwärtsgerichtet aus großer Höhe	1,21	1,45
Querstrom mittlerer und hoher Temperatur aus mittlerer Höhe	1,15	1,30

Bei Räumen, bei denen der mittlere Wärmedurchgangskoeffizient von Außenfenster $U_{w,m}$ bzw. Außenwand $U_{AW,m}$ größer ist als der Quotient $\left(50/\left(\theta_{int} - \theta_e\right)\right)$ in $(W/(m^2\,K))$ ist eine Korrektur für die Abweichung zwischen der Raumlufttemperatur und der operativen Temperatur notwendig.

Weicht die mittlere Strahlungstemperatur unter Berücksichtigung der Oberflächentemperatur der Heizflächen um mehr als 1,5 K von der Norm-Innenlufttemperatur ab, so ist anstelle von θ_{int} für die Berechnung der Lüftungsheizlast die Raumlufttemperatur θ_a in Ansatz zu bringen.

$$\theta_a = 2*\left(\theta_O - \theta_r\right)$$

In einigen Industrieräumen, bei denen die Raumluftgeschwindigkeit $v_x > 0{,}2$ m/s ist, ergibt sich die operative Temperatur nach

$$\theta_O = F_b * \theta_a + \left(1 - F_b\right)*\theta_r$$

($F_B = 0{,}6$ bei $0{,}2 < v_x > 0{,}6$ m/s und $F_B = 0{,}7$ bei $v_x > 0{,}6$ m/s)

Nach der bisher gültigen Norm (DIN 4701) sollten berechnet werden:

- Gebäude mit schwerer Bauart (z.B. über- und unterirdische Bunker, alte Burgen und Schlösser, unterirdische Räume, geschlossene Tiefgaragen),
- selten beheizte Gebäude (z.B. Kirchen),
- Gewächshäuser

Bei Gebäuden mit schwerer Bauart kann davon ausgegangen werden, dass die Heizlast infolge der großen Speicherfähigkeit der Raumumschließungskonstruktion unabhängig von der Betriebsart der Heizung (unterbrochen oder durchgehend) ist.

Es ist jedoch sinnvoll, für diese Gebäude als auch für historische Gebäude eine Grundheizung (durchgehend) zur Temperierung vorzusehen, um u.a. Feuchteschäden (Sommerkondensation) zu vermeiden.

1.4.2 Kühllast

1.4.2.1 Definition: Wärmebelastung-Kühllast

Die Kühllast (auch als positive Kühllast oder Wärmelast bezeichnet [1-22]) eines Raums oder Gebäudes ist die in einer Zeiteinheit zu erbringende Energiemenge, die alle auftretenden Wärmegewinne kompensiert.

Die Kühllast ist u.a.

- der Planung des raumlufttechnischen Systems,
- der Luftvolumenstromermittlung q_V und
- der Berechnung des Tagesganges der Raumlufttemperatur θ_a

zugrunde zu legen.

> **Zu beachten ist**, dass die Kühllast bzw. Heizlast nicht den erforderlichen Leistungen zur Aufbereitung (z.B. Kühlen (Kühlleistung), Heizen (Heizleistung)) der Luft mit raumlufttechnischen Geräten gleichzusetzen ist (s.a. 2.4).

Im Unterschied zur Heizlast, die aufgrund der relativ konstanten Bedingungen im Außenbereich und im Raum stationär berechnet werden kann, ist die Kühllastberechnung [1-16] infolge

- der im Allgemeinen als zeitlich veränderlichen äußeren und inneren Wärmebelastungen,
- des thermischen Speicherverhaltens der Raumumschließungskonstruktion (Wärmeabsorptionsvermögen B),
- des Benutzungszeitraumes des Raums t_{Nutz} und
- des geforderten Raumlufttemperaturverlaufs $\theta_a = \theta_a(t)$

als instationärer Vorgang zu betrachten.

Zur klaren Abgrenzung der Einflüsse und der sich daraus ergebenden Konsequenzen wird zweckmäßigerweise von Petzold [1-22] definitionsgemäß

- der Wärmestrom, hervorgerufen durch kurzwellige Strahlung (Solarstrahlung $\dot{E}$) und langwellige Strahlung (Temperaturstrahlung bzw. einen konvektiven Wärmestrom) als **Wärmebelastung** und
- der Wärmestrom, der die Raumlufttemperatur beeinflusst, als **Wärmelast (= Kühllast)**

definiert.

Die **Wärmebelastung** wird

- durch Transport- und Übergangswiderstände beeinflusst und
- in ihrem zeitlichen Verlauf durch das Speicherverhalten der Raumumschließungskonstruktion gedämpft.

Bei der **Wärmebelastung** (Abbildung 1.4-4) wird in

- äußere und
- innere Wärmebelastung

unterschieden.

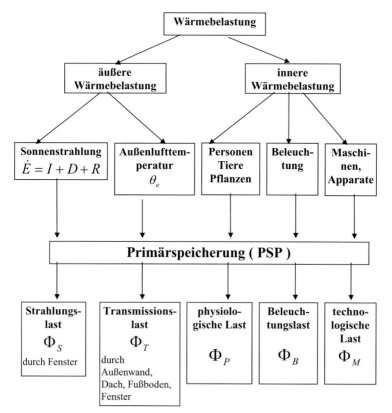

Abb. 1.4-4 Wärmebelastung – Kühllast

Äußere Wärmebelastung

Die äußere Wärmebelastung (Abbildung 1.4-5) wird hervorgerufen durch die kurz-wellige Sonnenstrahlung (Global- bzw. Gesamtstrahlung $\dot{E}$) und die Außenluft-temperatur θ_e.

Die Globalstrahlung $\dot{E}$ (auch oft mit G bezeichnet) setzt sich aus der direkten Strahlung I, der diffusen Strahlung D und der Reflexionsstrahlung R zusammen. Die Größe der Belastung ist tages- und jahreszeitlich abhängig und wird beeinflusst durch

- die Bewölkung (Bedeckungsgrad B des Himmels durch Wolken), Trübung der Atmosphäre (Trübungsfaktor T),
- die Orientierung der Fläche (Himmelsrichtung bzw. Azimut der Fläche),
- die Neigung der Fläche gegenüber der Horizontalen (Neigungswinkel γ),
- die Verschattung durch umliegende Gegenstände (Bäume, Gebäude),
- die Oberflächenbeschaffenheit der Umgebung (Reflexionsgrad r, Absorptions-grad a_S).

Die Strahlungswerte sind tabelliert in DIN 4710 [1-17] bzw. in [1-23] mit anderen meteorologischen Größen im Testreferenzjahr [1-24] rechentechnisch aufbereitet.

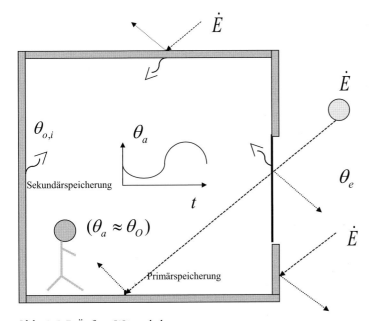

Abb. 1.4-5 Äußere Wärmebelastung

Belastung durch lichtdurchlässige Konstruktionen

Die kurzwellige direkte Strahlung $\dot{E}$ tritt gedämpft durch die winkelabhängige Durchlässigkeit Γ und die äußere Verschmutzung der Glasscheiben σ_{VD} der Fensterkonstruktion in den Raum. Sie wird beeinflusst durch den Glasflächenanteil F_G des Fensters und bewirkt entsprechend dem Absorptions- und Speichervermögen der Raumumschließungskonstruktion eine Erhöhung der Oberflächentemperatur.

Daraus resultieren

- ein Wärmetransport in die Konstruktion und
- eine Wärmeübertragung durch Konvektion an die Raumluft und durch Strahlung an die anderen Oberflächen der Raumumschließungskonstruktion.

Belastung durch lichtundurchlässige Konstruktionen

Die Gesamtstrahlung $\dot{E}$ bewirkt an der Außenkonstruktion des Raumes bzw. Gebäudes infolge der Absorption eine Erhöhung der Oberflächentemperatur. Diese wird auch als Sonnenlufttemperatur $\theta_S = (\dfrac{\dot{E} * a_S}{\alpha_{e,ges}}) + \theta_e$ bezeichnet.

Daraus resultieren

- ein Wärmetransport in die Konstruktion,
- eine Erhöhung der inneren Oberflächentemperatur der Konstruktion und
- eine Wärmeübertragung durch Konvektion an die Raumluft und durch Strahlung an die anderen Oberflächen der Raumumschließungskonstruktion.

Die äußere Wärmebelastung wird weiterhin beeinflusst durch die schwankende Außenlufttemperatur θ_e (Tagesgang, Minimal- und Maximalwerte sind im Sommer wesentlich stärker ausgeprägt als im Winter).

Die Temperaturdifferenz zwischen der Raumlufttemperatur θ_a und der Außenlufttemperatur θ_e bewirkt einen Transmissionswärmestrom. Dieser führt zu einer Erhöhung der inneren Oberflächentemperatur der Konstruktion $\theta_{o,i}$ und somit zu einer Wärmeübertragung durch Konvektion an die Raumluft und zu einer Strahlungswärmeabgabe an die anderen Oberflächen der Raumumschließungskonstruktion.

Nach [1-22] wird

- die Dämpfung der Wärmebelastung beim Transport in den Raum mit konstanter Raumlufttemperatur als *Primärspeicherung (PSP)* und
- der Wärmestrom zwischen Raumluft und den Raumumhüllungsflächen bei variabler Raumlufttemperatur als *Sekundärspeicherung (SSP)*

bezeichnet.

Innere Wärmebelastung

Die innere Wärmebelastung setzt sich aus der konvektiven und der Strahlungswärmeabgabe von

- Personen, Tieren, Pflanzen Φ_P
- Beleuchtung Φ_B
- technologischen Einrichtungen (z.B. Maschinen, Apparate) Φ_M

zusammen (Abbildung 1.4-6).

$$\Phi_E = \Phi_P + \Phi_B + \Phi_M$$

Die Wärmebelastung Φ_E wird beeinflusst auch von der Dauer der Nutzung t_{Nutz}.

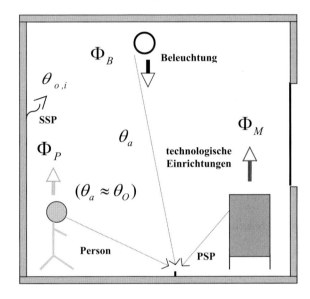

Abb. 1.4-6
Innere Wärmebelastung

Die jeweiligen Wärmebelastungen können gleichzeitig, aber auch zu unterschiedlichen Zeiten und mit unterschiedlicher Intensität auftreten. Aus der Summation der einzelnen Belastungen ergibt sich eine Gesamtbelastung über einen bestimmten Zeitabschnitt.

Bei der Berechnung ist für jede Art der inneren Wärmebelastung eine Zerlegung der jeweiligen Gesamtbelastung entsprechend Abbildung 1.4-7 in Einzelbelastungen notwendig.

Die aus den Einzelbelastungen resultierenden Einzellasten werden zur Ermittlung der Gesamtkühllast unter der Anwendung des „Superpositionsprinzips" für die jeweiligen Tageszeitstunden addiert [1-22].

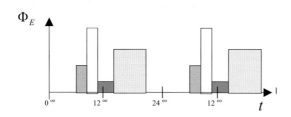

Beispiel eines Tagesgangs
der inneren Belastung

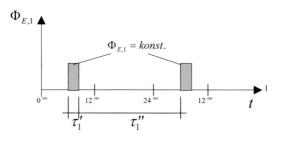

Einzelbelastung 1

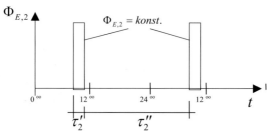

Einzelbelastung 2

Abb. 1.4-7 Zerlegung einer inneren Wärmebelastung Φ_E in Einzelbelastungen

Physiologische Wärmebelastung Φ_P

Menschen, Tiere und Pflanzen geben in Abhängigkeit vom Temperatur- und Feuchtigkeitsniveau der sie umgebenden Luft Wärme und Feuchtigkeit ab.

Mensch

Die Wärmeabgabe des Menschen ist abhängig von seiner Tätigkeit und seinem Energieumsatz (Tabellen 1.4-4 und 1.4-5) und innerhalb des Behaglichkeitsbereichs in geringem Maß von der Raumlufttemperatur.

Die Gesamtwärmeabgabe $\Phi_{P,M}$ wird unterteilt in

- **sensible (fühlbare) oder trockene Wärme** (diese führt zur Wärmebelastung) (ca. 65 ... 75 W = bei leichter Tätigkeit, θ_a = 20 ... 25 °C)
- **latente oder feuchte Wärme** (ca. 35 ... 45 W = bei leichter Tätigkeit; θ_a = 20 ... 25 °C)

Mit steigender Raumlufttemperatur erhöht sich der Anteil der latenten Wärmeabgabe.

Tab. 1.4-4 Wärmeabgabe des Menschen $\Phi_{P,M}$ während einer Tätigkeit

Aktivität	$\Phi_{P,M}$ in W/Person
Ruhe, liegend	83
Ruhe, sitzend	105
Ruhe, stehend	130
Autofahren	150
Maschineschreiben	180
Gehen in der Ebene	230
leichte körperliche Arbeit	250
mittelschwere körperliche Arbeit	350
Treppen abwärts gehen	450
schwere körperliche Arbeit	600
sehr schwere körperliche Arbeit	750
normales Treppensteigen	1400

Tab. 1.4-5 Wärmeerzeugung durch Personen bei unterschiedlichen Aktivitäten nach [1-25]

Aktivität	Gesamte Wärme		Sensible Wärme
	met [3]	W/Person [4]	W/Person
Angelehnt	0,8	80	55
Ruhig sitzend	1,0	100	70
Sitzende Tätigkeit (Büro, Schule, Labor)	1,2	125	75
Stehende leichte Tätigkeit (Laden, Labor, leichte industrielle Tätigkeit)	1,6	170	85
Stehend, mittelschwere Tätigkeit (Ladengehilfe, Maschinenarbeit)	2,0	210	105
Laufen auf der Ebene			
2 km/h	1,9	200	100
5 km/h	3,4	360	120
Lauf (8,5 bis 9 km/h)	nach [1-22]	675	
Maximale Leistung je nach persönlicher Kraft und Ausdauer	nach [1-22]	870 bis 1400	

---

3 1 met = 58 W/m²
4 gerundete Werte für einen menschlichen Körper mit einer Oberfläche von 1,8 m²/Person

Tiere

Tiere (Warmblüter) verhalten sich bezüglich ihrer Wärmeproduktion analog zum Menschen. Die Wärmeerzeugung $\Phi_{P,Tier}$ in W ist

- proportional der Oberfläche,
- eine Funktion der Körpertemperatur und
- der Masse der Tiere m_{Tier} in kg.

$$\Phi_{P,Tier} \quad 3,5 * (m_{Tier}) \, 0,73$$

Pflanzen

Pflanzen geben vorwiegend Feuchtigkeit ab, u.U. auch Wärme (dies ist bei Kühllagern sowie Pflanzen- und Obstlagern zu beachten).

Wärmebelastung durch Beleuchtung Φ_B

Die Wärmebelastung ist abhängig von der Leuchtenart (Anschlussleistung P in W), deren Strahlungs- und Konvektionsanteil und der Nennbeleuchtungsstärke (E_n in lx). Der konvektive Anteil der Belastung wird unmittelbar als Last wirksam, während der Strahlungsanteil über die Raumumschließungskonstruktion (Primärspeicherung) wirksam wird.

Die Tabellen 1.4-6 bis 1.4-8 weisen Orientierungswerte aus z. B. in Abhängigkeit von der Raumnutzung und dem Beleuchtungsniveau Werte für die Anschlussleistung, bezogen auf die Fußbodenfläche A_B, und für die Nennbeleuchtungsstärke E_n aus.

Die Wärmebelastung durch Beleuchtung ist auch im Zusammenhang mit der Tageslichtbeleuchtung durch Fenster (Strahlungsbelastung), der Nutzung der Räume, der Qualität der Farbwiedergabe und der visuellen Behaglichkeit zu sehen.

Tab. 1.4-6 Nennbeleuchtungsstärken E_n, Anschlussleistungen bei verschiedener Raumnutzung

Raumzweck bzw. Art der Tätigkeit	Nennbeleuchtungsstärke E_n in lx	Anschlussleistung P/A_B in W/m²	
		Allgebrauchs-glühlampen	Leuchtstoff-lampen
Lagerräume, Wohnräume, Werkstätten	100	20 … 25	4 … 8
Büroarbeiten, allgemeine Unterrichtsräume, Schalter- und Kassenhallen, mittelfeine Montagearbeiten	300	60 … 75	10 … 20
Büroräume (Gruppenräume), EDV, Hörsäle mit Fenster, Schaltwarten, Kaufhäuser, Ausstellungs- und Messehallen, feine Montagearbeiten	500	100 … 120	12 … 24

Tab. 1.4-6 Nennbeleuchtungsstärken E_n, Anschlussleistungen bei verschiedener Raumnutzung (Forts.)

Raumzweck bzw. Art der Tätigkeit	Nennbeleuchtungsstärke E_n in lx	Anschlussleistung P/A_B in W/m²	
		Allgebrauchsglühlampen	Leuchtstofflampen
bildschirmgerechte Büros	500		12 … 18
Großraumbüros, Technisches Zeichnen, Supermärkte, Feinmechanik, Hörsäle ohne Fenster	750		15 … 0
Montage Feinmechanik und Elektronik	1.000		20 … 40
Farbkontrolle bei sehr hohen Qualitätsansprüchen, Montage feinster Teile	1.500		30 … 60
Elektronische Miniaturbauteile, Uhrmacherei	2.000		40 … 80
Fernsehstudio (Farbfernsehen) mittels Scheinwerfer	2.000	(400 … 480)	

Tab. 1.4-7 Auslegungswerte für die Beleuchtung nach [1-25]

Nutzungsart	Beleuchtungsgrad in Lux	
	üblicher Bereich	Standardwert
Büroraum mit Fenster	300 bis 500	400
Büroraum ohne Fenster	400 bis 600	500
Kaufhaus	300 bis 500	400
Klassenraum	300 bis 500	400
Krankenstation	200 bis 300	200
Hotelzimmer	200 bis 300	200
Restaurant	200 bis 300	200
Raum, nicht bewohnbar	50 bis 100	50

Tab. 1.4-8 Auslegungswerte für die Beleuchtungsleistung von leistungsfähigen Beleuchtungsanlagen nach [1-25]

Beleuchtungsgrad in Lux	Spezifische Beleuchtungsleistung in φ_B W/m²	
	Üblicher Bereich	Standardwert
50	2,5 bis 3,2	3
100	3,5 bis 4,5	4
200	5,5 bis 7,0	6
300	7,5 bis 8,5	8
400	9,0 bis 12,5	10
500	11,0 bis 15,0	12

Wärmebelastung durch Maschinen

Die Wärmebelastung durch Maschinen (Konvektion und Strahlung) wird geprägt durch

- die installierte Maschinen- und Apparateanschlussleistung $P_{Inst.}$,
- den Auslastungsgrad f_A (Leistungssumme der Maschinen während der mittleren Arbeitszeit im Verhältnis zur maximalen Leistung),
- den Gleichzeitigkeitsgrad f_G und
- den mittleren Motorwirkungsgrad bei Maschinen η_{Motor}.

$$\Phi_M = (\ P_{Inst.}\ *\ f_A\ *\ f_G\ )\ /\ \eta_{Motor}$$

Die Wärmebelastung durch Maschinen und technologischen Einrichtungen kann ein Mehrfaches der maximalen äußeren Wärmebelastung betragen (Tabelle 1.4-9).

Zu beachten ist: Infolge der Variabilität und Flexibilität der Maschinenausrüstung ist die Wärmebelastung mit hohen Unsicherheiten behaftet. Es ist zweckmäßig, sich sehr genaue, mit dem Auftraggeber bzw. Nutzer abgestimmte Kenntnisse über den zeitlichen Verlauf (Tag, Woche) und die maximalen und durchschnittlichen Werte zu verschaffen.

Die Faktoren Auslastungsgrad und Gleichzeitigkeitsgrad beziehen sich auf die Wärmeabgabe der Maschinen und sind nur in grober Näherung dem *„technologischen"* Auslastungsgrad und Gleichzeitigkeitsgrad adäquat.

Tab. 1.4-9 Ausgewählte Maschinenwärmebelastungen $P_{Inst.} / A_B$, Auslastungsgrad f_A und Gleichzeitigkeitsgrad f_G

	$P_{Inst.}/A_B$ in W/m²	f_A	f_G
Papierindustrie	700	0,6 ...0,8	0,8.. 0,9
Galvanik	400 ... 800	0,8....0,9	0,7...0,8
Kunststoffverarbeitung	bis 500	0,7....0,8	0,6...0,8
Elektronik	bis 400	0,2....0,8	0,2...0,7
Feinmechanik	bis 500	0,3.3.1-...0,5	0,6...0,9
Metallverarbeitung	bis 300	0,6... 0,9	0,2...0,8
Textilindustrie	bis 300	0,7....0,8	0.8...0,95

Tabelle 1.4-10 weist die Wärmeabgabe verschiedener elektrischer Geräte aus.

Zu beachten ist, dass die latente Last (Wasserabgabe in g/h) grundsätzlich der „Stofflast" zuzuordnen ist. Weiterhin wird vorausgesetzt, dass:

- in der Regel die gesamte von der Maschine aufgenommene Leistung im Raum bleibt,
- die Umwandlungswärme (Zerspanen, Umformen) vernachlässigt werden kann und
- die durch Kühlung und Absaugung entfernte Wärme abzusetzen ist.

Tab. 1.4-10 Wärmeabgabe verschiedener elektrischer Geräte (Orientierungswerte) [1-23]

Gerät	Anschluss-leistung $P_{Inst.}$	relative Benut-zungsdauer τ' je Stunde	Wasser-abgabe $\dot{m}_W$	Wärmeabgabe Φ_M	
				fühlbare Wärme	Gesamt
	W	%	g/h	W	W
elektrische Schreibmaschine	50	100	–	50	50
Tisch-PC	100 ..150	100	–	100..150	100 ..150
Bildschirm	60...90	100	–	60...90	60...90
Drucker	20 ...30	25	–	5 ..7	5...7
Plotter	20 ...60	25	–	5 ..15	5 ..15
Elektroherd	3000	100	2100	1450	3000
Staubsauger	200	25	–	50	50
Waschmaschine	3000	100	2100	1450	3000
Wäscheschleuder	100	17	–	15	15
Kühlschrank (100 l)	100	100	–	300	300
Bügeleisen	500	100	400	230	500
Radiogerät	40	100	–	40	40
Fernsehgerät	175	100	–	175	175
Kaffeemaschine	500	50	100	180	250
Toaster	500	50	70	200	250
Haartrockner	500	50	120	175	250
Kochplatte	500	50	200	120	250
Grill für Fleisch	300	50	500	1200	1500
Sterilisations-apparat	1000	50	500	175	500

1.4.2.2 Kühllastermittlung

Die Kühllast wird nach verschiedenen Verfahren (z. B. VDI 2078, Petzold) [1-16], [1-22], [1-23] und [1-13] sowohl manuell als auch über PC-Programme ermittelt.

In den ersten Phasen des Planungsprozesses ist der Algorithmus nach Petzold [1-22] (definitionsgemäß wird dort die Kühllast als Wärmelast bezeichnet) beson-ders gut geeignet, um

- die durch Architekten beeinflussbaren zahlreichen Einflussgrößen bei der Kühl-lastberechnung darzustellen,
- das thermische Verhalten und das Speicherverhalten der Raumumschließungs-konstruktion allgemeingültig und nicht konstruktionsabhängig beurteilen zu können.

Deshalb wird auf dieses Modell eingegangen. Unter Berücksichtigung der Toleranzbreite der Belastungswerte sind die Ergebnisse der Kühllastberechnung hinreichend genau und können für die Berechnung des sich durch die Belastung ergebenden zeitlichen Verlaufs der resultierenden Raumlufttemperatur (s.a. 1.4.3) verwendet werden.

Aus planungstechnischen Gründen und wegen der Praktikabilität ist es zweckmäßig, die Kühllast als *spezifische Kühllast* φ_{KL} zu beschreiben, d.h. auf eine Fläche zu beziehen (im Allgemeinen die Fußbodenfläche A_B). Spezifische Kühllasten mit anderen Bezugsflächen werden zur Unterscheidung mit φ^* bezeichnet.

Der Berechnungsalgorithmus von Petzold [1-22] ist so aufgebaut, dass sowohl die Belastung als auch die Last mit hinreichender Genauigkeit als eine Kosinusfunktion mit Mittelwert und Amplitude dargestellt werden kann.

$$\Phi = \Phi_m + \hat{\Phi} * \cos \omega \left(t - \left(Z_{Q,\max} + \tau_{Ver} \right) \right)$$

Äußere Kühllast

Strahlungslast

Die Strahlungslast Φ_S ist die Kühllast, die durch gestalterische und konstruktive Ansätze in einem breiten Spektrum durch den Architekten und Bauingenieur beeinflusst werden kann. Mit dem verstärkten Einsatz des Baustoffs „Glas" ist Φ_S die dominierende äußere Kühllast.

Einflussgrößen bei der Belastung durch Sonnenstrahlung auf die Strahlungslast Φ_S sind:

die Fensterscheibe
- mit der Durchlässigkeit der Scheibenkonstruktion C_F (analog zu b nach VDI 2078) [1-16]: die Durchlässigkeit ist eine Funktion der Anzahl der Fensterscheiben und des Glases bzw. dessen Beschichtung oder Zusammensetzung
- mit der Verschmutzung der Scheibe C_V: durch Verschmutzung wird die Absorption erhöht und die Durchlässigkeit verringert
- mit der Winkelabhängigkeit der Durchlässigkeit Γ: die Durchlässigkeit ist eine Funktion des Einfallwinkels γ der Strahlung
- mit dem Glasflächenanteil $F_G = g_F$ [1-16] und [1-20]): berücksichtigt den Versprossungsanteil des Fensters (A_w entspricht dem baulichen Rohbaumaß);

die Verschattungsmöglichkeiten
- äußere Verschattung
  - starrer Sonnenschutz σ_J: Vollverschattung und Teilverschattung F_b

– beweglicher Sonnenschutz σ_J : Vollverschattung
– Fensterlaibung F_b: Teilverschattung
- innere Verschattung
  – innerer Sonnenschutz σ_J : beweglich, Vollverschattung und Teilverschattung

das thermische Verhalten der inneren Raumumschließungskonstruktion
- Absorptionsgrad des Fußbodens $a_{S,B}$ (Faktor C_{AS}: s.a. Tabelle 1.4-18)
- Speicherverhalten des Fußbodens η_S bzw. Einfluss des Speicherverhaltens der Raumumschließungskonstruktion

Die Einflussgrößen sind in [1-22], [1-23] näher beschrieben und tabelliert. Diese Größen sind Faktoren, die die Strahlungslast reduzieren. Abbildung 1.4-8 zeigt schematisch diese Größen an einem Raum mit Fenster mit der Fläche A_w .

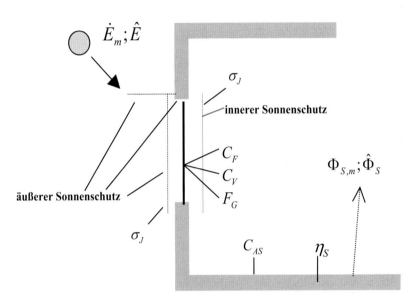

Abb. 1.4-8
Schematische Darstellung der Einflussgrößen auf die Wärmelast durch Strahlung Φ_S

Die Strahlungslast für ein **ungeschütztes** Fenster ist

$$\Phi_S = \Phi_{S,m} + \hat{\Phi}_S * \cos \varpi\ (\ t - (t_{S,G} + \tau_W))$$

$$\Phi_{S,m} = (\ A_w * (\ F_G * C_F * C_V * F_{b,m} * C_{AS} * \varphi_{F,m}\ )) / 0{,}9$$

$$\hat{\Phi}_S = (\ A_w * (\ F_G * C_F * C_V * \hat{F}_{b,m} * C_{AS} * \hat{\varphi}_F\ )) / 0{,}9$$

Die Vielfalt der meteorologischen Daten bezüglich Strahlung ist für den Planungsprozess mit hinreichender Genauigkeit für einen charakteristischen Sommertag vereinfacht und in Abhängigkeit von Himmelsrichtung, Scheibenanzahl, Speicherverhalten als Mittelwert $\varphi_{F,m}$ Amplitude $\hat{\varphi}_F$ und Zeitpunkt des Maximalwertes ($t_{S,G} + \tau_W$) in den Tabellen 1.4-11 und 1.4-12 dargestellt.

Für das **verschattete** Fenster (Vollverschattung, Teilverschattung, äußerer bzw. innerer Sonnenschutz) gelten analoge Gleichungen mit entsprechenden Faktoren.

Die Strahlungslast ist bei einem äußeren Sonnenschutz mit starren Verschattungseinrichtungen bei Vollverschattung:

$$\Phi_{S,m} = A_w * (F_G * C_F * \sigma_{J,m} * C_{AS} * \phi_{F,m}^*)$$

$$\hat{\Phi}_S = A_w * (F_G * C_F * \sigma_J * C_{AS} * \hat{\varphi}_F^*)$$

Die Strahlungswerte $\varphi_{F,m}^*$ und $\hat{\varphi}_F^*$ sind in Abhängigkeit von der Himmelsrichtung, der Trübung T, der Scheibenanzahl und dem Speichervermögen η_S in den Tabellen 1.4-13 und 1.4-14 zusammengestellt.

Tab. 1.4-11 Tagesmittelwert $\varphi_{F,m}$ der Strahlungslast für ungeschützte Fenster und Fenster mit inneren Verschattungseinrichtungen oder Zwischenjalousien in W/m² bei 52° nördlicher Breite

Zahl der Scheiben	H	N	NO/NW	O/W	SO/SW	S
1	226	56	99	134	137	122
2	194	50	84	113	112	98

Tab. 1.4-12 Amplitude $\hat{q}_F$ der Strahlungslast für ungeschützte und Fenster mit inneren Verschattungseinrichtungen oder Zwischenjalousien in W/m² und Zeitpunkt des Maximum ($t_{S,G} + \tau_W$) bei 52° nördlicher Breite

Zahl der Scheiben	η_S			H	N	NO/NW	O/W	SO/SW	S
	0,2	($t_{S,G} + \tau_W$)	Uhr	14	14	9/19	10/18	12/16	14
		$\hat{q}_F$	W/m²	74	12	40	62	63	57
1	0,4	($t_{S,G} + \tau_W$)	Uhr	13	13	8/18	9/17	11/15	13
		$\hat{q}_F$	W/m²	136	22	71	115	119	106
	0,6	($t_{S,G} + \tau_W$)	Uhr	12	12	7/17	8/16	10/14	12
		$\hat{q}_F$	W/m²	200	32	104	168	174	156

Tab. 1.4-12 Amplitude $\hat{q}_F$ der Strahlungslast für ungeschützte und Fenster mit inneren Verschattungseinrichtungen oder Zwischenjalousien in W/m² und Zeitpunkt des Maximum ($t_{S,G} + \tau_W$) bei 52° nördlicher Breite (Forts.)

2	0,2	($t_{S,G} + \tau_W$)	Uhr	14	14	9/19	10/18	12/16	14
		$\hat{q}_F$	W/m²	67	10	33	56	56	48
	0,4	($t_{S,G} + \tau_W$)	Uhr	13	13	8/18	9/17	11/15	13
		$\hat{q}_F$	W/m²	121	20	58	101	103	86
	0,6	($t_{S,G} + \tau_W$)	Uhr	12	12	7/17	8/16	10/14	12
		$\hat{q}_F$	W/m²	176	28	82	146	148	125

Tab. 1.4-13 Tagesmittelwert der Strahlungslast $\varphi^*_{F,m}$ für Fenster mit äußerer Verschattungseinrichtung in W/m² bei 52° nördlicher Breite

T	Zahl der Scheiben	H	N	NO/NW	O/W	SO/SW	S
4	1	51	44	55	55	55	55
	2	45	39	48	48	48	48
6	1	75	(44)	57	60	75	75
	2	66	(39)	50	52	66	66

Tab. 1.4-14 Amplitude der Strahlungslast $\hat{\varphi}^*_F$ für Fenster mit äußerer Verschattungseinrichtung in W/m² bei T = 4 (Strahlungstag) bei 52° nördlicher Breite

Zahl der Scheiben	η_S	H	N	NO/NW	O/W	SO/SW	S
1	0,20	11	13	15	16	16	16
	0,40	21	24	27	30	30	30
	0,60	31	36	40	44	44	44
2	0,20	10	12	13	16	16	16
	0,40	19	22	25	30	30	30
	0,60	27	32	36	44	44	44

Die Faktoren F_G, C_F, C_V, C_{AS} und die Durchlässigkeit des Sonnenschutzes σ_J bzw. $\sigma_{J,m}$ sind den Tabellen 1.4-15 bis 1.4-20 zu entnehmen. Werte für $F_{b,m}$ und $\hat{F}_{b,m}$ sind in [1-22] grafisch in Abhängigkeit von der Orientierung, der Jahreszeit und dem Verhältnis B_F / H_F (bzw. B_w / H_w) abzulesen.

Tab. 1.4-15 Faktor $F_G = g_F$

A_w in m²	0,5	1,0	1,5	2,0	2,5	3,0	5,0	8,0
Holzverbundfenster	0,47	0,58	0,63	0,67	0,69	0,71	0,73	0,75
Holzdoppelfenster	0,36	0,48	0,55	0,60	0,62	0,65	0,69	0,71
Stahlfenster	0,56	0,77	0,83	0,86	0,87	0,88	0,90	0,90
Schaufenster, Oberlichte				0,90				
Balkontüren aus Glas				0,50				
Abschlag für Fenster mit	Kämpfer			$F_G = 0,05$				
	senkrechtem Mittelstück			$F_G = 0,05$				
	Sprossen			$F_G = 0,03$				

Tab. 1.4-16 Faktor C_V

C_V	
1,0	Wohn- und Gesellschaftsbau
0,8	Produktionsbauten

Tab. 1.4-17 Faktor C_F

Einscheibenfenster	klares Tafelglas, 3 mm	1,0
	Dickglas, 6 mm	0,9
	Absorptionsglas	0,50 ... 0,75
	Reflexionsglas	0,45 ... 0,65
Zweischeibenfenster	klares Tafelglas, 3 mm	1,0
	innen klares Tafelglas, außen Absorptionsglas	0,55 ... 0,70
	dito, hinterlüftet	0,5
	innen klares Tafelglas, außen Reflexionsglas	0,30 0,40
Glashohlsteine farblos, (100 mm)	glatte Oberfläche: ohne Glasvlieseinlage	0,65
	mit Glasvlieseinlage	0,45

Tab. 1.4-18 Faktor C_{AS}

mittelhelle Fußböden, alle Fußböden bei nordorientierten Fenstern	1,0
dunkle Fußböden (außer bei nordorientierten Fenstern)	0,9

Tab. 1.4-19 Durchlässigkeit des starren äußeren Sonnenschutzes σ_J

Verschattungseinrichtung	$\sigma_J = \sigma_{J,m}$
Lamellenpakete (Parallel zum Fenster)	0,3 ... 0,5
Blenden	0,8

Tab. 1.4-20 Durchlässigkeit des inneren Sonnenschutzes σ_J bzw. der Zwischenjalousien

Dem Innenraum zugewandte Oberfläche der Verschattungseinrichtung			Nichtmetall				Metall
Absorptionsverhältnis $a_{S,j}$ der dem Außenraum zugewandten Oberfläche der Verschattungseinrichtung			schwarz = 0,95	dunkel = 0,75	mittel = 0,60	hell/weiß = 0,40	= 0,55
	$\sigma_{J,m}$	η_S	–	0,35	0,35	0,30	0,35
Zwischenjalousie	σ_J / η_S	0,2	–	1,15	1,00	0,75	1,10
		0,4	–	0,65	0,60	0,50	0,65
		0,6	–	0,50	0,45	0,40	0,50
	$\sigma_{J,m}$	η_S	–	0,80	0,70	0,55	0,70
Jalousetten, innen		0,2	–	2,80	2,30	1,60	2,55
ventiliert	σ_J / η_S	0,4	–	1,60	1,30	0,95	1,40
teildurchl. Vorhänge		0,6	–	1,15	0,95	0,73	1,00
	$\sigma_{J,m}$	η_S	0,95	0,75	0,60	0,40	0,55
Vorhänge, innen		0,2	3,50	2,75	2,20	1,45	2,40
strahlungs-	σ_J / η_S	0,4	1,90	1,50	1,20	0,80	1,25
undurchlässig		0,6	1,37	1,00	0,85	0,58	0,85
	$\sigma_{J,m}$	η_S	0,95	0,75	0,60	0,40	0,55
Verdunklungs-		0,2	2,86	2,25	1,80	1,20	2,10
einrichtungen	σ_J / η_S	0,4	1,66	1,31	1,05	0,70	1,13
		0,6	1,27	1,00	0,80	0,53	0,81

Das Speicherverhalten der Innenkonstruktion wird drei Kategorien über den Faktor η_S zugeordnet:

Speicherverhalten	η_S
gut speichernd	0,2
mäßig speichernd	0,4
schlecht speichernd	0,6

Für die überschlägige Bemessung der Strahlungslast $\dot{Q}_{S,m}$ kann die mittlere Strahlungslast $\dot{Q}_{S,m}$ in Abhängigkeit von der Orientierung, dem Verhältnis von verglaster Fensterfläche/Fußbodenfläche (A_{FG}/A_B) und der Effektivität der Durchlässigkeit der Fensterscheibe und des Sonnenschutzes η_{S+F} nach Abbildung 1.4-9 mit hinreichender Genauigkeit ermittelt werden.

$$\Phi_{S,m} = (\,\dot{q}^*_{S,m} * (\,A_{FG}/A_B\,)\,) * A_B$$

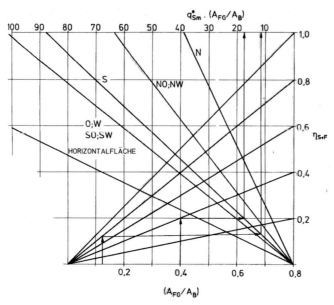

Abb. 1.4-9 Nomogramm zur überschlägigen Ermittlung der spezifischen Strahlungs-Kühllast in Abhängigkeit vom Durchlässigkeitswirkungsgrad η_{S+F}, der Himmelsrichtung und dem Verhältnis $\left(A_{FG}\,/\,A_{B}\right)$

Beispiel 1.4-1:

gegeben:

Fensterfläche/Fußbodenfläche $A_{FG}\,/\,A_{B} = \boldsymbol{0{,}12}$

Durchlässigkeit von Sonnenschutz und Fenster: $\eta_{S+F} = \boldsymbol{0{,}8}$

Himmelsrichtung: Süden (S)

Fußbodenfläche $A_{B} = \boldsymbol{25}\,\mathrm{m^2}$

gesucht:

$\Phi_{S,m}$ nach Abbildung 1.4-9: $(\dot{q}^{*}*(A_{FG}\,/\,A_{B})) = \boldsymbol{12}\,\mathrm{W/m^2}$

$\Phi_{S,m} = 12 * 25 = \boldsymbol{300\ W}$

Beispiel 1.4-2:

gegeben:

Fensterfläche/Fußbodenfläche $A_{FG}\,/\,A_{B} = \boldsymbol{0{,}4}$

Durchlässigkeit von Sonnenschutz und Fenster: $\eta_{S+F} = \boldsymbol{0{,}4}$

weitere Daten wie Beispiel 1-1

gesucht:

$\dot{Q}_{S,m}$ nach Abbildung 1.4-9: $(\dot{q}^{*}*(A_{FG}\,/\,A_{B}))$

$\dot{Q}_{S,m} = \boldsymbol{17}\,\mathrm{W/m^2}$

$\dot{Q}_{S,m} = 17 * 25 = \boldsymbol{425\ W}$

Die Amplitude der Strahlungslast $\hat{\Phi}_S$ ist abhängig von den thermischen Eigenschaften der Raumumschließungskonstruktion. Näherungsweise kann $\hat{\Phi}_S$ in Abhängigkeit von den Speichereigenschaften und der mittleren Strahlungslast $\Phi_{S,m}$ bemessen werden.

Speicherverhalten	η_S	$\hat{\Phi}_S$
gut speichernd	0,2	$= 0,25...0,5 * \Phi_{S,m}$
mäßig speichernd	0,4	$= 0,55...0,8 * \Phi_{S,m}$
schlecht speichernd	0,6	$= 0,75...1,2 * \Phi_{S,m}$

Transmissionskühllast

Die Transmissionskühllast Φ_T ist die Folge der äußeren Belastung durch die Sonnenstrahlung und die Außenlufttemperatur.

Einflussfaktoren auf die Minderung und Dämpfung sind

- das Absorptionsvermögen der äußeren Oberflächen a_S der bestrahlten Konstruktion,
- der Wärmedurchgangskoeffizient U,
- die äußeren Wärmeübergangsbedingungen durch Konvektion α_c und Strahlung α_r und
- das Speichervermögen der Raumumschließungskonstruktion η_T, charakterisiert durch die mittlere Admittanz des Raumes Y_R (früher auch als Schichtspeicherkoeffizient U_R bezeichnet) bzw. den Wärmeabsorptionskoeffizienten B_R der Raumumschließungskonstruktion.

Abbildung 1.4-10 zeigt schematisch den Wirkmechanismus des Wärmetransports durch Transmission Φ_T von außen in den Raum.

Ist die Außenlufttemperatur θ_e höher als die Raumlufttemperatur θ_a bzw. ist die Oberflächentemperatur der Außenkonstruktion (sogenannte „Sonnenlufttemperatur" θ_S) infolge der Absorption der Sonnenstrahlung höher als die Raumlufttemperatur θ_a, so wird Wärme durch Wärmeleitung in den Raum transportiert.

Die Transmissionskühllast kann durch eine Kosinusfunktion dargestellt werden [1-22]:

$$\Phi_T = \Phi_{T,m} + \eta_T * \hat{\Phi}_{WT} * \cos \omega \, (t - (t_{wt,\max} - \tau_{WT}))$$

Der Tagesmittelwert $\Phi_{T,m}$ ist eine stationäre Kühllast:

$$\Phi_{T,m} = U * (\theta_{S,m} - \theta_{a,m}) * A_{AW;D}$$

Die „mittlere Sonnenlufttemperatur" ist eine fiktive Temperatur, die sich aus dem „Strahlungseinfluss" und dem „ Außenlufttemperatureinfluss" zusammensetzt.

$$\theta_{S,m} = \theta_{e,m} + (a_S / \alpha_{e,g}) \; ^* \; \dot{E}_m$$

Die Tagesmittelwerte der Außenlufttemperatur $\theta_{e,m}$ und deren Amplitude sind in Abhängigkeit von der Jahreszeit und der Lage den Tabellen 1.4-21 und 1.4-22 zu entnehmen, wobei für den Tagesgang der Außenlufttemperatur in guter Näherung auszugehen ist von

$$\theta_e = \theta_{e,m} + \hat{\Theta}_e \; ^* \cos \; \varpi \; (t - z_{e,\max})$$

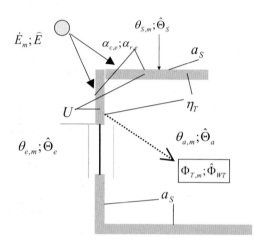

Abb. 1.4-10
Schematische Darstellung der Einflussgrößen auf die Wärmelast durch Transmission Φ_T

Tab. 1.4-21 Mittlere Extremwerte der mittleren Außenlufttemperatur $\theta_{e,m}$ und der Außenluft-temperaturamplitude $\hat{\Theta}_e$ an Strahlungstagen für Potsdam

Monat		April	Mai	Juni	Juli	August	September
$\theta_{e,m}$	°C	16	21	23	24	23	20
$\hat{\Theta}_e$	K	7	8	8	8	8	7

Tab. 1.4-22 Extreme Außenlufttemperaturen in Mitteleuropa (Überschreitungshäufigkeit 2,5 d/a)

		Sommermaximum		
		Höhe über NN	$\vartheta_{e,m}$	$\hat{\Theta}_e$	$\vartheta_{e,\max}$
		m	°C	K	°C
Binnenland		0 ... 599	24	8	32
		600 ... 1.200	22	6	28
Küstennahe Zone			22	7	29

Tab. 1.4-23 Charakteristik der Gesamtstrahlungsbelastung $\dot{E}$ (in W/m²) auf Horizontal- und Vertikalflächen an Strahlungstagen (Monatsmitte) bei einem Trübungsfaktor $T = 4$, 52°nördl. Breite

Horizontalflächen (bis Neigung < 30°)								
Orientierung der Fläche			April	Mai	Juni	Juli	August	September
Horizontal	E_{max}	W/m²	725	835	877	857	773	619
	$\dot{E}_m$	W/m²	238	304	334	320	266	188
	$\hat{E}$	W/m²	486	531	543	537	507	431
	τ_S	Uhr	24	24	24	24	24	24
	$z_{G,max}$	Uhr	12	12	12	12	12	12
Vertikalflächen								
Orientierung der Fläche			April	Mai	Juni	Juli	August	September
Süd	E_{max}	W/m²	677	609	561	579	642	688
	$\dot{E}_m$	W/m²	193	179	169	171	185	197
	$\hat{E}$	W/m²	484	430	392	408	457	491
	τ_S	Uhr	21	20	20	20	20	22
	$z_{G,max}$	Uhr	12	12	12	12	12	12
Südwest/ Südost	E_{max}	W/m²	687	660	633	641	670	674
	$\dot{E}_m$	W/m²	184	193	185	190	186	170
	$\hat{E}$	W/m²	503	467	438	451	484	504
	τ_S	Uhr	19	20	20	20	20	18
	$z_{G,max}$	Uhr	14 / 10	14 / 10	14 / 10	14 / 10	14 / 10	14 / 10
West/Ost	E_{max}	W/m²	619	658	664	658	642	552
	$\dot{E}_m$	W/m²	145	176	186	181	155	116
	$\hat{E}$	W/m²	474	482	478	477	487	436
	τ_S	Uhr	14	16	17	17	15	13
	$z_{G,max}$	Uhr	16 / 8	16 / 8	16 / 8	16 / 8	16 / 8	16 / 8
Nordwest/ Nordost	E_{max}	W/m²	399	458	501	486	426	261
	$\dot{E}_m$	W/m²	89	121	136	129	100	62
	$\hat{E}$	W/m²	310	337	365	357	326	199
	τ_S	Uhr	11	13	14	14	12	8
	$z_{G,max}$	Uhr	17 / 7	17 / 7	17 / 7	17 / 7	17 / 7	17 / 7
Nord	E_{max}	W/m²	140	151	156	154	144	127
	$\dot{E}_m$	W/m²	58	76	90	84	63	43
	$\hat{E}$	W/m²	82	75	66	70	81	84
	τ_S	Uhr	24	24	24	24	24	23
	$z_{G,max}$	Uhr	12	12	12	12	12	12

für $\dot{E} > \dot{E}_m$ mit $\dot{E} = \dot{E}_m + \hat{E} * \cos(\omega_s * \tau_s)$

$(\omega_s * \tau_s) = 2 * \pi / \tau_s * (t - z_{G,max})$

Für die Bemessung können die Gesamtstrahlungswerte $\dot{E}_m$; $\dot{E}_{max}$; $\hat{E}$ aus der Tabelle 1.4-23 entnommen werden.

Abbildung 1.4-11 ist für die überschlägige Bemessung der mittleren Transmissionskühllast $\Phi_{T,m}$ für Außenwände und für Dachkonstruktionen in Abhängigkeit von der Orientierung, dem Absorptionsvermögen der Oberfläche a_S und dem Wärmedurchgangskoeffizienten U zu nutzen.

$$\Phi_{T,m} = A_{AW} * \dot{q}^*_{T,m;AW} + A_D * \dot{q}^*_{T,m;D}$$

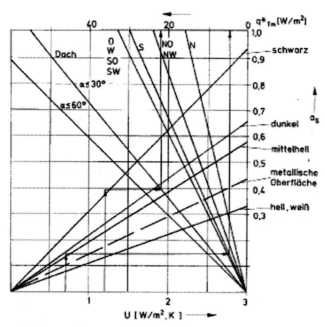

Abb. 1.4-11 Nomogramm zur Berechnung der repräsentativen Transmissionskühllast $\dot{q}^*_{T,m}$ in Abhängigkeit von der Orientierung, dem Wärmedurchgangskoeffizienten U, dem Absorptionsvermögen a_S und dem Material der Oberfläche

Beispiel 1.4-3:

gegeben:
Wärmedurchgangskoeffizient der Außenwand $U= 0{,}7\,\text{W/m}^2\text{K}$
Oberfläche mittelhell $a_S = 0{,}6$
Himmelsrichtung: Süden (S)
Außenwandfläche $A_{AW} = 10\,\text{m}^2$
gesucht:
$\Phi_{T,m}$ nach Abbildung 1.4-10: $\dot{q}^*_{T,m} = 5\,\text{W/m}^2$
$\Phi_{T,m} = 5 * 10 = 50\,\text{W}$

Beispiel 1.4-4:

> **gegeben:**
> Wärmedurchgangskoeffizient des Dachs $U = 1,2$ W/m²K
> Oberfläche schwarz $a_S = 0,95$
> Dachneigung $\alpha \leq 30°$
> Dachfläche $A_D = 25$ m²
>
> **gesucht:**
> $\Phi_{T,m}$ nach Abbildung 1.4-10: $\dot{q}^*_{T,m} = 22$ W/m²
> $\Phi_{T,m} = 22 * 25 = 550$ W

Für hinterlüftete Fassaden (z.B. Klimafassaden) und Kaltdächer gilt mit hinreichender Näherung:

$$\Phi_{T,m,Hin} = \Phi_{T,m} / 3$$

Die Amplitude der Transmissionskühllast $\hat{Q}_{WT}$ wird beeinflusst durch

- die durch die Trübung veränderten Einstrahlbedingungen: Faktor, C_T
- die Orientierung des äußeren Raumumschließungskonstruktionselement,
- das Absorptionsverhältnis der äußeren Oberfläche: Faktor, C_A
- die thermischen Eigenschaften des Wandaufbaus,
- mögliche veränderte Wärmeübergangsbedingungen, C_α
- die Dicke der Wand x und
- die Summe des Wärmedurchgangswiderstands $\sum R$

$$\hat{\Phi}_{WT} = (\hat{\dot{q}}^*_{WT;D} * A_D + \hat{\dot{q}}^*_{WT;AW} * A_{AW}) * C_T * C_A * C_W * C_\alpha$$

Die Lastamplituden $\hat{\dot{q}}^*_{WT;Dach}$ und $\hat{\dot{q}}^*_{WT;AW}$ als Funktion von der Dicke der Wand x und der Summe des Wärmedurchgangswiderstands $\sum R$. Die Faktoren C_T, C_A, C_W, C_α sind den Tabellen 1.4-24 bis 1.4-27 zu entnehmen.

Für eine orientierende Bemessung ist

$$\hat{\dot{q}}^*_{WT;D} = 0,8 \ldots 1,0 * \dot{q}^*_{T,m;D}$$

$$\hat{\dot{q}}^*_{WT;AW} = 0,4 \ldots 0,7 * \dot{q}^*_{T,m;AW}$$

Analog zum Mittelwert kann für hinterlüftete Fassaden (z.B. Klimafassaden) und Kaltdächer

$$\hat{\Phi}_{WT,Hin} = \hat{\Phi}_{WT} / 3$$

angenommen werden.

Der Amplitudendämpfungsfaktor η_T ist abhängig vom thermischen Speichervermögen der Raumumschließungskonstruktion (Admittanz Y_R [1-26]) und kann als Orientierungswert für die Speicherkategorien der Tabelle 1.4-28 entnommen werden. Die zeitliche Verschiebung des Lastmaximums τ_{WT} infolge der Speicherung der Wärme liegt zwischen 0 und 2 Stunden (Tabelle 1.4-28).

Die Transmissionskühllast ergibt sich zu:

$$\Phi_T = \Phi_{T,m} + \eta_T * \hat{\Phi}_{WT}$$

Tab. 1.4-24 Faktor C_T

Trübungsfaktor T	C_T	Anmerkung
4	1,0	
6	0,8	industrielle Ballungszentren, Städte

Tab. 1.4-25 Faktor C_A

Oberflächenbeschaffenheit	C_A
schwarz, nichtmetallisch	1,36
dunkle Farbe, rau	1,00
mittelhelle Farbe (gelb bis rot), glatt	0,86
helle Farbe	0,57
Metalloberfläche	0,79
Aluminiumfarbe	0,57
blanke, polierte Metallflächen	0,36

Tab. 1.4-26 Faktor C_W

Wandkonstruktion	C_W
thermisch einschichtige schwere Wände	1,1
thermisch einschichtige leichte Wände	1,0
thermisch mehrschichtige Wände mit Dämmschicht außen, mittig oder beidseitig	0,9

Tab. 1.4-27 Faktor C_α

Material der Oberfläche außen	$\alpha_{e,ges}$	Material der Oberfläche innen	$\alpha_{i,ges}$	C_α
	W/m²K		W/m²K	
Nichtmetall	17	Nichtmetall	8	1,00
Nichtmetall	17	Metall	5	0,81
Metall	14	Nichtmetall	8	1,09
Metall	14	Metall	5	0,90

Tab. 1.4-28 Amplitudendämpfungsfaktoren der Innenkonstruktion η_T und Phasenverschiebung τ_{WT}

Bauart	Y_R	η_T	τ_{WT}	Beispiele		
	W/m² K		h	Wände	Decke Dachkonstruktion	Fußboden-aufbau
gut speichernd	12 (8 ... 15)	0,45	2	ρ > 1.600 kg/m³ (Beton, Ziegel-mauerwerk) x > 15 cm	m > 200 kg/m² (unverkleidet)	Beton, Parkett oder PVC auf Beton
mäßig speichernd	5 (3 .... 7)	0,55	1	ρ > .1600 kg/m³ (Beton, Ziegel-mauerwerk) mit Dämm-stoffen o. ähnl. verkleidet	m > 200 kg/m² mit Dämmstoffen verkleidet oder abgehängte Decke	Beton, Parkett oder PVC auf Beton
				ρ > 1.600 kg/m³ (Beton, Ziegel-mauerwerk)	m < 200 kg/m²	Beton, Parkett oder PVC auf Beton
				m < 120 kg/m² (Leichtbau-platten)	m < 120 kg/m²	ρ > 1.600 kg/ m³ x > 15 cm Beton, Klin-ker o.Ä.
schlecht speichernd	2 (< 3)	0,7	0	m < 120 kg/m² (Leichtbau-platten)	m < 120 kg/m² (Leichtbauplatten)	m < 120 kg/ m² (Leichtbau-platten)

Innere Kühllast

Die innere nutzungsbedingte Kühllast Φ_N ergibt sich aus der inneren Wärmebelastung Φ_E, die sich aus den drei Komponenten (physiologische Last Φ_P; Beleuchtungslast Φ_B und technologische Last Φ_M) zusammensetzt.

Für jede einzelne Wärmebelastung ist unter Berücksichtigung des folgenden Algorithmus der Mittelwert $\Phi_{N,m}$, die Amplitude $\hat{\Phi}_N$ und der Zeitpunkt des Maximums zu ermitteln. Die detaillierten Berechnungsalgorithmen sind [1-22] zu entnehmen.

Durch die Berücksichtigung des Speicherverhaltens der Raumumschließungskonstruktion bei sprungförmiger Be- bzw. Entlastung sind erhebliche Reduzierungen der inneren nutzungsbedingten Kühllast möglich.

Zeitlich wird unterschieden in (Abbildung 1.4-12)

- die Dauer der Belastung (Speicherung) und
- die Dauer der Entlastung (Entspeicherung).

Voraussetzungen der Lastermittlung sind:

- Jede Wärmebelastung pro Zeiteinheit wird in Elemente mit konstantem Wärmestrom zerlegt in eine sprungförmige Belastung.
- Während der Belastungsdauer τ' bleibt der Wärmestrom konstant und die Summe von Belastungsdauer und Entlastungsdauer τ'' ist identisch mit dem Zeitraum eines Tages, d.h. 24 Stunden (Periodendauer).
- Nach der Entspeicherung ist nahezu der Ausgangszustand wieder erreicht, d.h. ein quasistationärer Zustand.

Der Tagesmittelwert der nutzungsbedingten Kühllast $\Phi_{N,m}$ ergibt sich zu

$$\Phi_{N,m} = \Phi * \Omega$$

- für die Belastungsdauer gilt: $\Omega = \Omega' = \tau' / (\tau' + \tau'')$
- für die Entlastungsdauer gilt: $\Omega = \Omega'' = \tau'' / (\tau' + \tau'')$

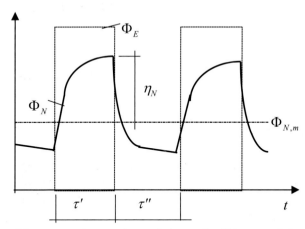

Abb. 1.4-12 Schematischer zeitlicher Verlauf (Tagesgang) der inneren Belastung und der inneren Kühllast

Die Amplitude $\hat{\Phi}_N$ der Kühllast ist abhängig von

- den Wärmeübertragungsbedingungen an der Wärmequelle,
- dem Dämpfungsfaktor η_N bei sprungförmiger Belastung und
- dem Speicherverhalten der Raumumschließungskonstruktion (Admittanz Y_R).

Der Berechnungsalgorithmus für die Amplitude bei der Speicherung bzw. Entspeicherung ist [1-5] zu entnehmen.

Gesamtkühllast

Die Berechnung der Gesamtkühllast setzt voraus:

- einen quasistationären Zustand und
- eine konstante Raumlufttemperatur $\theta_{a,m}$.

Der Mittelwert der Gesamtkühllast ergibt sich aus der Summe der Mittelwerte der äußeren und inneren Kühllasten:

$$\Phi_{WL,m} = \Phi_{S,m} + \Phi_{T,m} + \Sigma\,(\Phi_{N,m})$$

Wird nur eine einzelne Kühllast betrachtet, so kann zur Ermittlung des Maximalwerts die Amplitude $\hat{\Phi}$ addiert werden. Weichen die Zeitpunkte der Maxima nicht wesentlich voneinander ab ($\Delta\tau < 2$ h), so können auch die Einzelamplituden addiert werden. Die Amplitude und der Zeitpunkt des Maximums $t_{WL,max}$ sollten nach [1-22] berechnet werden.

Bei mehreren Kühllasten ist es zweckmäßiger, die jeweiligen Stundenwerte der Tagesgänge der einzelnen Kühllasten zu addieren. Der sich ergebende maximale Wert bei der Summation der Stundenwerte ist das Maximum der Gesamtlast $\Phi_{WL,max}$.

Die Amplitude $\hat{\Phi}_{WL}$ der Gesamtkühllast ergibt sich in hinreichender Näherung als die Differenz zwischen dem Maximalwert $\Phi_{WL,max}$ und dem Mittelwert $\Phi_{WL,m}$:

$$\hat{\Phi}_{WL} = \Phi_{WL,max} - \Phi_{WL,m}$$

Mit hinreichender Genauigkeit kann der Tagesgang der Gesamtkühllast als Kosinusfunktion dargestellt werden:

$$\Phi_{WL} = \Phi_{WL,m} + \hat{\Phi}\,{}^{*}\cos\,\omega\,(t - t_{WL,max})$$

In der praktischen Anwendung werden die Kühllasten als spezifische Werte angegeben, wobei als Bezugswert die Fußbodenfläche A_B als sinnvoll und zweckmäßig angesehen wird. Bei der Addition von spezifischen Werten ist darauf zu achten, dass nur Werte mit gleicher Bezugsfläche addiert werden.

$$\varphi_{WL} = \varphi_{WL,m} + \hat{\varphi}_{WL}\,{}^{*}\cos\,\omega\,(t - t_{WL,max})$$

Abbildung 1.4-13 zeigt ein Beispiel für den Verlauf der Einzel- und Gesamtlast für einen Büroraum. Aus Abbildung 1.4-14 sind als Orientierungswerte spezifische Kühllasten für einen Büroraum ersichtlich, um die Größenordnung der einzelnen Werte abschätzen zu können.

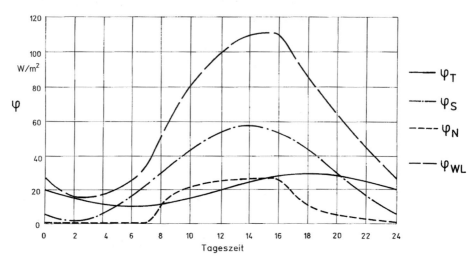

Abb. 1.4-13 Beispiel für den Tagesgang für äußere (φ_T ; φ_S), innere (φ_N)und Gesamtwärme (φ_{WL}) bezogen auf m² Fußbodenfläche

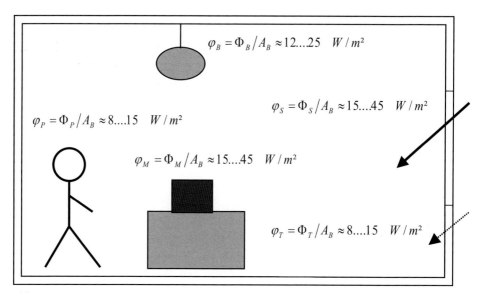

Abb. 1.4-14 Büroraum: Orientierungswerte für die Kühllasten

Gesamtkühllast bei variabler Raumlufttemperatur

In der Praxis ist die Raumlufttemperatur θ_a nicht konstant, deshalb kommt es zwischen der raumumschließenden Konstruktion und der Raumlufttemperatur zu einem zusätzlichen Energieaustausch.

Bei einem Anstieg der Raumlufttemperatur über die Oberflächentemperatur $\theta_{o,i}$ wird die Wärme Φ_{sec} in der raumumschließenden Konstruktion gespeichert. Dieser Effekt wird als „*Sekundärspeicherung*" bezeichnet.

Beim Sinken der Raumlufttemperatur unter die Oberflächentemperatur $\theta_{o,i}$ wird die gespeicherte Wärme an die Raumluft abgegeben und es erfolgt eine Entspeicherung.

Unter Anwendung des Superpositionsprinzips ergibt sich die Gesamtkühllast Φ_{WL}^* bei variabler Raumlufttemperatur zu

$$\Phi_{WL}^* = \Phi_{WL} + \Phi_{sec}$$

Die Kühllast infolge der Sekundärspeicherung Φ_{sec} ist eine zeitabhängige Größe.

Sie ist abhängig von der Speicherfähigkeit (Thermische Admittanz Y_R) der Oberflächen der Raumumschließungskonstruktion $\Sigma\,(A_{Innen})$ und kann mit

$$\Phi_{sec} = (\pm\,1{,}5 \dots 5{,}6)\,{}^*\,\Sigma\,(A_{Innen})$$

angenommen werden.

Die angegebenen Werte sind Maximal- und Orientierungswerte. Durch die Speicherung wird es möglich, die Kühllast in ihrem Maximum zum Teil zu erheblich zu mindern und die tägliche Schwankung der Kühllast zu glätten.

Die stündlichen Werte von Φ_{sec} können in Abhängigkeit vom Raumlufttemperaturverlauf [1-23] entnommen werden.

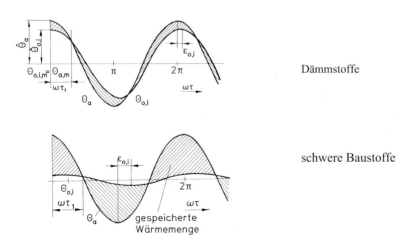

Dämmstoffe

schwere Baustoffe

Abb. 1.4-15 Tagesgang der Wandtemperatur $\theta_{o,i}$ in Abhängigkeit von der Raumlufttemperatur θ_a (mit $\alpha_{c,i} = 3\ \text{W/m}^2\,\text{K}$) bei Dämmstoffen und schweren Baustoffen

1.4.3 Raumlufttemperaturberechnung

1.4.3.1 Grundlagen

Die qualitativ und quantitativ entscheidende Größe für den Nutzer ist die sich bei einer Kühllast einstellende **Raumlufttemperatur** θ_a (in [1-26] mit ϑ_R bezeichnet). Wichtig ist schon in der Vorentwurfsphase, Aussagen über zu erwartende Raumlufttemperaturen unter sommerlichen Bedingungen zu haben, um

- entweder notwendige bauliche Veränderungen
- oder/und raumlufttechnische und kältetechnische Anlagen

konzipieren zu können.

In dieser Bearbeitungsphase kann ein eingeschwungener (quasistationärer) Zustand vorausgesetzt werden. Einfluss haben

- die Kühllast,
- der Außenluftvolumenstrom und
- das Wärmeabsorptionsvermögens des Raums bzw. Gebäudes.

Vereinfachend wird bei der Abschätzung vorausgesetzt, dass

- die Bezugstemperatur für die Berechnung der Kühllast durch eine mittlere Raumlufttemperatur $\theta_{a,m}$ (in [1-26] mit $\vartheta_{R,m}$ bezeichnet). und
- die Außenlufttemperatur durch den Tagesmittelwert $\theta_{e,m}$ und eine Amplitude $\hat{\Theta}_e$ charakterisiert wird.

Definitionsgemäß nach [1-11] gilt für

Den eingeschwungenen Zustand:

- Der Tagesmittelwert der Raumlufttemperatur $\theta_{a,m}$ zweier aufeinanderfolgender Tage unterscheidet sich nicht wesentlich,

Die mittlere Raumlufttemperatur $\theta_{a,m}$:

- $\theta_{a,m}$ ergibt sich aus der Bilanz der Tagesmittelwerte der Wärmeströme (Wärmegewinn und/oder Wärmeverlust),

Die Amplitude der Raumlufttemperatur $\hat{\Theta}_a$:

- $\hat{\Theta}_a$ ergibt sich aus der Bilanz der zeitabhängigen Wärmeströme einschließlich der Sekundärspeicherung, die durch das Wärmeabsorptionsvermögen B_R des Raums B_R beeinflusst wird,

Das Wärmeabsorptionsvermögen des Raums B_R:

- B_R ist vereinfachend abhängig von der mittleren thermischen Admittanz Y_R [1-26] des Raums und liegt bei natürlicher Konvektion im Raum zwischen 1 W/m²K (Dämmstoffe) und 2,5 W/m²K (Schwerbeton),

$$B_R = (Y_R * \alpha_{c,i}) / (Y_R + \alpha_{c,i})$$

Die Phasenverschiebung der Raumlufttemperatur:

- Sie kann gegenüber dem resultierenden Maximum der Kühllast und des Lüftungswärmestroms in sehr vielen Fällen und zur Vorbemessung vernachlässigt werden. Sie liegt im Bereich zwischen 1 und 4 Stunden.

1.4.4 Berechnung

Bei der Lüftung des Raums mit Außenluft ($q_{V,AUL}$) ergibt sich der Maximalwert der Raumlufttemperatur $\theta_{a,\max}$ aus dem Tagesmittelwert $\vartheta_{R,m}$ und der Amplitude $\hat{\Theta}_a$:

$$\theta_{a,\max} = \theta_{a,m} + \hat{\Theta}_a$$

Mittlere Raumlufttemperatur

Die mittlere Raumlufttemperatur $\theta_{a,m}$ wird aus dem Mittelwert der Außenlufttemperatur $\theta_{e,m}$ (im Sommer im Allgemeinen = 24 °C) und dem Quotienten aus „Gewinn" (mittlere Wärmelast $\varphi_{KL,m}$) und „Verlust" w im Raum ermittelt:

$$\theta_{a,m} = \theta_{e,m} + (\varphi_{KL,m} / w)$$

Wird die Außenluft z.B. gekühlt, so reduziert sich der „Gewinn" um die Aufbereitungslast $\varphi_{A,m}$ Wird die Außenluft durch einen Ventilator in den Raum gefördert, so sollte eine Temperaturerhöhung $\Delta\theta_V$ (liegt zwischen 0,1 und 2 K) in Abhängigkeit der Druckerhöhung des Ventilators berücksichtigt werden.

Die mittlere Raumlufttemperatur $\theta_{e,m}$ bei einer Außenluftanlage ergibt sich dann zu

$$\theta_{a,m} = \theta_{e,m} + ((\varphi_{KL,m} - \varphi_{A,m}) / w) + \Delta\theta_V$$

Der Verlust w (Wärmewert des Abstroms nach [1-26]) ergibt sich aus dem Transmissionswärmeverlust w_T und dem Lüftungswärmeverlust w_L (der Verlust infolge Umwandlungswärme w_U kann im Allgemeinen vernachlässigt werden):

$$w = w_T + w_L$$

$$w_T = (\sum_{j=1}^{n} (U_j * A_j)) / A_B$$

$$w_L = (q_{V,AUL} * \rho_L * c_{P,L}) / A_B$$

Raumlufttemperaturamplitude $\hat{\Theta}_R$

Die Raumlufttemperaturamplitude ist abhängig von

- dem Energieinhalt des Außenluftvolumenstroms $w_L * \hat{\Theta}_e$,
- der Kühllastamplitude $\hat{\varphi}_{KL}$,
- dem Lüftungswärmeverlust w_L,
- dem Wärmeabsorptionsvermögen der Raumumschließungskonstruktion B_R und
- dem Flächenverhältnis f_i von innerer Oberfläche zu Fußbodenfläche.

Mit hinreichender Genauigkeit ergibt sich die Raumlufttemperaturamplitude $\hat{\Theta}_a$ [5] zu:

$$\hat{\Theta}_a = (w_L * \hat{\Theta}_e + \hat{\varphi}_{KL}) / (w_L + B_R * f_i)$$

$$\text{mit } f_i = (\sum_{j=1}^{n} A_{i,j}) / A_B$$

Tagesgang der Raumlufttemperatur

Der Tagesgang der Raumlufttemperatur θ_a kann nach folgender Gleichung berechnet werden.

$$\theta_a = \theta_{a,m} + \hat{\Theta}_a * \cos \omega (t - Z_R)$$

Zur Erleichterung der Berechnung kann der Wert $\cos \omega (t - Z_R)$ aus Tabelle 1.4-29 entnommen werden.

Tab. 1.4-29 Zahlenwerte für $\cos \omega (t - Z_R)$

$(t - Z_R)$	0	1	2	3	4	5	6	7	8	9	10	11	12
		-1	-2	-3	-4	-5	-6	-7	-8	-9	-10	-11	-12
$\cos \omega$ $(t - Z_R)$	1	0,97	0,87	0,71	0,5	0,26	0	-0,26	-0,5	-0,71	-0,87	-0,97	-1

Als Orientierungswert kann für den Zeitpunkt des Maximums der Raumlufttemperatur Z_R davon ausgegangen werden, dass dieser ca. 1 bis 2 h nach dem Zeitpunkt des Wärmelastmaximums Z_Q liegt. Ist das Maximum der Kühllast $\varphi_{KL,max}$ kleiner als der maximale Sekundärspeicherstrom, d.h.

$$\varphi_{KL,m} + \hat{\varphi}_{KL} < (B_R * f_i) * \hat{\Theta}_a,$$

---

[5] Gilt für den Fall , dass die Zeitdifferenz zwischen dem Maximum der Gesamtkühllast und der Außenlufttemperatur von $\leq$ 2 ... 3 Stunden ist. Für größere Zeitdifferenzen sind die Berechnungsalgorithmen nach *Petzold* [1-26] zu verwenden.

so existiert ein *optimaler Außenluftvolumenstrom*, bei dem die Raumlufttemperatur ein Minimum erreicht. Die folgenden Beispiele sollen einerseits die relative Einfachheit der Raumlufttemperaturermittlung und anderseits den Einfluss

- des Außenluftvolumenstroms $q_{V,AUL}$ und
- der speicherwirksamen Bauwerksmasse m_{sp} bzw. des Wärmeabsorptionsvermögens B_R verdeutlichen.

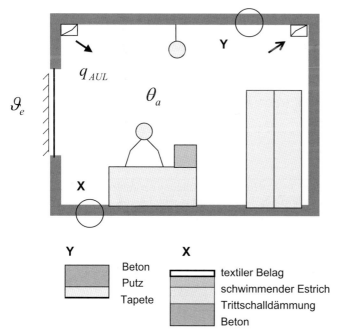

Abb. 1.4-16 Schematischer Schnitt durch einen Büroraum mit **gut speichernder** Raumumschließungskonstruktion

Beispiel 1.4-5:

Büroraum mit Mindestaußenluftanteil, n_{AUL} = 1,25 1/h, gut speichernder Raumumschließungskonstruktion (s. Abb. 1.4-16)
gegeben:
4 Personen, $q_{V,AUL}$ = **200** m³/h A_B = **50** m², f_i = **2,7**
B_R = **2,5** W/m²K, m_{sp} = **1000** kg/m²
Außenluftbedingungen: $\theta_{e,m}$ = **24** °C, $\hat{\Theta}_e$ = **8** K
Kühllasten: $\varphi_{S,m}$ = **12** W/m²; $\varphi_{T,m}$ = **5** W/m²; $\varphi_{N,m}$ = **20** W/m²; $\hat{\varphi}$ = **15** W/m²
Wärmeverluste: w_T = **1,0** W/m²K; w_L = **1,4** W/m²K
gesucht:
$\theta_{a,m}$; $\theta_{a,max}$; $\hat{\Theta}_a$
$\theta_{a,m}$ = 24 + 37 / 2,4 = **39,4** °C; $\hat{\Theta}_a$ = (1,4 * 8 + 15)/(1,4 + 2,5 * 2,7) = **3,2** K;
$\theta_{a,max}$ = 39,4 + 3,2 K = **42,6** °C

Beispiel 1.4-6:

Büroraum mit n_{AUL} = 5,0 1/h, mit gut speichernder Raumumschließungs-konstruktion (s. Abb. 1.4-16)

gegeben:

4 Personen, $q_{V,AUL}$ = **1000** m³/h A_B = **50** m², f_i = **2,7**

B_R = **2,5** W/m²K, m_{sp} = **1000** kg/m²

Außenluftbedingungen: $\theta_{e,m}$ = **24** °C, $\hat{\Theta}_e$ = **8** K

Kühllasten: $\varphi_{S,m}$ = **12** W/m²; $\varphi_{T,m}$ = **5** W/m²; $\varphi_{N,m}$ = **20** W/m²; $\hat{\varphi}$ = **15** W/m²

Wärmeverluste: w_T = **1,0** W/m²K; w_L = **6,7** W/m²K

gesucht:

$\theta_{a,m}$; $\theta_{a,\max}$; $\hat{\Theta}_a$

$\theta_{a,m}$ = 24 + 37 / 7,7 = **28,8** °C; $\hat{\Theta}_a$ = (6,7 * 8 + 15)/(6,7 + 2,5 * 2,7)= **5,1** K;

$\theta_{a,\max}$ = 28,8 + 5,1 K = **33,9** °C

Beispiel 1.4-7:

Büroraum mit Außenluftwechsel n_{AUL} = 5,0 1/h, mit Kühlung der Außenluft, mit gut speichernder Raumumschließungskonstruktion (s. Abb.1.4-16)

gegeben:

4 Personen, $q_{V,AUL}$ = **1000** m³/h A_B = **50** m², f_i = **2,7** = 2,5 W/m²K, = **1000** kg/m²; ϕ_{Am} = – **25** W/m² (1,25 kW)

Außenluftbedingungen: $\theta_{e,m}$ = **24** °C, $\hat{\Theta}_e$ = **8** K

Kühllasten: $\varphi_{S,m}$ = **12** W/m²; $\varphi_{T,m}$ = **5** W/m²; $\varphi_{N,m}$ = **20** W/m²; $\hat{\varphi}$ = **15** W/m²

Wärmeverluste: w_T = **1,0** W/m²K; w_L = **6,7** W/m²K

gesucht:

$\theta_{a,m}$; $\theta_{a,\max}$; $\hat{\Theta}_a$

$\theta_{a,m}$ =24 + (37 – 25)/7,7 =**25,6** °C; $\hat{\Theta}_a$ =(6,7 * 8 + 15)/(6,7 + 2,5 * 2,7) = **5,1** K;

$\theta_{a,\max}$ = 28,8 + 5,1 K = **30,7** °C

Beispiel 1.4-8:

Büroraum mit Außenluftwechsel n_{AUL} = 5,0 1/h, mit schlecht speichernder Raumumschließungskonstruktion (s. Abb. 1.4-17)

gegeben:

4 Personen, $q_{V,AUL}$ = **1000** m³/h A_B = **50** m², f_i = **2,7** = **1,0** W/m²K, = **400** kg/m²

Außenluftbedingungen: $\theta_{e,m}$ = **24** °C, $\hat{\Theta}_e$ = **8** K

Kühllasten: $\varphi_{S,m}$ = **12** W/m²; $\varphi_{T,m}$ = **5** W/m²; $\varphi_{N,m}$ = **20** W/m²; $\hat{\varphi}$ = **15** W/m²

Wärmeverlust: w_T = **1,0** W/m²K; w_L = **6,7** W/m²K

gesucht:

$\theta_{a,m}$; $\theta_{a,\max}$; $\hat{\Theta}_a$

$\theta_{a,m} = 24 + 37/7{,}7 = \textbf{28,8}\,°\text{C};\ \hat{\Theta}_a = (6{,}7 * 8 + 15)/(6{,}7 + 1{,}0 * 2{,}7) = \textbf{7,3 K};$

$\theta_{a,\max} = 28{,}8 + 7{,}3\ \text{K} = \textbf{36,1}\,°\text{C}$

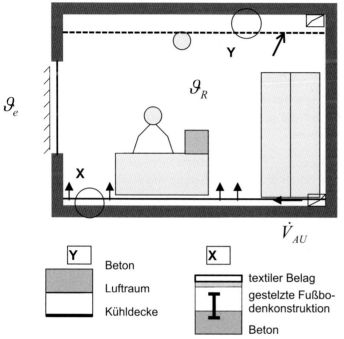

Abb. 1.4-17 Schematischer Schnitt durch einen Büroraum mit **schlecht speichernder** Raumumschließungskonstruktion

Beispiel 1.4-9:

Büroraum mit Außenluftwechsel n_{AUL} = 5,0 1/h, mit Kühlung der Außenluft, mit schlecht speichernder Raumumschließungskonstruktion (s. Abb. 1.4-17)

gegeben:

4 Personen, $q_{V,AUL}$ = **1000** m³/h A_B = **50** m², f_i = **2,7 = 1,0** W/m²K,
= **400** kg/m²; ϕ_{Am} = **– 25** W/m² (1,25 kW)

Außenluftbedingungen: $\theta_{e,m}$ = **24** °C, $\hat{\Theta}_e$ = **8 K**

Kühllasten: $\varphi_{S,m}$ = **12** W/m²; $\varphi_{T,m}$ = **5** W/m²; $\varphi_{N,m}$ = **20** W/m²; $\hat{\varphi}$ = **15** W/m²

Wärmeverlust: w_T = **1,0** W/m²K; w_L = **6,7** W/m²K

gesucht:

$\theta_{a,m}$; $\theta_{a,\max}$; $\hat{\Theta}_a$

$\theta_{a,m} = 24 + (37 - 25)/7{,}7 = \textbf{25,6}\,°\text{C};\ \hat{\Theta}_a = (6{,}7 * 8 + 15)/(6{,}7 + 1{,}0 * 2{,}7) = \textbf{7,3 K};$

$\theta_{a,\max} = 25{,}6 + 7{,}3\ \text{K} = \textbf{32,9}\,°\text{C}$

1.4.5 Wärmeschutz

Der in DIN 4108 [1-20] geregelte Wärmeschutz beschreibt „Mindestanforderungen" an das Gebäude unter dem Aspekt des Wärmeschutzes entsprechend der Bauordnung und der Verordnung zur Energieeinsparung. Durch den Gesetzgeber und Bauherren können vor allem im Hinblick auf den sparsamen Umgang mit Energie und zur Minimierung der ökologischen Belastung weitere einzuhaltende oder andere Grenzwerte vorgeschrieben bzw. festgelegt werden [1-18] bzw. [1-19]. Insbesondere die EN 13 779 [1-1] empfiehlt, dass die durch den Architekten und den Lüftungsplaner einzuhaltenden Werte vertragsrechtlich vereinbart werden und in einem Pflichtenheft dokumentiert und fortgeschrieben werden sollen bzw. müssen. Vor allem in den Phasen „Vorentwurf" und „Entwurf" nach HOAI [1-27], [1-28] des Planungsprozesses liegen notwendige konstruktive Daten kaum in ausreichendem Maße vor, sodass auf die genormten oder gesetzlich geregelten Kennwerte zurückgegriffen werden muss.

Der Wärmeschutz des Raums, d.h. der Wärmeverlust im Winter und die raumklimatische Belastung im Sommer, ist u.a. abhängig von

- dem Wärmedurchgangskoeffizienten der Bauteile,
- der Anordnung der einzelnen Schichten im Bauteil z.B. unter dem Aspekt der Wärmespeicherfähigkeit, der Tauwasserbildung,
- den Wärmetransportbedingungen im Bereich von „Wärmebrücken",
- dem Fenster (z.B. Gesamtenergiedurchlassgrad, Orientierung, Verglasung) und
- der Lüftung und der Luftdichtheit von Bauteilen und deren Anschlüssen.

1.4.5.1 Winterlicher Wärmeschutz

Die bautechnischen und anlagentechnischen Maßnahmen sind in [1-20] ausführlich erläutert und determiniert.

Hinsichtlich der Lüftung wird darauf verwiesen, dass eine bestimmte Luftdichtheit (Blower-Door-Verfahren) gewährleistet wird, aber gleichzeitig für einen ausreichenden Luftwechsel (besser: Außenluftwechsel) aus Gründen

- der Hygiene (Behaglichkeit),
- der Begrenzung der Raumluftfeuchte (Taupunktunterschreitung, Schimmelbildung) und
- u.U. der Zuführung von Verbrennungsluft

zu sorgen ist. Während der Heizperiode ist ein durchschnittlicher Außenluftwechsel $n_{AUL,min}$ von mindestens 0,5 1/h (bei Wohnungen je nach Raumnutzung zwischen 0,3 und 0,6) sicherzustellen. Die Planungshinweise aus der DIN 1946 T6 [1-29] bzw. DIN EN 15251 [1-6] und die zu vereinbarenden Randbedingungen bezüglich der zu gewährleistenden Raumluftqualität nach [1-6] und [1-1] sind zu berücksichtigen bzw. einzuhalten.

1.4.5.2 Sommerlicher Wärmeschutz

Durch bauliche Maßnahmen sollte unter Beachtung der Nutzung des Gebäudes darauf geachtet werden, dass keine unzumutbaren Raumbedingungen im Gebäude entstehen, die entsprechende Kühlmaßnahmen zur Folge haben. Grundsätzlich sollte davon ausgegangen werden, dass

- die in [1-1] und [1-6] geforderten operativen Temperaturen θ_O eingehalten werden, obwohl in DIN 4108 T2 A1 [1-30] dafür andere Grenztemperaturen definiert wurden.
- die Strahlungsasymmetriegrenzwerte bei beheizten und gekühlten Flächen nicht überschritten werden
- die Differenz zwischen der Raumlufttemperatur θ_a und der operativen Temperatur θ_O in einer Größenordnung von < 2..3 K liegt und
- die einzuhaltenden Raumluftparameter wie z.B. θ_a unter Bezug auf [1-1] und [1-6] vertraglich zu vereinbaren sind.

$$\theta_O \approx (\theta_a + \theta_r)/2$$

Im Wesentlichen beschränken sich die Maßnahmen in DIN 4108 T2 A1 [1-30] auf die Begrenzung des Sonneneintragwerts S. Die weiteren Einflussparameter wie Lüftung (Freie Lüftung, intensive Nachtlüftung) und speicherwirksame Bauwerksmasse werden in [1-3] und [1-17] verbal beschrieben bzw. durch Korrekturfaktoren berücksichtigt. Der Einfluss der inneren nutzungsbedingten Kühllast Φ_N ist in [1-3] gar nicht und in [1-30] sehr ungenügend beschrieben.

Der Sonneneintragswert S darf einen Höchstwert S_{max} nicht überschreiten:

$$S \leq S_{max} \qquad\qquad S_{max} = S_O + \sum \Delta S_X$$

Dabei sind:

S_O der Basiswert für Gebäude (nach [1-20] = 0,18 und nach [1-30] = 0,12)

$\sum \Delta S_X$ Zuschlagswerte nach [1-20] bzw. [1-17]

Der Sonneneintragswert S ergibt sich aus

$$S = (\sum (A_{W,j} * g_{total,j}))/A_B \qquad \text{mit} \qquad g_{total} = g * F_C$$

Dabei sind:

A_W Fensterfläche in m² (es gilt das Rohbaumaß!)

g_{total} Gesamtenergiedurchlassgrad der Verglasung inkl. Sonnenschutz

g Gesamtenergiedurchlassgrad der Verglasung

A_B Nettogrundfläche (= Fußbodenfläche) des Raums oder Raumbereichs in m²

F_C Abminderungsfaktor der Sonnenschutzvorrichtung

1.4.5.3 Vorbemessung des sommerlichen Wärmeschutzes

Da die architektonischen und nutzungsspezifischen Einflussgrößen auf den Wärmeschutz in den Planungsphasen „Vorentwurf" und „Entwurf" unscharf reflektiert werden können, wurden sowohl Vorbemessungsverfahren als auch ein Nachweisverfahren entwickelt [1-31] und [1-32] bzw.[1-33], die dem Qualitätsanspruch der Planungsphase „Vorentwurf" gerecht werden.

1.4.4.3.1 Vorbemessung des sommerlichen Wärmeschutzes nach Petzold/ Hakenschmied ([1-31])

Für die Vorbemessung des sommerlichen Wärmeschutzes von Räumen, in denen die Strahlungslast im Vergleich zur Transmissionslast groß ist, wurde in [1-ae] ein überschlägiges Verfahren (Tab. 1.4-37) entwickelt, das aus der Abhängigkeit von spezifischer speicherwirksamer Bauwerksmasse $m_{B,sp}$, den Wärmeschutzklassen (WSK) und dem spezifischen Fensterflächenverhältnis A_{FG}/A_B erforderliche Maßnahmen zur Beeinflussung der Strahlungslast (Sonnenschutz) ableitet und Grenzen der „freien Klimatisierung (Tab. 1.4-36) aufzeigt. Die inneren nutzungsbedingten Kühllasten finden dabei keine Berücksichtigung. Es ist von einem mittleren Außenluftwechsel n_{AUL} von 0,5 1/h auszugehen.

Diese Vorbemessung ist für normalgeschossige Gebäude (z.B. Wohnungsbau, Verwaltungsbau und ähnliche Gebäude) anwendbar.

Mit den Wärmeschutzklassen nach Petzold [1-33] ist die freie Klimatisierung bei gleichzeitiger Minimierung des notwendigen baulichen Aufwands durch eine am Ende einer Schönwetterperiode (maximal nach ca. 5 Tagen) auftretende mittlere Raumlufttemperatur $\theta_{a,m}$ beschreibbar (Tabelle 1.4-31). Wird für einen Raum die Einhaltung der WSK nachgewiesen, so kann damit seine thermische Qualität eingeschätzt werden. Gleichzeitig wird gesichert, dass die ausgewiesenen zulässigen

Tagesmittelwerte der Raumlufttemperaturen nicht überschritten werden. Es wird ein Tagesgang der Raumlufttemperatur in Ansatz gebracht.

$$\theta_a = \theta_{a,m} + \hat{\Theta}_a * \cos(\omega\tau)$$

Im Allgemeinen beträgt die Amplitude $\hat{\Theta}_a$ = 2 K und braucht zur Vereinfachung nicht rechnerisch erfasst zu werden. Mit den Klimagebieten 1 bzw. 2 wird die Höhe des Gebäudes über NN bzw. eine sich ändernde Außenlufttemperatur θ_e berücksichtigt.

Tab. 1.4-30 Zuordnung der Außenlufttemperatur zu Klimagebieten

	Höhe über NN	$\theta_{e,m}$ in °C	$\hat{\Theta}_e$ in K	$\theta_{e,max}$ in °C
Klimagebiet 1	≤ 500 m (Binnentiefland)	24	8	32
Klimagebiet 2	> 500 m und Küstenbereich	22	7	29

Tab. 1.4-31 Wärmeschutzklassen (WSK)

Außenlufttemperatur $\theta_{e,m}$ in °C	Raumlufttemperatur $\theta_{a,m}$ in °C			
Klimagebiet 1: **24**	24	26	28	30
Klimagebiet 2: **22**	22	24	26	28
Wärmeschutzklasse	A	B	C	D

Klimagebiet 1: Binnentiefland bis Höhe < 500 m über NN

Klimagebiet 2: Oberhalb 500 m über NN und Küstenbereich

Tagesgang der Raumlufttemperatur: $\theta_a = \theta_{a,m} \pm 2\,K * \cos(\omega\tau)$

Unter Berücksichtigung der thermischen Behaglichkeit und der Gewährleistung ausreichender Arbeitsproduktivität unter sommerlichen Bedingungen weist Tabelle 1.4-32 eine anzustrebende Zuordnung der Wärmeschutzklassen für eine repräsentative Auswahl von Gebäuden und Räumen aus.

Die speicherwirksame Bauwerksmasse kann nach der Beziehung

$$m_{B,Sp} = m_B = \left(\sum_{j=1}^{n}(m_j\,A_j)/A_B\right) \qquad \text{mit} \qquad m_j = \sum_{i=1}^{m}(s_{sp,i}\,\rho_i),$$

ermittelt werden (wobei $s_{sp,i} = s \leq 0,6$ m) oder nach den Orientierungswerten Tabelle 1.4-35.

Tab. 1.4-32 Wärmeschutzklassen für Gebäude und Räume

Gebäude	Räume	Wärmeschutzklasse	
		Gebiet 1	Gebiet 2
Wohnbauten	Wohnungen und einzeln zu berechnende Wohnräume	B	C
	einzeln zu berechnende Schlafräume	C[6]	C[6]
	Wohn- und Schlafräume in Alters- und Pflegeheimen	B	B
Bildungsein-richtungen	Kinderkrippen	A	B
	Kindergärten,	B	C
	Schulen, Unterrichtsräume	B	B
	Seminarräume	B	B
Bürogebäude	Versammlungsräume	B	C
	Arbeitsräume, zulässige Klimabedingungen	B	C
Gesundheits-bauten	Bettenzimmer in Krankenhäusern	B	B
	Behandlungsräume	B	C
Hotels	Aufenthaltsräume, Seminarräume	B	C
	Hotelzimmer	C	D
Produktions-bauten	Arbeitsräume für schwere Arbeit, zulässige Klimabedingungen	B	C
	Arbeitsräume für mittelschwere und leichte Arbeit, zulässige Klimabedingungen	C	D
beliebig	Räume mit Klimaanlage und mit wärmephysiolo-gisch optimalen Klimabedingungen	A[7]	A[7]

Tab. 1.4-33 Orientierungswerte für die speicherwirksame Bauwerksmasse

Gebäudetyp		m_B
		kg/m² Fußbodenfläche
Leichtbauten	(z.B. Baracken), unterlüftet	50 ... 150
	(Fußboden direkt an das Erdreich grenzend)	600 ... 700
Traglufthallen	(Fußboden direkt an das Erdreich grenzend)	500 ... 600
mehrgeschossige schwere Produktionsbauten, Wandfläche = 0,5 * Fußbodenfläche		
	oberstes Geschoss mit leichtem Dach	500 ... 600
	oberstes Geschoss mit schwerem Dach	700 ... 800
	unterstes Geschoss und Mittelgeschosse	800

---

6 Ist die Zweckbestimmung nicht eindeutig, gilt die Forderung für Wohnräume.

7 Forderung gilt unabhängig vom Betrag der jeweiligen Raumlufttemperatur. In diesem Fall bewirkt die Ein-haltung der WSK A, dass der technische Aufwand zur Klimatisierung (Kühl- bzw. Kälteleistung) so gering wie möglich gehalten werden kann (s.a. WSVO).

Tab. 1.4-33 Orientierungswerte für die speicherwirksame Bauwerksmasse (Forts.)

mehrgeschossige schwere Produktionsbauten, Wandfläche = 3 * Fußbodenfläche		
	oberstes Geschoss mit leichtem Dach	1.200
	oberstes Geschoss mit schwerem Dach	1.500
	unterstes Geschoss und Mittelgeschosse	1.500
Wohnbauten	allgemein	600 ... 800
	oberstes Geschoss mit leichtem Dach	200 ... 400
Büro- und Verwaltungsbauten		
leichte Bauweise		500 ... 700
schwere Bauweise	ohne Verbauung der Wände	900 ... 1.000
	mit Unterhangdecke und gedämmtem Fußboden	600 ... 700
	mit Unterhangdecke und Doppelboden	400 ... 600
Landwirtschaftliche Bauten		
	leichte Bauweise	600 ... 700
	mit Spaltboden und Unterflurabsaugung	500 ... 600

Tab. 1.4-34 Zuordnung der Sonnenschutzmaßnahmen

Sonnenschutzmaßnahmen	Gesamtenergiedurchlassgrad g_{TOTAL}	Zeichen
keine	> 0,7	○
Stoffvorhang	0,50 bis 0,64	●
Innenjalousie	0,52 bis 0,67	
Horizontalblende (0,375 m tief, südorientiert)	0,57 bis 0,65	
Zwischenjalousie	0,33 bis 0,49	□
Loggia (1,20 bis 1,80 (O/W-orientiert))	0,34 bis 0,43	
Horizontalblende (0,75 m tief, südorientiert)	0,35 bis 0,43	
Außenjalousie	0,11 bis 0,14	▨
Markisen	0,16 bis 0,22	
Loggia (1,20 (S-orientiert))	0,29	
Die geforderte mittlere Raumlufttemperatur ist durch bauliche Maßnahmen allein nicht zu erreichen („erzwungene" Klimatisierung notwendig)		▼

Beispiel 1.4-10:

Zur Vorbemessung des sommerlichen Wärmeschutzes und zur Entscheidung über Sonnenschutzmaßnahmen, notwendige speicherwirksame Bauwerksmassen, die Größe des verglaste Fensterflächen/Fußbodenflächenverhältnisses, einzuhaltende WSK bzw. mittlere Raumlufttemperaturen und freie Klimatisierung bzw. erzwungene Klimatisierung sind die Parameter in der Tabelle 1.4-35 zu variieren.

Beispiel 1.4-10.1:

Größe		unter Ver- wendung von	Zahlenwert/ Kennzeichen	Einheit
gegeben:				
Wärmeschutzklasse			B	
speicherwirksame Bauwerks- masse	m_B		700	kg/m²
Fensterflächen/Fußbodenflächen- verhältnis	A_{FG}/A_B		0,15	m²/m²
Ergebnis				
mittlere Raumlufttemperatur		Tabelle 1.4-35	26	°C
Sonnenschutzmaßnahme	$\theta_{a,m}$	Tabelle 1.4-34	Sonnenschutz: z. B. Zwischenjalousie	

Beispiel 1.4-10.2:

Größe		unter Ver- wendung von	Zahlenwert/ Kennzeichen	Einheit
gegeben:				
Sonnenschutzmaßnahme		Tabelle 1.4-34	kein Sonnenschutz	
speicherwirksame Bauwerks- masse	m_B		800	kg/m²
Fensterflächen/Fußbodenflächen- verhältnis	A_{FG}/A_B		0,20	m²/m²
Ergebnis				
mittlere Raumlufttemperatur	$\theta_{a,m}$	Tabelle 1.4-35	28	°C
Wärmeschutzklasse		Tabelle 1.4-35	C	

Beispiel 1.4-10.3:

Größe		unter Ver- wendung von	Zahlenwert/ Kennzeichen	Einheit
gegeben:				
Sonnenschutzmaßnahme		Tabelle 1.4-34	äußerer Sonnenschutz	
speicherwirksame Bauwerks- masse	m_B		500	kg/m²
Wärmeschutzklasse		Tabelle 1.4-35	B	
Ergebnis				
mittlere Raumlufttemperatur	$\theta_{a,m}$	Tabelle 1.4-35	26	°C
Fensterflächen/Fußbodenflächen- verhältnis	A_{FG}/A_B	Tabelle 1.4-35	≤ 0,20	

Tab. 1.4-35 Zusammenhang zwischen speicherwirksamer Bauwerksmasse und Sonnenschutz

WSK	A						B						C						D					
$\theta_{a,m}$	24						26						28						30					
m_B	500	600	700	800	900	1000	500	600	700	800	900	1000	500	600	700	800	900	1000	500	600	700	800	900	1000
A_{FG}/A_B																								
0,075																								
0,1																								
0,125																								
0,15																								
0,2																								
0,25																								
0,4																								
0,4																								
0,5																								

Beispiel 1.4-10.4:

Größe		unter Ver-wendung von	Zahlenwert/Kennzeichen	Einheit
gegeben:				
Wärmeschutzklasse			A	
speicherwirksame Bauwerks-masse	m_B		1000	kg/m²
Fensterflächen/Fußbodenflächen-verhältnis	A_{FG} / A_B		0,40	m²/m²
Ergebnis				
mittlere Raumlufttemperatur	$\theta_{a,m}$	Tabelle 1.4-35	24	°C
Sonnenschutzmaßnahme oder andere Maßnahmen		Tabelle 1.4-34	erzwungene Klimatisie-rung notwendig	

1.4.5.4 Vorbemessung des sommerlichen Wärmeschutzes nach Petzold/Trogisch([1-33])

Auf der Grundlage von [1-32] kann überschlägig der Zusammenhang zwischen der zulässigen mittleren Gesamtkühllast, der mittleren sommerlichen Raumlufttemperatur und dem Außenluftwechsel dargestellt werden, sodass analog zu 1.4.3.1 in der Phase „Vorentwurf" sowohl Aussagen über zu erwartende Raumlufttemperaturen als auch über notwendige bauliche und lüftungstechnische Maßnahmen getroffen werden können.

Das Verfahren kann mit ingenieurtechnischen Mitteln die Wechselwirkung von Lüftung, innerer und äußerer Kühllast, dem Wärmebeharrungsvermögen (*WBV*) und mittlerer Raumlufttemperatur bewerten.

Das Wärmebeharrungsvermögen ist abhängig vom Speichervermögen des Gebäudes, dem Wärmewiderstand der Hüllkonstruktion sowie von der Lüftung. Letztere ist insbesondere abhängig von der inneren nutzungsbedingten Kühllast Φ_N, d.h. von der Nutzung des Gebäudes.

1. Kriterium:

Das WBV ist *groß*, wenn eine geringe Lüftung mit Außenluft $q_{V;AUL}$ genügt und eine große speicherwirksame Bauwerksmasse *M* vorhanden ist.

Es gilt:

$$M / A_B \geq 600 \text{ kg/m}^2 \text{ und } q_{V,AUL} / A_B \leq 6 \text{ (m}^3\text{/h)/m}^2$$

mit: A_B Bruttogeschossfläche

Diese Kriterien gelten in der Regel bei Gebäuden (z.B. Wohngebäude oder analog genutzte Gebäude), bei denen $\Phi_{N,m} / A_B = \varphi_{N,m} \leq 10$ W/m² ist und bei denen die Vorschriften von [1-3] und [1-14] zugrunde gelegt wurden. Der sommerliche Wärmeschutz kann sich auf die Verschattung der Fenster g_{total} (Gesamtenergie-durchlassgrad nach DIN 4108 ([1-3] und [1-17])) in Abhängigkeit von der verglasten Fenstergröße A_{FG} und der Bauwerksmasse M beschränken.

Eine mittlere Raumlufttemperatur $\theta_{a,m}$ von 26 °C wird nicht überschritten, wenn

$$g_{total} * A_{FG} \leq 0{,}13 * 10^{-3} * M$$

Ist das 1. Kriterium nicht erfüllt, so muss intensiv gelüftet werden, um erträgliche Raumlufttemperaturen zu erhalten.

2. Kriterium
Unabhängig von der speicherwirksamen Bauwerksmasse M muss sein

$$\Phi_{S,m} + \Phi_{T,S,m} + \Phi_{N,m} \leq \left[\sum_{j} (U * A)_j + q_{V,AUL} * c_L * \rho_L \right] * \left(\theta_{a,zul} - \theta_{b(So)} \right)$$

Dabei sind:

$\Phi_{S,m}$	Tagesmittel der Strahlungslast in W
$\Phi_{T,S,m}$	Tagesmittel der Transmissionslast durch Strahlung in W
$\Phi_{N,m}$	Tagesmittel der inneren nutzungsbedingten Kühllast (Personen, Maschinen, Beleuchtung) in W
U	Wärmedurchgangskoeffizient in W/m² K
A	Oberfläche der Außenbauteile in m²
$\sum_{j} (U * A)_j$	Wert entspricht dem spezifischen Transmissionswärme-verlust H_T nach EnEV [1-18]
$q_{V,AUL}$	Tagesmittel des Außenluftvolumenstroms in m³/h
$c_L * \rho_L$	spezifische Wärmekapazität je Volumeneinheit Luft = 0,33 Wh/(m³ K)
$\theta_{a,m}$	zulässige mittlere behagliche Raumlufttemperatur in °C
$\theta_{b(So)}$	Tagesmittel des Sommermaximums der Basistemperatur nach Tabelle 1.4-36

Tab. 1.4-36 Kriterien für das Wärmebeharrungsvermögen und $\theta_{b(So)}$ nach Petzold

WBV	Kriterien		$\theta_{b(So)}$ in °C		Charakteristik
	η_a	η_d	allgemein	Mittel-europa	
klein	-	$\geq 0{,}80$	$= \theta_{e,max,h} - 1$ K	24	Lüftung entscheidet über das Raumklima
mäßig	$\geq 0{,}80$	0,36 bis 0,79	$= \theta_{e,m,h} +- 3$ K	21	(Übergangsbereich)
groß	$\geq 0{,}80$	$\leq 0{,}35$	$= \theta_{e,\bar{m},h} +- 1$ K	19	Bauwerksmasse und Wärmeschutz entscheiden über das Raumklima
extrem groß	$< 0{,}80$	$\leq 0{,}35$	$= \theta_{e,\bar{a}} + \eta_a * \hat{\Theta}_{e,a} + 1$ K	≤ 16	Eventuell Taupunktunterschreitung außerhalb der Heizperiode

Diese Beziehung gilt auch

- für Gebäude, die wegen größerer innerer Wärme- und/oder Stofflasten eine intensive Lüftung benötigen (z.B. Krankenhäuser, Schulen) und
- für Gebäude mit **kleinem** WBV. Dies sind
  - Leichtbauten (z.B. Wohn-Container, leichte Raumzellen) und
  - intensiv gelüftete Räume mit $q_{V,AUL} / A_B \geq 40$ (m³/h)/m², wobei die Ursache für den größeren Luftvolumenstrom in der Regel eine hohe spezifische innere nutzungsbedingte Kühllast von $\varphi_{N,m} = \left(\Phi_{N,m} / A_B \right) \geq 40$ W/m² ist.

Bei diesen hohen spezifischen inneren nutzungsbedingten Kühllasten genügt es, den sommerlichen äußeren Wärmeschutz darauf zu beschränken, dass

$$\Phi_{S,m} + \Phi_{T,S,m} \leq \Phi_{N,m} / 5$$

Erfolgt eine Modifizierung der Gleichung für das 2. Kriterium, indem man

- die Gleichung durch die Bruttogeschossfläche A_B dividiert,
- für den linken Term der Wert $\varphi_K = \left(\Phi_{S,m} + \Phi_{T,S,m} + \Phi_{N,m} \right)/ A_B$ einsetzt,
- den Außenluftwechsel $n_{AUL} = q_{V,AUL} / V_R$ einführt,
- von einer mittleren Raumhöhe $H_R = 2{,}60$ m ausgeht und
- den spezifischen Transmissionswärmeverlust $w_T = \sum_j \left(U * A \right)_j / A_B$ nach [1-22]
- einführt und
- die Temperaturdifferenz $\left(\theta_{a,m} - \theta_{b(So)} \right) = \Delta\theta$ ersetzt,

so kann der Zusammenhang zwischen dem Außenluftwechsel n_{AUL}, der Temperaturdifferenz $\Delta\theta$ und der spezifischen Gesamtkühllast dargestellt werden (Abbildung 1.4-18):

$$\varphi_K \leq \left(w_T + c_L * \rho_L * n_{AUL} * H_R \right)* \Delta\theta$$

Beispiel 1.4-11:

gegeben:
Klimaregion C nach [1-30]: $\theta_{a,zul}$ = 27 °C
gesucht:
zulässige spezifische Kühllast φ_K bei Variation des Wärmebeharrungsvermögens WBV und des Außenluftwechsels n_{AUL} .

		WBV: klein		WBV: groß	
$\theta_{b(So)}$	°C	24	24	19	19
$\Delta\theta$	K	3	3	8	8
n_{AUL}	1/h	2	6	2	6
φ_K	W/m²	8	22,5	19	50,5

Schlussfolgerung:

Ist die vorhandene spezifische Kühllast größer als φ_K , so ist eine Kompensation entweder durch Kühlung oder Erhöhung des Außenluftwechsels erforderlich.

Beispiel 1.4-12:

gegeben:
Klimaregion C nach [1-30]: $\theta_{a,zul}$ = 27 °C und Außenluftwechsel n_{AUL} = 2 !/h
gesucht:
zu erwartende Raumlufttemperatur $\theta_{a,ist}$ bei Variation vom WBV und der spezifischen Kühllast φ_K

		WBV: klein		WBV: groß	
$\theta_{b(So)}$	°C	24	24	19	19
n_{AUL}	1/h	2	2	2	2
φ_K	W/m²	20	40	20	40
$\Delta\theta$	K	5,5	14,4	5,5	14,4
$\theta_{a,ist}$	°C	29,5	38,4	24,5	33,4

Schlussfolgerung:

ist $\theta_{a,ist}$ größer als die zulässige Raumlufttemperatur $\theta_{a,zul}$, so ist das WBV zu vergrößern oder die vorhandenen spezifische Kühllast zu reduzieren.

Auf das Ergebnis in Abbildung 1.4-18 und Betrachtungen in den Beispielen kann der Einfluss des spezifischen Transmissionswärmeverlusts w_T als vernachlässigbar klein gewertet werden [1-33].

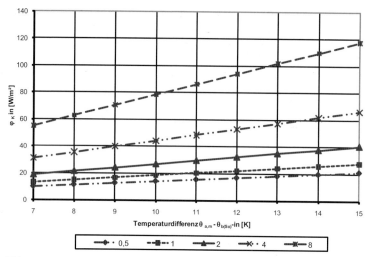

Abb. 1.4-18 Spezifische Kühllast φ_K als Funktion des Außenluftwechsels n_{AUL} in Abhängigkeit von der zulässigen Temperaturdifferenz bei w_T von 1 W/m²K

1.4.5.5 Nachweis des sommerlichen Wärmeschutzes nach *Petzold*

Für den Nachweis sind für den thermisch kritischen Raum folgende Forderungen zu erfüllen:

äußere Kühllast (Kühllast)		
$\varphi_{e,m} = \Phi_{e,m} / A_B$	$< \varphi_{e,m,zulässig}$	W/m² Fußbodenfläche
innere Kühllast (Kühllast)		
$\varphi_{i,m} = \Phi_{i,m} / A_B$	$< \varphi_{i,m,zulässig}$	W/m² Fußbodenfläche

Bei Nichteinhaltung dieser Forderung für die äußere Kühllast sind Maßnahmen

- zur Reduzierung der äußeren Kühllast (z. B. Sonnenschutz, verbesserte Wärmedämmung) oder
- zur Erhöhung der zulässigen äußeren Kühllast (z. B. Erhöhung der speicherwirksamen Masse, Vermeidung von wärmedämmendem Material vor schweren Baustoffen) zu konzipieren.

Zeichen	Bedeutung	Einheit
$\varphi_{S,m}$	Strahlungswärmestromdichte	W/m² Fußbodenfläche
$\varphi_{T,m}$	Transmissionswärmestromdichte	W/m² Fußbodenfläche
$\varphi_{T,i,m}$	Wärmestromdichte durch benachbarte Räume	W/m² Fußbodenfläche
φ_b	Wärmestromdichte in Fußböden auf Erdreich oder in Kellerräumen	W/m² Fußbodenfläche

Zeichen	Bedeutung	Einheit
$E_{S,m}$	Tagesmittelwert der Solarstrahlung hinter dem durchsichtigen Bauteil nach Tabelle 1.4-38	W/m² Fensterfläche
A_{FG}	Glasfläche des Fensters, z. B. bei Versprossung von 25 %: $A_{FG} = 0{,}75 * A_w$	m²
A_B	Fußbodenfläche	m²
a_S	Absorptionsgrad gegenüber der Solarstrahlung	
$\Theta_{T,m}$	mittlere Strahlungsübertemperatur für das Bauteil durch Solarstrahlung nach Tabelle 1.4-37	K
U	Wärmedurchgangskoeffizient des Bauteils	W/m² K
A	Fläche des Bauteils	
$\Delta \theta_i$	Temperaturdifferenz zwischen Räumen, zu berücksichtigen, wenn > 2 K	K
$\varphi_{V,L}$	spezifischer Lüftungswärmestrom nach Tabelle 1.4-39	W/m² Fensterfläche
A_L	Lüftungsfläche	m²
ε	Fensterlüftungsfaktor nach Tabelle 1.4-40	

Die zulässige äußere Kühllast kann als Funktion der WSK und der speicherwirksamen Masse beschrieben werden:

$$\varphi_{e,m,zulässig} = C_{WSK} * m_{B,sp}$$

mit

WSK	A	B	C	D
C_{WSK}	0,010	0,015	0,020	0,025

Die untere Grenze für fensterbelüftete Räume liegt bei ca. 400 kg/m² für die WSK A und B.

Der Tagesmittelwert der vorhandenen äußeren Kühllast $\varphi_{e,m}$ ergibt sich aus den einzelnen Lastkomponenten (s. a. 1.4.2) bzw. deren genaue Berechnung ist u. a. nach [1-16] durchzuführen.

$$\varphi_{e,m} = \varphi_{S,m} + \varphi_{T,m} + \varphi_{T,i,m} - \varphi_B$$

- Strahlungswärmestromdichte durch durchsichtige Bauteile

$$\varphi_{S,m} = \frac{\sum_{j=1}^{n} \left(E_{S,m} * A_{FG} \right)_j}{A_B}$$

- Transmissionswärmestrom durch undurchsichtige Bauteile aufgrund von Sonnenstrahlung

$$\phi_{T,m} = \frac{\sum\limits_{j=1}^{n}\left(a_s *\Theta_{T,m} *U* A\right)_j}{A_B}$$

Anmerkung: Für zweischalige, durchlüftete Dächer (Kaltdach) und hinterlüftete Fassaden (z.B. Klimafassaden) ist $\Theta_{T,m}$ nach Tabelle 1.4-37 mit dem Faktor 0,33 zu multiplizieren.

- Wärmestromdichte zu benachbarten Räumen

$$\varphi_{T,i,m} = \frac{\sum\limits_{j=1}^{n}\left(U *A* \Delta\theta_i\right)_j}{A_B}$$

- Wärmestromdichte in Fußböden auf Erdreich oder in Kellerräumen

Dieser Wert kann mit hinreichender Genauigkeit mit $\varphi_B = 5$ W/m² angenommen werden.

Tab. 1.4-37 Mittlere Strahlungsübertemperatur $\Theta_{T,m}$ von Bauoberflächen durch Solarstrahlung

Orientierung	$\Theta_{T,m}$
Horizontal	19
Nord	5
Nordost/Nordwest	8
Ost/West	11
Südost/Südwest	11
West	10

Tab. 1.4-38 Tagesmittelwert der Solarstrahlung $E_{S,m}$ hinter dem durchsichtigen Bauteil in W/m²

Orientierung	ohne Sonnenschutz						mit Sonnenschutz					
	a	b	c	d	e	f	g	h	i	j	k	l
Horizontal	220	190	200	160	130	90	-	-	30	120	100	70
Nord	60	50	50	40	35	25	40	30	10	30	25	20
NO/NW	100	80	90	70	55	40	60	50	15	50	40	30
Ost/West	130	110	120	100	80	55	70	60	20	70	50	40
SO/SW	140	110	120	90	80	55	60	50	20	70	50	40
Süd	120	100	100	80	70	50	40	30	20	70	50	40

Legende zu Tab. 1.4-38:

ohne Sonnenschutz		
a	Einfachfenster, klares Tafelglas	Wohn- u. Gesellschaftsbau
b	Zweifachfenster, klares Tafelglas	(geringe Verschmutzung)
c	Einfachfenster, klares Tafelglas	Industriebau
d	Zweifachfenster, klares Tafelglas	(starke Verschmutzung)
f	Profilglas, Drahtglas	
g	Glasbausteine	
mit Sonnenschutz		
g	äußere Verschattung	Horizontalblende: 0,4 * Fensterhöhe Vertikalblende: 0,4 * Fensterbreite
h	äußere Verschattung	Horizontalblende: 0,7 * Fensterhöhe Vertikalblende: 0,7 * Fensterbreite
i	Außenjalousie, Fensterläden	
j	Absorptionsglas	
k	Tafelglas und Absorptionsglas	
l	Reflexionsglas	

Tab. 1.4-39 Wärmestrom $\varphi_{V,L}$ je m² Lüftungsfläche

	$\varphi_{V,L}$ in W/m²Lüftungsfläche							
WSK	A		B		C		D	
Lüftungsart	einseitig	Quer- u. Schacht-lüftung	ein-seitig	Quer- u. Schacht-lüftung	einseitig	Quer- u. Schacht-lüftung	einseitig	Quer- u. Schacht-lüftung
Dauerlüftung [8]	100	200	200	400	300	600	400	800
unterbrochene Lüftung [9]	30	5	65	130	100	200	130	250

Die zulässige innere Kühllast ist abhängig von den vorhandenen Fensterlüftungs-möglichkeiten und deren Effizienz:

$$\varphi_{i,m,zul} = \frac{A_L * q_{V,L}}{A_B * \varepsilon}$$

---

8 Für die Berechnung darf Dauerlüftung (Fensterfläche während der gesamten Nutzungszeit geöffnet) nur dann angenommen werden, wenn der Schallpegel im Raum bei geöffnetem Fenster unter dem zulässigen Wert liegt.

9 Unterbrochene Lüftung ist anzunehmen, wenn die Fenster etwa 15 % der Nutzungszeit voll geöffnet werden und die Lüftung in regelmäßigen Abständen, mindestens jedoch einmal je Stunde erfolgt. Sind die Bedingungen nicht erfüllt, muss mechanisch gelüftet werden.

Bei Nichteinhaltung der zulässigen inneren Kühllast sind

- die innere Kühllast infolge Personen, Maschinen oder Beleuchtung zu reduzieren oder
- die freie Lüftung durch z. B. Vergrößerung der Fensterfläche zu erhöhen.

Tab. 1.4-40 Fensterlüftungsfaktor ε

Fensterlüftungsfaktor ε für Fenster mit			
Lage des Bauwerks zur Umgebung	Drehflügel, Wendeflügel	Klappflügel, Schwingflügel, Kippflügel	oberem u. unterem Kippflügel, Höhe des fest verglasten Teils >3 * Kippflügelhöhe
innerhalb städtischer und ländlicher Bebauung; Bauwerk überragt die benachbarten nicht wesentlich; in Tälern	1,0	2,0	0,5.
hohe Bauwerke, Hochhäuser und andere die benachbarte Bebauung überragende Bauwerke in ungeschützter Stadtrandlage; frei stehende Einzelbauwerke; in Uferzonen größerer Gewässer; auf Hochflächen und Bergkuppen	0,5	1,0	0,25

1.5 Normen – EPBD

12/2002 wurde durch das Europäische Parlament und den Rat der Europäischen Union die Richtlinie 2002/91/EG über die Gesamtenergieeffizienz von Gebäuden (EPBD) [1-34] erlassen. Ziel der Richtlinie ist die Reduzierung der CO_2-Emissionen im Gebäudebereich durch die Reduzierung des Energieverbrauches. Dieser gilt in Europa als Hauptursache der Emissionen.

Zur Umsetzung dieser Richtlinie wurden eine Reihe von Normen erarbeitet. Die für die Klima- und Lüftungsbranche relevanten europäischen Normen weist Tabelle 1.5-1 aus.

Diese europäischen Normen ergänzen VDI-Richtlinien, DIN-Normen, VDMA-Einheitsblätter, Arbeitsstättenrichtlinien und nicht zuletzt die Energieeinsparverordnung EnEV 2007 [1-18] mit der DIN V 18599 [1-3] .

Tab. 1.5-1 Überblick relevanter europäischer Normen

Norm	Bezeichnung	Erscheinungsdatum
DIN EN 13779	Lüftung von Nichtwohngebäuden – Allgemeine Grundlagen und Anforderungen an Lüftungs- und Klimaanlagen	(05/2005) [1-2] 09/2007 [1-1]
DIN EN 15251	Eingangsparameter für das Raumklima zur Auslegung und Bewertung der Energieeffizienz von Gebäuden – Raumluftqualität, Temperatur, Licht und Akustik	08/2007 [1-6]
DIN EN 15241	Lüftung von Gebäuden – Berechnungsverfahren für den Energieverlust aufgrund der Lüftung und Infiltration in Nichtwohngebäuden	09/2007 [1-35]
DIN EN 15242	Lüftung von Gebäuden – Berechnungsverfahren zur Bestimmung der Luftvolumenströme in Gebäuden einschließlich Infiltration	09/2007 [1-36]
DIN EN 15243	Lüftung von Gebäuden – Berechnung der Raumtemperaturen, der Last und Energie von Gebäuden mit Klimaanlagen	10/2007 [1-37]
DIN EN 15239	Lüftung von Gebäuden – Gesamtenergieeffizienz von Gebäuden – Leitlinien für die Inspektion von Lüftungsanlagen	08/2007 [1-38]
DIN EN 15240	Lüftung von Gebäuden – Gesamtenergieeffizienz von Gebäuden – Leitlinien für die Inspektion von Klimaanlagen	08/2007 [1-39]

Die sich ergebende Komplexität spiegelt Abbildung 1.5-1 wider.

Die Anwendung der harmonisierten europäischen Normen ist freiwillig. In Fällen, in denen nicht nach diesen Normen gehandelt wurde, liegt die Beweislast für die Übereinstimmung mit den grundlegenden Anforderungen der Richtlinie jedoch beim Anwender. Alle Normen sind daher zwar unverbindlich und haben keine Rechtsnormqualität. Rechtsverbindlichkeit erlangen sie jedoch durch die Bezugnahme in Gesetzen, Verordnungen (z.B. Energieeinsparverordnungen) oder Vorschriften.

Mit dem Erscheinen der harmonisierten Normen wurde deshalb die bis dahin in Deutschland geltende DIN 1946-2 [1-15] im Mai 2005 zurückgezogen und durch DIN EN 13779 [1-2] abgelöst, welche sich den anlagentechnischen Grundlagen widmet. Im August 2007 wurde in Deutschland ergänzend die DIN EN 15251 [1-6] veröffentlicht, die die gebäude- und nutzungsseitigen Auslegungsparameter liefert. In diesem Zusammenhang wurde die alte Fassung der DIN EN 13779 [1-2] überarbeitet und durch die aktuelle Fassung [1-1] im September 2007 ersetzt.

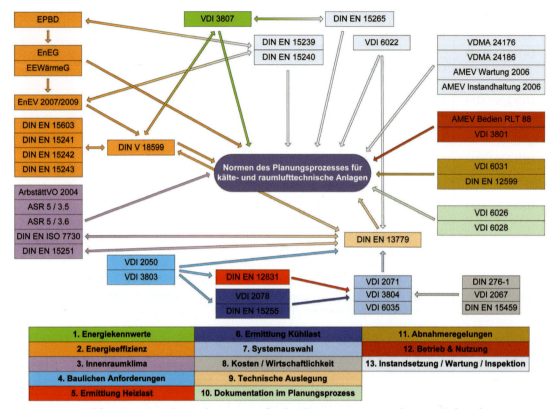

Abb. 1.5-1 Komplexität der Normen für die Planung von RLT-Anlagen nach [1-40]

DIN EN 13779 [1-1]

gilt ausschließlich für Nichtwohngebäude und bietet Planern, Gebäudeeigentümern und Nutzern Leitlinien für die Planung und das Betreiben von Lüftungs- und Klimaanlagen. Sie konzentriert sich dabei auf die anlagenbezogenen Aspekte typischer Anwendungen und behandelt

- Aspekte zum Erreichen und Aufrechterhalten einer guten Energieeffizienz ohne negative Auswirkungen auf die Qualität des Innenraumklimas;
- relevante Parameter des Innenraumklimas;
- Definitionen von Auslegungskriterien und Anlagenleistungen.

DIN EN 13779 benennt darüber hinaus die notwendigen Vereinbarungen zwischen den Planungsbeteiligten und schafft damit die Grundlage für Auftraggeber, Planer und Betreiber, um im Vorfeld der Planung die zu erfüllenden Parameter des Gebäudes und die damit verbundenen Anforderungen an die Lüftungs- und Klimaanlagen abzustimmen und zu dokumentieren. Wesentliche zu vereinbarende Punkte sind:

- Lage, Außenbedingungen und Umgebung
- Außenklimadaten

- Gebäudebetrieb und Raumnutzung
- Gebäudegeometrie und -konstruktion
- Raumnutzung mit Wärme- und Stoffquellen
- Anforderungen an Luftqualität und Raumkomfort
- Anforderungen an die Luftaufbereitungsanlage einschl. Regelung und Überwachung

DIN EN 15251 [1-6]

gilt für Wohn- und Nichtwohngebäude und gibt Eingangsparameter für die Auslegung von Gebäuden, Heizungs-, Kühl-, Lüftungs- und Beleuchtungsanlagen an. Sie schreibt jedoch keine Auslegungsverfahren vor, jedoch legt sie die relevanten Parameter für das Innenraumklima fest, die sich auf die Gesamtenergieeffizienz von Gebäuden auswirken und beschreibt Verfahren für die Langzeitbewertung des erhaltenen Innenraumklimas anhand von Berechnungen oder Messungen.

Die Norm enthält Kriterien für Messungen, die bei Inspektionen oder bei der Überwachung des Innenraumklimas in bestehenden Gebäuden anzuwenden sind. Zur Vereinfachung der Kommunikation werden darüber hinaus verschiedene Kategorien des Innenraumklimas (s. a. 1.3) definiert, wobei Kategorie II gilt, wenn nichts vereinbart wird.

DIN EN 15239 [1-38]

In der europäischen Richtlinie über die Gesamtenergieeffizienz von Gebäuden (EPBD) und der daraus resultierenden EnEV 2007 (gültig ab 10/07) für Wohn- und Nichtwohngebäude wird die Inspektion von *Lüftungsanlagen* gesetzlich gefordert.

Zweck der Norm ist die Funktionsfähigkeit und die Auswirkung der Anlage auf den Energieverbrauch zu bewerten und mögliche Anlagenverbesserungen zu empfehlen. Sie beschreibt Maßnahmen für die regelmäßige Inspektion von maschinellen und freien Lüftungsanlagen.

Hauptaugenmerk ist die ordnungsgemäße Bewertung der Funktionsfähigkeit und der Hauptauswirkung auf den Energieverbrauch und die sich daraus ergebenden Festlegung von Empfehlungen zur Verbesserung.

Dies betrifft:
- Die Anlagenkonformität mit der ursprünglichen Auslegung und späteren Anwendungen, tatsächliche Anforderungen und der derzeitigen Gebäudezustand.
- Ordnungsgemäßer Betreibe der mechanischen, elektrischen und pneumatischen Bauteile
- Versorgung mit geeigneter und sauberer Luft aus der Lüftungsanlage
- Funktionsfähigkeit aller beteiligten Regeleinrichtungen
- aufgenommene und spezifische Ventilatorleistung (SFP-Wert)
- Luftdichtheit des Gebäudes

DIN EN 15240 [1-39]

In der EPBD und der daraus resultierenden EnEV 2007 für Wohn- und Nicht-wohngebäude wird die Inspektion von *Klimaanlagen* gesetzlich gefordert.

Sie gilt für alle Arten von Komfortkühlungs- und Klimaanlagen mit einer Gesamt-kälteleistung > 12 kW für ein Gebäude bzw. einen Gebäudebereich.

Zweck der Norm ist die Funktionsfähigkeit und die Auswirkung der Anlage auf den Energieverbrauch zu bewerten und mögliche Anlagenverbesserungen zu empfehlen.

Die Norm beschreibt Maßnahmen für die regelmäßige Inspektion von Klimaanlagen (mit mehr als 12 kW Nennkälteleistung) bezogen auf den Energieverbrauch.

Bei der Inspektion können beispielsweise im Zusammenhang mit der Bewertung der Gesamteffizienz Aspekte der Anlagendimensionierung untersucht werden:

- Die Anlagenkonformität mit der ursprünglichen Auslegung und späteren Anwendungen, tatsächliche Anforderungen und der derzeitige Gebäudezustand.
- Ordnungsgemäßes Funktionieren der Anlage
- Funktionsfähigkeit aller beteiligten Regeleinrichtungen
- Funktion und Anschluss der verschiedenen Bauteile
- Leistungsaufnahme und daraus resultierende Energieleistung

Es werden dabei neue Begriffe eingeführt, wie z.B.:

Kühlenergie-Verteilsystem (*CED-System* [cooling energy distribution system):

- Teilsystem, bei dem die Kühlenergie vom ES-System zum CEE-System durch ein Verteilermedium (z.B. Luft, Wasser, Kältemittel) transportiert wird, einschließlich der Steuer- und Regelsysteme

Kühlenergie-Emissionssystem (*CEE-System* [cooling energy emission system):

- Teilsystem, bei dem die Kühlenergie an den Raum abgeben wird (z.B. Luftaustrittsöffnungen, Gebläsekonvektoren, Kühldecken, Oberflächenkühlung) einschließlich der Steuer- und Regelsysteme.

Kühlenergie-Erzeugungssystem (*CEG-System* [cooling energy generation system):

- Teilsystem, bei dem die durch Kälteeinheiten erzeugt wird (z.B. Kühler, Absorbereinheiten, Wärmepumpen) einschließlich der Steuer- und Regelsysteme.

Energieversorgungssystem (*ES-System* [energy supply system]):

- System, das die für das CEG_System erforderliche Energie bereitstellt (z.B. Strom, Gas, Solarenergie) einschließlich der Steuer- und Regelsysteme.

Klimaanlage:

- Eine Kombination sämtlicher Bauteile, die für eine Form der Luftbehandlung erforderlich sind, bei der die Temperatur möglichst gemeinsam mit der Belüftung, der Feuchte und der Luftreinhaltung geregelt wird.

DIN EN 15241 [1-35]

liefert ein vereinfachtes Verfahren zur Berechnung der Außenluftaufbereitung, das für den EnEV-Nachweis bisher nicht verwendet und national für Nichtwohngebäude durch DIN V 18599 Teil 3 [1-41] abgebildet wird. Inhalt der Norm ist dabei nicht die Berechnung des Energiebedarfes, sondern die Bereitstellung der erforderlichen Luftzustandsgrößen für die Bedarfsberechnung. In Anhang A wird ergänzend ein vereinfachtes Berechnungsmodell für einen Erdreich-Luft- Wärmeübertrager (s.a 2.3.3) angegeben.

DIN EN 15242 [1-36]

beschreibt ein Berechnungsverfahren zur Bestimmung der ein- und austretenden Luftvolumenströme in Gebäuden infolge Undichtheiten, Öffnungen (Luftdurchlässe usw.), das Öffnen von Fenstern und Lüftungsanlagen (einschließlich Undichtheiten der Luftleitung). Bezogen auf die maschinelle Lüftung ist ein Koeffizientenverfahren beschrieben, was die im Raum erforderlichen Luftvolumenströme durch Koeffizienten für

- den Betriebszustand des Ventilators,
- die örtliche Lüftungseffektivität,
- die örtliche Luftvolumenstromregelung
- die Anlagenbemessung
- die Undichtheiten (Luftleitung und Luftbehandlungsgerät)

bewertet und damit den im Zentralgerät aufzubereitenden Luftvolumenstrom ermittelt. National sind diese Kriterien im Teil 2 und Teil 7 der DIN V 18599 [1-3] berücksichtigt.

DIN EN 15243 [1-37]

liefert ein Berechnungsverfahren für Raumtemperaturen, Last und Energie von Gebäuden mit Klimaanlagen. Dabei wird nur der inhaltliche Rahmen der Bedarfsberechnung vorgegeben, was einen sinnvollen Spielraum für die nationale Umsetzung lässt. In den informativen Anhängen sind detaillierte Berechnungsverfahren aus nationalen Normungsvorhaben eingearbeitet worden, was eine vorbehaltlose nationale Anwendung dieser Verfahren gewährleistet. So enthalten Anhang E und I beispielsweise auch das Kennwertverfahren RLT und Klimakälte aus DIN V 18599 Teil 3 [1-41] bzw. Teil 7 [1-42].

DIN V 18599 [1-3]

ist für die nationale Umsetzung der EPBD entstanden. Da sie inhaltlich das gleiche Feld wie die europäischen Normen (z. B. DIN EN 15241 – 15243) begleitet, wird sie dauerhaft immer den Status einer Vornorm erhalten. Die aus Sicht der Lüftungs- und Klimatechnik relevanten Berechnungsverfahren sind in Teil 3 [1-41] und Teil 7 [1-42] enthalten.

DIN V 18599 Teil 3 [1-41]

ermöglicht die Berechnung des Nutzenergiebedarfes für die thermische Außen- luftaufbereitung für die Medien Wärme, Kälte und Dampf und die Ermittlung des Endenergiebedarfes für die Luftförderung in RLT-Anlagen. Dabei unterscheidet man prinzipiell in RLT-Anlagen mit Grundlüftungsfunktion und Zusatzfunktion, was eine Bewertung von RLT-Anlagen mit konstantem und variablem Volumen- strom ermöglicht.

Für die häufigsten RLT-Anlagen enthält das Kennwertverfahren eine umfangreiche Variantenmatrix, die sich durch die Komponentenanordnung und die geplante Prozessführung unterscheidet. Folgende Anlagenparameter sind dabei kombinier- bar, um das geplante Anlagenkonzept abzubilden:

1. Feuchteanforderung in der Gebäudezone
   - keine Anforderung
   - Anforderung mit Toleranz
   - Anforderung ohne Toleranz

2. Typ des Luftbefeuchtungssystems
   - Verdunstungsbefeuchter, nicht regelbar
   - Verdunstungsbefeuchter, stufenlos regelbar
   - Dampfluftbefeuchter

3. Typ des WRG-Systems
   - ohne WRG
   - WRG ohne Stoff- und Feuchteübertragung
   - WRG mit Stoff- und Feuchteübertragung

4. Dimensionierung des WRG-Systems
   - Rückwärmzahl 45 %
   - Rückwärmzahl 60 %
   - Rückwärmzahl 75 %

Aus der anlagentechnisch sinnvollen Kombination der aufgeführten Parameter ergibt sich eine Gesamtanzahl von relevanten 46 RLT-Anlagen. Für jede dieser Varianten wurde der Nutzenergiebedarf der genannten Medien im Stundenschritt für einen definierten Basisfall (Zulufttemperatur 18 °C, tägliche Betriebszeit 12 h, monatliche Betriebszeit 31 d) berechnet und als Kennwert abgespeichert.

Diese Kennwerte sind im Anhang A [1-41] als Jahressummen und Monatssummen in tabellarischer Form verfügbar. Durch eine begrenzte Anzahl frei wählbarer Parameter kann das geplante System noch exakter an die tatsächlichen Bedingungen angepasst werden. Dazu sind die abgespeicherten Nutzenergiebedarfswerte des Basisfalles entsprechend umzurechnen und zu denormieren. Folgende Anpassungen sind dabei möglich:

- Umrechnung auf frei wählbare tägliche Betriebsstundenzahl (8 h ... 24 h)
- Umrechnung auf frei wählbare monatliche Betriebstageanzahl (1 ... 31 d)
- Umrechnung auf frei wählbare Rückwärmzahlen (0 % ... 75 %)

DIN V 18599 Teil 7 [1-42]

enthält ein Kennwertverfahren für die Berechnung des Endenergiebedarfes der Kälteerzeugung für RLT-Anlagen und Raumklimasysteme anhand spezifischer technologie- und nutzungsabhängiger Kennwerte. Das Kennwertverfahren ist geeignet, eine Vielzahl von konventionellen Kälteerzeugern einschließlich der Rückkühltechnik energetisch zu bewerten. Für die Berechnung der Endenergie des Kälteerzeugersystems sind die Parameter nach Abbildung 1.5-2 als Eingangsgrößen erforderlich:

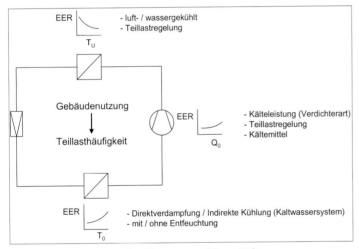

Abb. 1.5-2 Eingangsgrößen Kennwertverfahren Kälteerzeugung

Das Kennwertverfahren berücksichtigt neben konventionellen wasser- und luftgekühlten Kaltwasserkühlern auf Basis von Kompressionskältemaschinen auch die Bedarfsberechnung von Absorptionskältetechnik und Raumklimasystemen.

Die energetische Bewertung der Kälteerzeuger erfolgt dabei anhand der Nennkälteleistungszahl **EER** (Energy Efficiency Ratio) als üblichen gerätespezifischen Kennwert. Die Leistungszahl einer Kältemaschine variiert unter Teillastbedingungen, was im Kennwertverfahren durch einen technologieabhängigen Kennwert **PLV** (Part Load Value) abgebildet wird. Dieser berücksichtigt das reale Teillastverhalten der

Kältemaschine, den Einfluss der Kühlwasser- bzw. Außenlufttemperatur und den Einfluss der im Teillastfall überdimensionierten Wärmeübertrager. Das Produkt beider Kennwerte bildet die mittlere Jahresarbeitszahl **SEER** (**S**easonal **E**nergy **E**fficiency **R**atio).

$$SEER = PLV * EER$$

Anhand der mittleren Jahresarbeitszahl SEER kann im Anschluss an die Berechnung des Nutzenergiebedarfes des Kühlregisters und unter Berücksichtigung der Verteilungs- und Übergabeverluste die Endenergie des Kälteerzeugers ermittelt werden.

Hochleistungs-Wärmerückgewinnung auf Basis des KV-Systems

Mit effizienten Systemen sorgen wir als Hersteller raumlufttechnischer Geräte für eine positive Energie- und Kostenbilanz. Das erreichen wir zum Beispiel mit dem Wärmerückgewinnungs-System HP*-WRG – einem Kreislauf-Verbundsystem mit hohem Wirkungsgrad von bis zu 80%. Oder auch mit dem integrierten Geräte-System TwinPlate zur Schwimmhallenklimatisierung ohne mechanische Befeuchtung oder mit dem energieoptimierten Ventilator-System ETA – dem mit dem frei laufenden Rad.

Mit HOWATHERM-RLT-Geräte-Systemen und Komponenten arbeiten Sie

- **energieeffizient**
- **sicher**
- **kostenoptimiert**

Praxisnah und leicht verständlich

Autor:

Dipl.-Ing. Nicolas Fritzsche ist geschäftsführender Gesellschafter einer erfolgreichen Planungs- gesellschaft und als freier Dozent für verschiedene Hochschulen tätig.

Fritzsche/Horstkotte
Taschenbuch für Lüftungsmonteure und -meister

5., völlig neu bearbeitete Auflage 2007
XIV, 386 Seiten. Kartoniert.
€ 28,- (D)
ISBN 978-3-7880-7761-7

Inhalt

Dieses Buch erleichtert Lüftungsmonteuren und -technikern die tägliche Arbeit und ermöglicht ihnen, sich in kurzer Zeit wertvolle Informationen für die Berufspraxis anzuzeigen. Anhand von zahlreichen Abbildungen, Beispielen und Tabellen werden Arbeitsabläufe im Betrieb und auf der Baustelle bis zur Inbetriebnahme einer Anlage dargestellt. Ausführlich werden die Bauteile einer Lüftungs- und Klimaanlage beschrieben und ihre Verwendung erläutert. Kapitel über leistungsgerechte Entlohnung, Ausrüstung und Unfallschutz ergänzen die leicht verständliche und praxisgerechte Darstellung.

1. Der Beruf des Anlagenmechanikers
2. Die Baustelle - der Haupteinsatzort
3. Abrechnungs- und Lohnsysteme
4. Die vorbereitungen in der eigenen Firma
5. Die Arbeit auf der Baustelle
6. BGB und VOB
7. Grundlagen der Raumlufttechnik
8. Luftleitungssystem
9. Ventilatoren
10. Luftfilter
11. Wärmetauscher
12. Befeuchter
13. Schalldämpfer
14. Lüftungs- und Klimageräte
15. Steuerung und Regelung
16. Brandschutz
17. Einregulierung und Betriebnahme
18. Einfache Berechnungen
19. Montageausrüstungen
20. Arbeitsschutz
21. Glossar
22. Wichtige Normen

Pressestimme

Internetshop
Weitere Titel, Informationen und Leseproben finden Sie unter: **www.huethig-jehle-rehm.de/technik**

Kundenbetreuung
Telefon: 089/2183-7928
Telefax: 089/2183-7620
E-Mail: kundenbetreuung@hjr-verlag.de

C.F. Müller Verlag
Verlagsgruppe Hüthig Jehle Rehm GmbH
Im Weiher 10
69121 Heidelberg

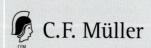

2 Lüftung und Klimatisierung

2.1 Systematisierung der Luft- und Klimatechnik

Die Lufttechnik wurde nach DIN 1946 T1 [2-1] bisher entsprechend der Abbildung 2.1-1 und nach verfahrenstechnischen Merkmalen entsprechend Abbildung 2.1-2 eingeteilt.

Mit der technischen Entwicklung wie z.B. der Regelung des Volumenstroms, der Minimierung des Energieaufwands, der Anpassung an die jeweiligen Nutzungsbedingungen und vor allem unter dem Aspekt der Gewährleistung der Raumklimaparameter (s.a. 1.2 und 1.3) gibt es die verschiedensten Systeme. Trotz der Vielfalt der möglichen Systeme (s.a. Abbildung 2.1-2 und 2.1-3) beinhalten sie immer noch die Lüftungstechnik, um u.a. den erforderlichen Mindestaußenluftvolumenstrom zu gewährleisten.

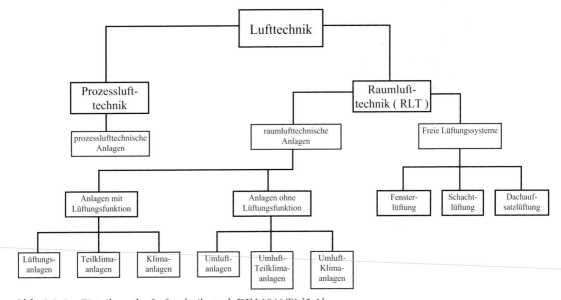

Abb. 2.1-1   Einteilung der Lufttechnik nach DIN 1946 T1 [2-1]

Aufgabe der *Lüftung* ist die Gewährleistung

- einer hygienischen und/oder technologisch zulässigen Konzentration
    - z.B. von Gasen (z.B. CO_2), gasförmigen Schadstoffen, Staub, Bakterien, Sporen, Feuchtigkeit
- von behaglichen bzw. technologisch erforderlichen Werten
    - z.B. von Temperatur, Feuchtigkeit, Luftgeschwindigkeit und -turbulenz, Schall
- die Zuführung von notwendiger Verbrennungsluft

Aufgabe der *Klimatisierung* ist die Gewährleistung von

- hygienisch und/oder technologisch geforderter Lufttemperatur und/oder Luftfeuchtigkeit durch die *thermodynamische Aufbereitung der Luft* mit den Prozessen

    „Heizen (H), Kühlen (K), Befeuchten (B) und Entfeuchten (E)"

Außer den genannten thermodynamischen Grundprozessen gibt es noch das *Mischen (MI)* und das *Energierückgewinnen (WRG)* und die technischen Behandlungen *Filtern (F)* und *Schalldämpfen (SD)*.

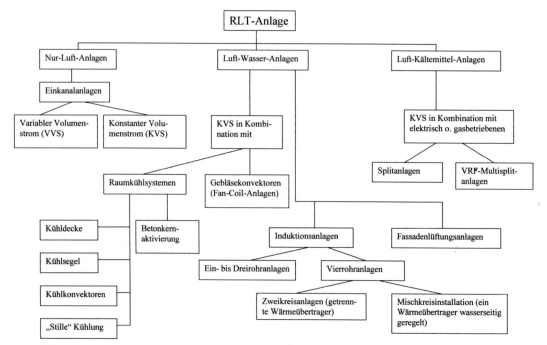

Abb. 2.1-2 Einteilung der RLT-Anlagen (Klimaanlagen) nach [2-2] und [2-3]

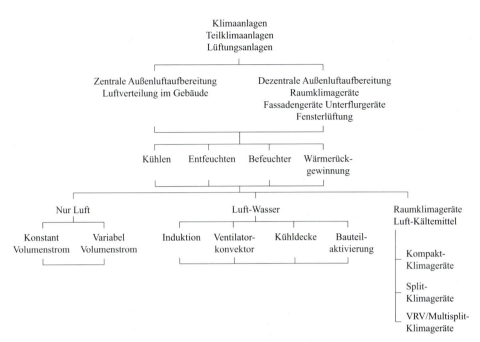

Abb. 2.1-3   Einteilung der RLT-Anlagen auf Grundlage von [2-4]

Eine weitere Systematisierung sieht die VDI 3804 [2-5] (Abbildungen 2.1-4 bis 2.1-9) vor, die die Raumlufttechnik für Bürogebäude beschreibt.

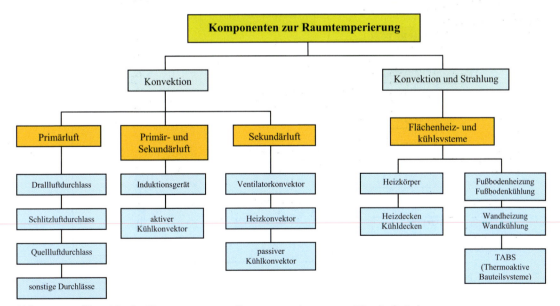

Abb. 2.1-4   Übersicht der Komponenten zur Raumtemperierung von Nur-Luft-Anlagen nach [2-5]

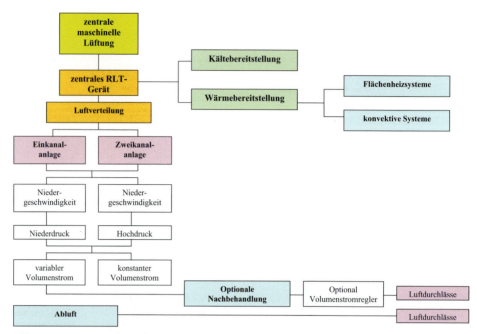

Abb. 2.1-5 Systemübersicht: zentrale Nur-Luft-Anlagen nach [2-5]

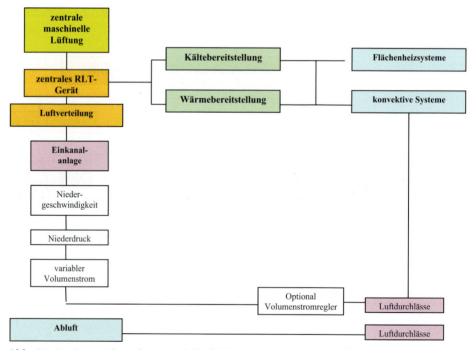

Abb. 2.1-6 Systemübersicht: zentrale Luft-Wasser-Anlagen nach [2-5]

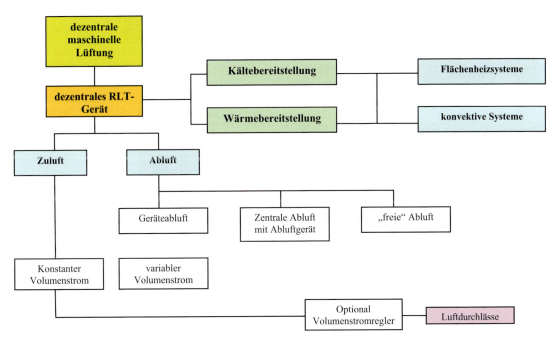

Abb. 2.1-7 Systemübersicht: dezentrale Zentrale Luft-Wasser-Anlagen nach [2-5]

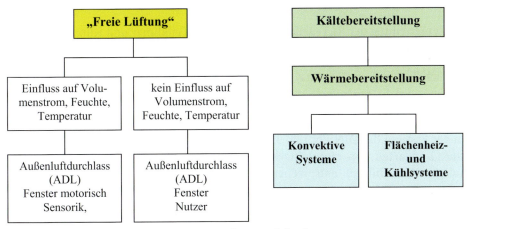

Abb. 2.1-8 Systemübersicht: Nur-Wasser-Anlagen nach [2-5]

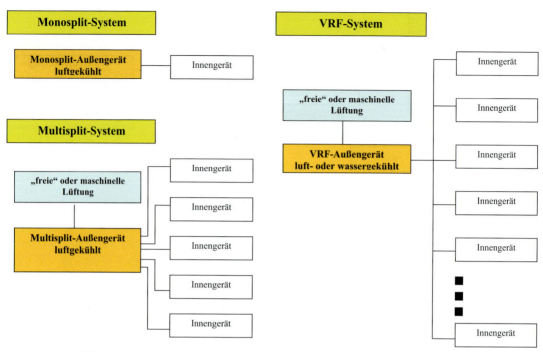

Abb. 2.1-9   Systemübersicht: Direktverdampfer-Anlagen (DX-Anlagen bzw. VRF-Anlagen (s. a. 3.0)) nach [2-5]

Die Unterteilung der RLT-Anlagen in Lüftungs-, Teilklima- und Klimaanlagen erfolgte bisher entsprechend der Luftaufbereitung nach [2-6] (s. a. Tabelle 2.1-1).

Je nachdem, wo im Gesamtsystem „Gebäude/Klimaanlage" die Luftaufbereitung erfolgt, wird in **zentrale** (Kapitel 2) oder **dezentrale Klimatisierung** bzw. RLT-Anlagen (Kapitel 3 und 4) unterschieden.

In der Fassung der DIN EN 13779 von 05/2005 [2-6] war bisher klar definiert, welche Grundarten von raumlufttechnischen Anlagen (Lüftungsanlage, Teil-Klimaanlage, Klimaanlage) entsprechend der möglichen Luftbehandlungsfunktionen existieren und damit war ein einheitlicher Sprachgebrauch zwischen den Projektbeteiligten möglich. Die aktuelle Fassung der Norm von 09/2007 [2-7] legt weder die Art der thermodynamischen Luftbehandlung, noch die notwendigen Anlagenteile und deren Anordnung (z. B. Filter, Schalldämpfer) fest. Stattdessen werden die Aufgaben der Lüftungs- und Klimaanlagen und Anlagentypen unter Punkt 6.3 in der neuen Fassung [2-7] ausschließlich verbal wie folgt beschrieben:

- „Lüftungs- und Klimaanlagen und Raumkühlsysteme haben die Aufgabe, die Raumluftqualität und die thermischen Bedingungen und die Feuchte im Raum so zu beeinflussen, dass im Voraus getroffene Festlegungen erfüllt werden.

- Lüftungsanlagen bestehen aus einer Zu- und Abluftanlage und sind gewöhnlich mit Filtern für die Außenluft sowie Heiz- und Wärmerückgewinnungseinrichtungen ausgerüstet.
- Die Grundkategorien der Anlagenart sind abhängig von der Möglichkeit, die Raumluftqualität zu beeinflussen sowie davon, auf welche Weise und wie sie die thermodynamischen Eigenschaften im Raum regeln.
- Mögliche Behandlungen der Luft zur Veränderung des hygrothermalen Umgebungsklimas (Raumklimas) sind: Heizen, Kühlen, Befeuchten und Entfeuchten. Für eine Klassifizierung ist eine Funktion nur dann gültig, wenn die Anlage in der Lage ist, diese Funktion so zu regeln, dass die vorgegebenen Bedingungen im Raum hinsichtlich der Grenzen erfüllt werden können (z. B. eine ungeregelte Entfeuchtung in einer Kühleinheit kann nicht als Entfeuchtung betrachtet werden)."

Tab. 2.1-1 Grundarten von Anlagen entsprechend der Anlagenfunktion nach [2-6]

Kategorie	Anlagengeregelte Funktion					Name der Anlage	Farbcode für die Zuluft
	Lüftung	Heizung	Kühlung	Befeuchtung	Entfeuchtung		
THM-C0	x	-	-	-	-	reine Lüftungsanlage	grün
THM-C1	x	x	-	-	-	Lüftungsanlage mit Heizung oder Luftheizanlage	rot
THM-C2	x	x	-	x	-	Teil-Klimaanlage mit Befeuchtung	blau
THM-C3	x	x	x		(x)	Teil-Klimaanlage mit Kühlung	blau
THM-C4	x	x	x	x	(x)	Teil-Klimaanlage mit Kühlung und Befeuchtung	blau
THM-C5	x	x	x	x	x	Raumklimaanlage	violett

Es bedeuten:	-	von der Anlage nicht beeinflusst
	x	durch die Anlage geregelt und im Raum sichergestellt
	(x)	Durch die Anlage bewirkt, jedoch im Raum nicht sichergestellt

Die Kategorie THM-C5 ist nur anzugeben, wenn eine geregelte Entfeuchtung tatsächlich erforderlich ist.

Die Anlagenfunktionen sind entsprechend ihrer Relevanz aufzulisten:

- Lüftung
- Heizung
- Kühlung
- Befeuchtung
- Entfeuchtung

Darüber hinaus erfolgt eine Zuordnung der Anlagen nach der Art der Regelung des Umgebungsklimas im Raum (Tabelle 2.1-2).

Tab. 2.1-2 Grundarten von Anlagen entsprechend den Möglichkeiten zur Regelung des Umgebungsklimas in einem Raum nach ([2-6], Tabelle 6).

Beschreibung	Name der Anlagenart
Regelung durch die Lüftungsanlage allein	Nur Luftanlagen
Regelung durch die Lüftungsanlage in Verbindung mit anderen Einrichtungen (z.B. Heizvorrichtung, Kühldecken, Radiatoren)	Kombinierte Systeme

Eine Definition zur Klassifizierung von RLT-Anlagen in Anlehnung an Abbildung 2.1.2 enthält DIN EN 15243 [2-11], die in luftbasierte, wasserbasierte und Kompakt-Anlagen unterscheidet und damit eine Klassifizierung im wesentlichen nach dem Verteil- und Übergabesystem vornimmt. Eine im allgemeinen Sprachgebrauch übliche und zur Kostenberechnung nach DIN 276 [2-8] erforderliche Klassifizierung entsprechend der Luftbehandlungsfunktionen ist europäisch damit nicht mehr vorgesehen.

Die in DIN EN 13779 [2-7] eingeführten Begriffe und deren Definitionen sorgen entgegen dem angestrebten Ziel einer einheitlichen europäischen Nomenklatur eher für weitere begriffliche Verunsicherung. Ein Beispiel dafür ist die Definition für ein Raumkühlsystem:

- „Raumkühlsystem:
  Vorrichtung, die in der Lage ist, die Behaglichkeitsbedingungen in einem Raum innerhalb eines definierten Bereichs zu halten."

Es wird dabei unterstellt, dass die Behaglichkeit im Raum allein durch ein Raumkühlsystem in einem definierten Grenzwertbereich einzuhalten ist, was allenfalls für die thermische Komponente der Behaglichkeit unter sommerlichen Bedingungen zutrifft. Die Raumluftfeuchte hingegen ist mit den meisten Raumkühlsystemen oft nicht gezielt beeinflussbar.

Bezeichnungen

Die unterschiedlichen Luftvolumenströme q_V werden durch Indizes entsprechend EN 13 779 [2-17] gekennzeichnet, die die Art der Zuführung bzw. Abführung der

Luft zum betrachteten Raum charakterisieren (Abbildung 2.1-10). In [2-7] gibt es nur noch englisch sprachige Bezeichnungen (s.a. 1.1)

AUL = ODA	Außenluft	ABL = ETA	Abluft	FOL = EHA	Fortluft
MIL = MIA	Mischluft	RAL = IDA	Raumluft	ZUL = SUP	Zuluft
UML = RCA	Umluft				

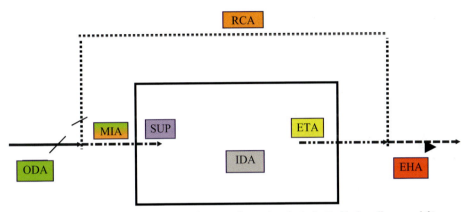

Abb. 2.1-10 Bezeichnungen für thermodynamische und technische Luftbehandlung und für Luftvolumenströme

Unter Einbeziehung der dezentralen Systeme (s.a. 4.0) ergibt sich die Übersicht nach [2-7] (Abbildung 2.1-11).

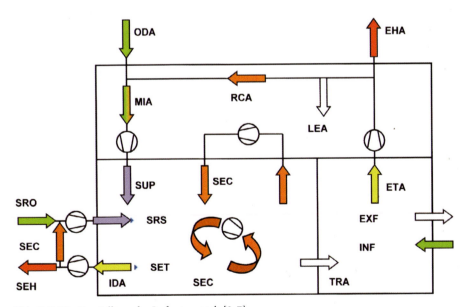

Abb. 2.1-11 Darstellung der Luftarten nach [2-7]

Der Transport der Luft erfolgt entweder auf *natürlichem* (**Freie Lüftungssysteme**) oder *mechanischem* Weg (mechanische Lüftung) oder durch Kombination beider Systeme (Abbildung 2.1-12). Von Bedeutung sind die Außenluftzufuhr, die Fortluftabfuhr (s. a. 2.4) und die Luftführung im Raum (s. a. 2.6).

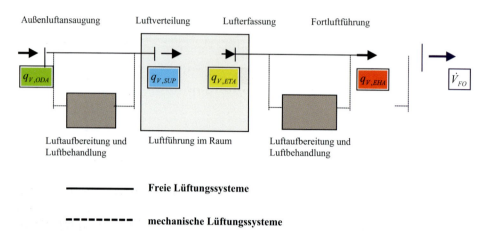

Abb. 2.1-12 Schema für freie und mechanische Lüftungssysteme

Zu beachten ist: Nach [2-7] müssen die Auslegungsvoraussetzungen hinsichtlich der Luftqualität, insbesondere der Raumluft und der Zuluft vereinbart werden, wobei in übliche Bereiche und Standardwerte unterschieden wird. Die Beschreibung erfolgt in [2-7] und ist auszugsweise in den Tabellen 2.1-2 bis 2.1-4 widergegeben. Dabei entspricht die kleinste Kategoriennummer dem geringsten Verunreinigungsgrad der Luft.
Für die Auslegung von Lüftungs- und Klimaanlagen ist die einzuhaltende Raumluftqualität von maßgeblicher Bedeutung. DIN EN 13779 definiert 4 Klassen für die Raumluftqualität im Aufenthaltsbereich.

Tab. 2.1-3   Klassifizierung der Raumluftqualität nach DIN EN 13779 [2-7]

Kategorie	Beschreibung	Differenz zur CO_2-Konzentration der Außenluft in ppm (Standardwert)
IDA 1	hohe Raumluftqualität	350
IDA 2	mittlere Raumluftqualität	500
IDA 3	mäßige Raumluftqualität	800
IDA 4	niedrige Raumluftqualität	1200

Es werden zudem vier Verfahren beschrieben, die eine Ermittlung des zur Einhaltung der Raumluftqualität erforderlichen Luftvolumenstromes ermöglichen:

- Klassifizierung nach Kohlendioxid-Konzentration
- Indirekte Klassifizierung über den Außenluftvolumenstrom je Person
- Indirekte Klassifizierung durch den Luftvolumenstrom je Fußbodenfläche
- Klassifizierung nach Konzentrationen bestimmter Verunreinigungen

Aus diesen Verfahren resultierende normative Grenzwerte werden jedoch nicht angegeben. Die empfohlenen Mindestwerte für die Außenluftvolumenströme je Person, die auch Emissionen aus anderen Quellen wie Möbeln und Baustoffen berücksichtigen, sind nur im informativen Anhang enthalten, allerdings ohne jeglichen Bezug zur Gebäudenutzung.

Tab. 2.1-4 Außenluftvolumenströme je Person zur Gewährleistung der Raumluftqualität IDA nach DIN EN 13779 [2-7]

Kategorie	Einheit	Nichtraucher	Raucher
IDA 1	m³/(h Person)	72	144
IDA 2	m³/(h Person)	45	90
IDA 3	m³/(h Person)	29	58
IDA 4	m³/(h Person)	18	36

Im Vergleich zur DIN 1946-2 sind für ein Nichtraucher-Bürogebäude mit vereinbarter mittlerer (guter) Raumluftqualität nach DIN EN 13779 genau 5 m³/h und damit 12,5 % mehr Luft zu fördern. Für eine hohe (sehr gute) Raumluftqualität steigen die erforderlichen Luftvolumenströme immerhin schon um 80 %. Dieses Beispiel zeigt die Notwendigkeit einer frühzeitigen Vereinbarung der geschuldeten Parameter des Gebäudes zwischen den am Bau Beteiligten, da der Technikflächenbedarf ebenfalls im frühen Planungsstadium festzulegen ist.

Die Klassifizierung der Außenluft erfolgt in 3 Klassen (Tabelle 2.1-5).

Tab. 2.1-5 Klassifizierung der Außenluft (ODA) nach DIN EN 13779 [2-7]

Kategorie	Beschreibung
ODA 1	Saubere Luft, die nur zeitweise staubbelastet sein darf (z.B. Pollen)
ODA 2	Außenluft mit hoher Konzentration an Staub oder Feinstaub und/oder gasförmigen Verunreinigungen
ODA 3	Außenluft mit sehr hoher Konzentration gasförmiger Verunreinigungen und/oder an Staub oder Feinstaub

– Luft wird als „*sauber*" bezeichnet (ODA 1), wenn die WHO-Richtlinie (1999) und alle nationalen Luftqualitätsnormen oder -vorschriften im Hinblick auf die betreffenden Stoffe in der Außenluft eingehalten werden.
– Konzentrationen werden als „*hoch*" bezeichnet (ODA 2), wenn sie die oben angeführten Anforderungen um einen Faktor bis zu 1,5 überschreiten.
– Konzentrationen werden als „*sehr hoch*" bezeichnet (ODA 2), wenn sie die oben angeführten Anforderungen um einen Faktor von mehr als 1,5 überschreiten

Zur Klassifizierung der Außenluft müssen vom Haustechnikplaner die Verunreinigungen der Außenluft am Gebäudestandort ermittelt werden. Die wichtigsten Luftschadstoffe nach [WHO Air Quality Guidelines Global Update 2005] zeigt Tabelle 2.1-6.

Für Neubauten können Daten aus dem Internet unter [2-9] abgerufen werden. Beispiele für die Klassifizierung der Außenluft anhand von drei Großstädten zeigt Tabelle 2.1-7

Anhand der ermittelten ODA-Klasse muss die erforderliche Filterstufe zur Einhaltung der geforderten Raumluftqualitätsklasse IDA ermittelt werden. DIN EN 13779 macht dazu Angaben über empfohlene Mindestfilterklassen je Filterstufe (Tabelle 2.1-8).

Tab. 2.1-6 Hauptverunreinigungen der Außenluft (ODA) nach DIN EN 13779 [2-7]

Schadstoff	Mittelungszeit	Grenzwert
Schwefeldioxid SO_2	24 Stunden	$125\ \mu g/m^3$
Schwefeldioxid SO_2	1 Jahr	$50\ \mu g/m^3$
Ozon O_3	8 Stunden	$120\ \mu g/m^3$
Stickstoffdioxid NO_2	1 Jahr	$40\ \mu g/m^3$
Stickstoffdioxid NO_2	1 Stunde	$200\ \mu g/m^3$
Feinstaub PM_{10}	24 Stunden	$50\ \mu g/m^3$
Feinstaub PM_{10}	1 Jahr	$40\ \mu g/m^3$

Tab. 2.1-7 Beispiele der Außenluftklassifizierung nach DIN EN 13779 [2-7]

	Grenzwert/Richtwert		Stuttgart	London	Madrid
SO_2	Jahresmittel	$50\ \mu g/m^3$	5	8	11
	Maximum 24 h	**$125\ \mu g/m^3$**	**23**	**38**	**37**
	Tage über	$125\ \mu g/m^3$	0	0	0
	Faktor für Richtwertüberschreitung		**< 1**	**< 1**	**< 1**
O_3	Jahresmittel		63	52	55
	Maximum 8 h	**$120\ \mu g/m^3$**	**178**	**134**	**123**
	Tage über	$120\ \mu g/m^3$	31	4	1
	Faktor für Richtwertüberschreitung		**< 1,5**	**< 1,5**	**< 1,5**
NO_2	Jahresmittel	$40\ \mu g/m^3$	80	62	52
	Maximum 1 h	**$200\ \mu g/m^3$**	**244**	**176**	**216**
	Stunden über	$200\ \mu g/m^3$	21	0	1
	Faktor für Richtwertüberschreitung		**< 1,5**	**< 1**	**< 1,5**
PM_{10}	Jahresmittel	$40\ \mu g/m^3$	34	27	29
	Maximum 24 h	**$50\ \mu g/m^3$**	109	78	109
	Tage über 50 $\mu g/m^3$	35 Tage	42	20	44
	Faktor für Richtwertüberschreitung		**< 1,5**	**< 1**	**< 1,5**
	Gesamt		3 * <1,5	3 * <1,5	3 * <1,5
	ODA- Klasse		**2**	**2**	**2**

Tab. 2.1-8 Beispiele für Verunreinigungskonzentrationen in der Außenluft nach [2-6]

Beschreibung des Orts	Konzentration			
	CO_2 in ppm	CO in mg/m³	NO_2 in µg/m³	SO_2 in µg/m³
Ländliche Gebiete, keine bedeutenden Emissionsquellen	350	< 1	5 bis 35	< 5
Kleine Städte	375	1 bis 3	15 bis 40	5 bis 15
Verschmutzte Stadtzentren	400	2 bis 6	35 bis 80	10 bis 50

Anmerkung:
Die für die Verunreinigungen der Luft angegebenen Werte sind mittlere Jahreskonzentrationen und sollten für die Dimensionierung der RLT-Anlage nicht angewendet werden. Die maximalen Konzentrationen liegen höher. Entsprechende Werte sind lokalen Messungen zu entnehmen.

Tab. 2.1-9 Empfohlene Mindestfilterklassen nach DIN EN 13779 [2-7]

	Raumluftqualität			
Außenluftqualität	IDA 1	IDA 2	IDA 3	IDA 4
ODA 1	F9	F8	F7	F5
ODA 2	F7 + F9	F5 + F8	F5 + F7	F5 + F6
ODA 3	F7 + GF + F9	F5 + GF + F8	F5 + F7	F5 + F6
GF: Gasfilter oder chem. Filter				

Tab. 2.1-10 Mögliche Arten der Regelung der Raumluftqualität (IDA-C) nach DIN EN 13779 [2-7]

Kategorie	Beschreibung
IDA –C1	die Anlage läuft konstant
IDA –C2	manuelle Regelung (Steuerung) die Anlage unterliegt einer manuellen Steuerung
IDA –C3	zeitabhängige Regelung (Steuerung) die Anlage wird nach einem vorgegebenen Zeitplan betrieben
IDA –C4	belegungsabhängige Regelung (Steuerung) die Anlage wird abhängig von der Anwesenheit von Personen betrieben (Lichtschalter, Infrarotsensoren)
IDA –C5	bedarfsabhängige Regelung (Anzahl der Personen) die Anlage wird abhängig von der Anzahl der im Raum anwesenden Personen betrieben
IDA –C6	bedarfsabhängige Regelung (Gassensoren) die Anlage wird durch Sensoren geregelt, die Raumluftparameter oder angewandte Kriterien messen (z. B. CO_2-, Mischgas- oder VOC-Sensoren). Die angewendeten Parameter müssen an die Art der im Raum ausgeführten Tätigkeit angepasst sein.

> *Zu beachten ist:* Die Raumluftqualität bzw. Festlegung des Raumklimas beeinflusst die Installationskosten, die räumlichen Anforderungen für die RLT-Anlage und die Betriebskosten. Deshalb sollte die RLT-Anlage geregelt werden. Tabelle 2.1-10 zeigt Möglichkeiten der Regelung für die Raumluftqualität, um den Energieverbrauch zu minimieren bzw. zu optimieren.

Weiterhin wird die Abluft und Fortluft in [2-7] klassifiziert. Dies ist sowohl für die Zusammenführung von unterschiedlichen Abluftvolumenströmen als auch für die Möglichkeit der Mischluftfahrweise von Bedeutung. Bei der Zusammenführung gilt die Kategorie des Luftvolumenstromes mit der höchsten Kategorie (s.a. Tabelle 2.1-11).

> *Zu beachten ist:* Die Fortluft-Kategorien gelten für gereinigte Luft. Bei der Reinigung ist das Verfahren und deren Wirkung anzugeben und die Wirksamkeit der Reinigung nachgewiesen werden. Fortluft der Klasse EHA 1 kann nicht durch Reinigung erreicht werden.

Die Wiederverwendung der Abluft ist von der jeweiligen Situation abhängig. In den meisten Fällen, in denen eine gute Raumluftqualität erforderlich ist, sollte keine Umluft verwendet werden. Wenn ein Raum vor der Nutzung mittels einer RLT-Anlage aufgeheizt oder gekühlt werden soll, so kann hauptsächlich Umluft verwendet werden. Auf der Grundlage von Tabelle 2.1-11 weist Tabelle 2.1-12 auf mögliche Verwendungen hin.

Tab. 2.1-11   Klassifizierung der Abluft (ETA) und der Fortluft (EHA) nach [2-7]

Kategorie	Beschreibung	Beispiele
	Abluft mit niedrigem Verunreinigungsgrad	
ETA 1 EHA 1	Luft aus Räumen, deren Hauptemissionsquellen Baustoffe und das Bauwerk sind, ebenso Luft aus Aufenthaltsräumen, deren Hauptemissionsquellen der menschliche Stoffwechsel, Baustoffe und das Bauwerk sind. Räume, in denen Rauchen gestattet ist, sind nicht eingeschlossen	Büros, einschließlich integrierter kleiner Lagerräume, öffentliche Bereiche, Klassenräume, Treppenhäuser, Flure, Sitzungsräume, gewerbliche Räume ohne zusätzliche Emissionsquellen.
	Abluft mit mäßigem Verunreinigungsgrad	
ETA 2 EHA 2	Luft aus Aufenthaltsräumen mit den gleichen Verunreinigungsquellen wie bei Kategorie 1 und/oder durch menschliche Aktivitäten, jedoch mit mehr Verunreinigungen als bei Kategorie 1. Räume der Kategorie ETA 1, in denen Rauchen gestatte ist.	Speiseräume, Küchen für die Zubereitung heißer Getränke, Lager, Lagerräume in Bürogebäuden, Hotelzimmer, Umkleideräume
	Abluft mit hohem Verunreinigungsgrad	
ETA 3 EHA 3	Luft aus Räumen, in denen emittierende Feuchte, Arbeitsverfahren, Chemikalien usw. die Luftqualität wesentlich beeinträchtigen	Toiletten und Waschräume, Saunen, Küchen, Kopierräume, Räume, die speziell für Raucher vorgesehen sind

Tab. 2.1-11 Klassifizierung der Abluft (ETA) und der Fortluft (EHA) nach [2-7] (Forts.)

Kategorie	Beschreibung	Beispiele
	Abluft mit sehr hohem Verunreinigungsgrad	
ETA 4 EHA 4	Luft, die gesundheitlich schädliche Gerüche und Verunreinigungen enthält, deren Konzentrationen höher liegen, als für die Raumluft in Aufenthalts- bereichen erlaubt ist.	Professionelle Absaugvorrichtun- gen, Grillräume und örtliche Küchenabsauganlagen, Garagen und Autotunnel, Parkhäuser, Räume für die Verarbeitung von Farben und Lösemittel, Räume mit unreiner Wäsche, Räume für Lebensmittel- abfälle, zentrale Staubsauganlagen, intensiv genutzte Raucherräume

Tab. 2.1-12 Wiederverwendung der Abluft (ETA) und Verwendung von Überströmluft (TRA) nach [2-7]

Kategorie	Bemerkungen zur möglichen Wiederverwendung der Luft
ETA 1	geeignet als Umluft und Überströmluft
ETA 2	Nicht geeignet als Umluft, kann jedoch als Überströmluft in Toiletten, Waschräumen, Garagen oder ähnlichen Bereichen verwendet werden
ETA 3	nicht als Umluft oder Überströmluft geeignet
ETA 4	nicht als Umluft oder Überströmluft geeignet

Die Zuluftqualität muss so sein, dass unter Berücksichtigung der zu erwartenden Emissionen aus inneren Schadstoffquellen (z.B. menschlicher Stoffwechsel, Arbeits- verfahren, Baustoffe, Möbel) und der RLT-Anlage selbst geeignete Raumluftqualitä- ten erreicht werden können.

Im Rahmen der Anlagenauslegung sind die Außenluftvolumenströme $q_{V,ODA}$ fest- zulegen.

Es wird empfohlen, die Zuluftqualität auch durch Festlegung der Konzentrations- grenzen, die für bestimmte Verunreinigungen (z.B. CO_2, VOC) der Raumluft gel- ten, zu definieren

Die Luftführung im Raum berührt maßgebliche architektonische Belange, z.B. durch die Anordnung der Luftdurchlässe (Luftverteiler, Lufterfasser), den erforder- lichen Luftvolumenstrom und die Nutzung des Raumes. Die Luftführung (Raum- strömung) ist nur im integrativen Zusammenwirken des Architekten mit dem Fachplaner effektiv zu gestalten.

> *Zu beachten ist:* Die entscheidende Größe für die Bemessung der Lüftung ist der Luftvolumen- strom q_V (Zuluftvolumenstrom $q_{V,SUP}$ bzw. Abluftvolumenstrom $q_{V,ETA}$).

$$q_V = \Phi_{HL} / (\rho_L \, {}^* \, |\Delta h_{SUP}|)= \Phi_{HL} / (\rho_L \, {}^* \, c_{P,L} \, {}^* \, |\Delta \theta_{SUP}|)$$

$$q_V = \Phi_{KL} / (\rho_L {}^* |\Delta h_{SUP}|) = \Phi_{KL} / (\rho_L {}^* c_{P,L} {}^* |\Delta \theta_{SUP}|) \qquad \text{oder}$$

$$q_V = \dot{m}_{Schadstoff} / (c_{IDA,zulässig} - c_{SUP})$$

Die Heizlast Φ_{HL} bzw. die Kühllast Φ_{KL} werden maßgeblich durch die konstruktive und architektonische Gestaltung des Gebäudes bzw. Raums geprägt und demzufolge auch der Luftvolumenstrom. Die zulässige Zulufttemperaturdifferenz $|\Delta \theta_{SUP}|$ bzw. Enthalpiedifferenz $|\Delta h_{SUP}|$ ist abhängig von der notwendigen Aufbereitung der Luft (Kühlen bzw. Heizen), den Behaglichkeits- und Nutzungsanforderungen, der Raumströmung und der Anordnung der Luftdurchlässe.

$$\Delta \theta_{SUP} = \theta_{SUP} - \theta_{IDA} \equiv \theta_{SUP} - \theta_a$$

	Heizen	Kühlen
$\Delta \theta_{SUP} = \theta_{SUP} - \theta_{IDA}$	+	-
	1 bis 20 (35) K	1 bis 8 (12) K

Die Raumlufttemperatur $\theta_a \equiv \theta_{IDA}$ ist die im Aufenthaltsbereich zu gewährleistende Lufttemperatur und eine Regelgröße für die Fahrweise der RLT-Anlage.

Die Schadstofflast $\dot{m}_{Schadstoff}$ und die zulässige Schadstoffkonzentration $c_{IDA,zulässig}$ und die zulässige Schadstoffkonzentration in der Zuluft c_{SUP} ergeben sich aus den Nutzungsbedingungen des Raums und sind in [2-7] dokumentiert. Auszugsweise wird dies in den Tabellen 2.1-13 bis 2.1-15 widergegeben.

In bisherigen Normen wurde bei der Festlegung des hygienischen Mindestaußenluftvolumenstromes im Allgemeinen nur zwischen Nichtraucher und Raucher unterschieden ($q_{V,ODA;Pers} = 30$ m³/(h, Person) bzw. 40 m³/(h, Person), wobei die Basis die zulässige CO_2-Belastung war (Pettenkofer-Maßstab). Dagegen gibt [2-7] den erforderlichen Mindestaußenluftvolumenstrom in Abhängigkeit der Raumluftqualität, der Personen bzw. für Räume, die nicht für Personen bestimmt sind, an.

Tab. 2.1-13 CO_2-Konzentration in Räumen nach [2-7]

Kategorie	CO_2-Konzentration höher als Konzentration der Außenluft in ppm [1]	
	Üblicher Bereich	Standardwert
IDA 1	≤ 400	350
IDA 2	400 bis 600	500
IDA 3	600 bis 1000	800
IDA 4	≥ 1000	1200

---

1 1ppm (parts per million), 1 cm³/m³ $\cong$ mg/m³ (molare Masse/Molvolumen)

Tab. 2.1-14 Außenluftvolumenstrom je Person nach [2-7]

Kategorie	Einheit	Außenluftvolumenstrom $q_{V,ODA;Pers}$ pro Person			
		Nichtraucher-Bereich		Raucher-Bereich	
		Üblicher Bereich	Standard-wert	Üblicher Bereich	Standard-wert
IDA 1	m³/(h, Person)	> 54	72	> 108	144
	l/ (s, Person)	> 15	20	> 30	40
IDA 2	m³/(h, Person)	38 bis 54	45	72 bis 108	90
	l/ (s, Person)	10 bis 15	12,5	20 bis 30	25
IDA 3	m³/(h, Person)	22 bis 36	29	43 bis 72	58
	l/ (s, Person)	6 bis 10	8	12 bis 20	16
IDA 4	m³/(h, Person)	< 22	18	< 43	36
	l/ (s, Person)	< 6	5	< 12	10

Tab. 2.1-15 Außenluftvolumenströme oder Überströmluft je Fußboden-Nettofläche für Räume, die nicht für den Aufenthalt von Personen bestimmt sind nach [2-7]

Kategorie	Einheit	Außenluftvolumenstrom $q_{V,ODA;B}$ oder Überströmluft pro m² Netto-Fußbodenfläche	
		Nichtraucher-Bereich	
		Üblicher Bereich	Standardwert
IDA 1	m³/(h m²)	*	*
	l/ (s m²)	*	*
IDA 2	m³/(h m²)	> 2,5	3
	l/ (s m²)	> 0,7	0,83
IDA 3	m³/(h m²)	1,3 bis 2,5	2
	l/ (s m²)	0,35 bis 0,7	0,55
IDA 4	m³/(h m²)	< 1,3	1
	l/ (s m²)	< 0,35	0,28
* bei IDA 1 ist dieses Verfahren nicht ausreichend			

In der **Vorentwurfsphase** sind in der Regel durch das Raumbuch des Auftraggebers (s.a. [2-10]) die Nutzung der Räume und u.U. die Personenanzahl, die Schadstoffbelastungen und die einzuhaltenden Raumluftparameter bekannt. Zur Vorbemessung kann der Luftwechsel n in (1/h) (in der Literatur auch mit λ oder β bezeichnet) verwendet werden.

$$n = q_V / V_R$$

Bezugsgröße ist das Netto-Raumvolumen V_R.

> **Zu beachten ist:** Der Luftwechsel sollte nur zur Vorbemessung und nicht zur Planung und Auslegung von raumlufttechnischen Anlagen verwendet werden.

> **Zu beachten ist:** auf welchen Luftvolumenstrom (z.B. Außenluftvolumenstrom, Zuluftvolumenstrom) der Luftwechsel bezogen wird. Dies sollte eindeutig gekennzeichnet werden (z.B. n_{ODA}, n_{SUP}) Der Luftwechsel n stellt einen langjährigen Erfahrungs- und Orientierungswert dar. Er ist tabelliert z.B. in [2-3] und kann auszugsweise aus Tabellen 2.1-16 bis 2.1-17 entnommen werden.

Tab. 2.1-16 Erfahrungswerte für den stündlichen Luftwechsel n_{SUP} für verschiedene Raum- und Nutzungsarten

Raumart	n_{SUP} in 1/h	Raumart	n_{SUP} in 1/h
Aborte	6 ... 10	Akkuräume	4 ... 6
Baderäume	4 ... 6	Beizereien	5 ... 15
Bibliotheken	3 ... 5	Brauseräume	20 .. 30
Büroräume	3 ... 6	Färbereien	5 ...10
Farbspritzräume	20 ... 50	Garagen	4 ... 5
Garderoben	3 ... 6	Gasträume	5 ... 10
Hörsäle	8 ... 10	Kantinen	6 ... 8
Kaufhäuser	4 ... 6	Kinos, Theater mit Rauchverbot	4 ... 6
Küchen (Tab. 2.1-2)		Kinos, Theater ohne Rauchverbot	5 ... 8
Laboratorien	12 ... 20	Läden	6 ... 8
Operationsräume	15 ... 20	Plättereien	8 ... 10
Rechnerräume (EDV)	60 ... 65	Schulen	3 ... 8
Schwimmhallen	3 ... 4	Sitzungszimmer	6 ... 8
Speiseräume	6 ... 8	Toiletten	4. ... 6
Tresore	3 ... 6	Umkleideräume in Schwimmhallen	6 ... 8
Verkaufsräume	4 ... 8	Versammlungsräume	5 ... 10
Wäschereien	10 ... 15	Werkstätten ohne Luftverschmutzung	3 ... 6

Tab. 2.1-17 Luftwechsel n_{SUP} für RLT-Anlagen von Küchen

Küchenart	Raumhöhe in m	n_{SUP} in 1/h
Kleinküchen für Wohnungen, Villen	2,5 ... 3,5	25 ... 15
mittelgroße Kochküchen für Gaststätten, Hotels, Kantinen	3,0 ... 4,0 4,0 ... 6,0	30 ... 20 20 ... 15
große Kochküchen für Krankenhäuser, für Kasernen	3,0 ... 4,0 4,0 ... 6,0 über 6,0	30 ... 20 20 ... 15 12 ... 10
Diätküchen	3,0 ... 4,0 4,0 ... 6,0	20 ... 5 12 ... 10
kalte Küchen	3,0 ... 4,0 4,0 ... 6,0	8 ... 5 6 ... 4
Backräume	3,0 ... 4,0 4,0 ... 6,0	15 ... 8 6 ... 8
Putzräume	-	5 ... 8

Zu beachten ist: Der Luftwechsel sollte nur zur Vorbemessung und nicht zur Planung und Auslegung von raumlufttechnischen Anlagen verwendet werden.

Für die überschlägige Ermittlung des Luftvolumenstroms zur Abschätzung planerischer Größen (wie z.B. Größe der RLT-Zentrale, Kostenschätzung) in der Vorentwurfsphase kann mit n_{SUP} = 2 1/h gerechnet werden. Basis für diese Annahme ist, dass alle innenliegenden Räume größenordnungsmäßig mit diesem Luftwechsel beaufschlagt werden sollten.

2.2 Natürliche (Freie) Lüftungssysteme

2.2.1 Grundlagen

Die natürliche Lüftung oder auch als „Freie Lüftung" bezeichnet ist ein lüftungstechnisches Grundprinzip, das in vielfältiger Weise in der Natur vorkommt, wie z.B. die Belüftung des unterirdischen Baus eines Präriehundes oder die eines Termitenbaus. Dieses Wirkungsprinzip ist vom Menschen erkannt worden und kommt noch heute überwiegend in südlicheren Ländern, aber auch in Mitteleuropa beim Bau von Wohngebäuden und Gebäudekomplexen zur Anwendung.

Gegenwärtig gibt es wieder bemerkenswerte Bestrebungen aus ökologischen und ökonomischen Gründen, diese natürlichen Lüftungsprinzipien unter Nutzung des vorhandenen technischen Potenzials anzuwenden. Dies setzt für die Planung (Vorentwurf, Entwurf) Kenntnisse zur „Freien Lüftung" voraus (s.a. [2-12], [2-13]). Dabei ist festzustellen, dass Unklarheiten über die Größe der zu erreichenden Druckdifferenzen bestehen und diese selten im Zusammenhang mit den Strömungsvorgängen in den Öffnungen (z.B. Fenster, Überström- bzw. Ein- und/oder Ausströmöffnung, den effektiven Lüftungsflächen und den Strömungsgeschwindigkeiten gesehen werden. Oft werden nur „Extremfälle für die Außenlufttemperatur θ_e" (Sommer, Winter) dargestellt, jedoch oft kritische Bedingungen im „Übergangsbereich" und deren Häufigkeit kaum beachtet.

Bei den *Freien Lüftungssystemen* erfolgt die Förderung der Luft ausschließlich durch natürliche Druckunterschiede infolge

- von Temperaturdifferenzen (z.B. zwischen innen und außen): *thermischer Auftrieb (Auftriebsströmung)*
- von Wind: *Winddruck (Windströmung)*(Luv, Lee).

Thermischer Auftrieb

In erster Näherung ergibt sich die Druckdifferenz des Auftriebs aus

$$\Delta p_A = g * \Delta \rho * \Delta h \qquad \text{in (N/m}^2\text{, Pa bzw. bar)}$$

wobei gilt, dass die Dichte der „Feuchten Luft" umgekehrt proportional zur Temperatur ist.

$$\rho_L \approx 351/T$$

Dies bedeutet, dass mit steigender Temperatur die Dichte der Luft geringer wird und dass mit größerer Temperaturdifferenz ein größerer Dichteunterschied verbunden ist. Aus den thermodynamischen Gesetzmäßigkeiten der „Feuchten Luft" ergeben sich zwei Grundaussagen.

Zu beachten ist:
- Wärmere Luft ist leichter als kältere Luft, d.h., die Dichte der wärmeren Luft ist kleiner als die der kälteren Luft
- Achtung: Bei gleicher Temperatur ist feuchtere Luft leichter als trockenere Luft, d.h., die Dichte der feuchteren Luft ist kleiner als die der trockeneren Luft.

Dichtedifferenzen und damit Druckdifferenzen entstehen im Allgemeinen durch Temperaturunterschiede z.B. zwischen

- der Raumluft und der Außenluft,
- benachbarten Räumen,
- Räumen und lüftungstechnischen Einrichtungen, wie Schächten, Kanälen,
- der Außenluft und lüftungstechnischen Einrichtungen (Kamineffekt) und
- in hohen Räumen durch die Änderung der Lufttemperatur in Abhängigkeit von der Raumhöhe.

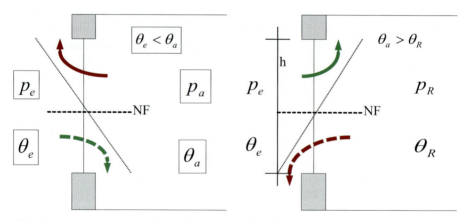

Abb. 2.2-1   Strömungsverhältnisse bei einem **voll geöffneten** Fenster, wenn Raumlufttemperatur θ_a und Außenlufttemperatur θ_e unterschiedlich sind

Für die Darstellung der Druckverhältnisse wird im Allgemeinen davon ausgegangen, dass der Bezugsdruck im Raum konstant ist.

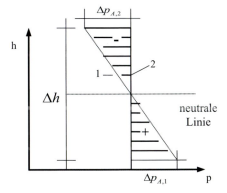

Abb. 2.2-2
Druckverhältnisse an einem geöffneten Fenster, wenn der Druck im Raum (2) als konstant angenommen wird

Der Luftaustausch ist dort am größten, wo

- die Druckdifferenz Δp_A am größten ist, d.h. je weiter sich eine Öffnung von der „neutralen Linie" entfernt befindet.

Die Lage der neutralen Linie bzw. neutralen Fläche (NF) ist ausschließlich abhängig von

- der Anordnung,
- der Größe und
- der Form

der Bauwerksöffnung(en).

Abbildung 2.2-3 zeigt Beispiele für die Verteilung des thermischen Auftriebsdrucks in einem Raum und in der Kombination von Räumen nach [2-12].

Zu beachten ist: Eine *intensive* Lüftung durch thermischen Auftrieb wird erreicht, wenn:
– das Gebäude bzw. die Öffnung möglichst hoch ist,
– die Zu- bzw. Abluftöffnung sich an der höchsten bzw. tiefsten möglichen Stelle befindet und
– der Strömungswiderstand von Zu- und Abluftöffnungen und der luftseitige Druckverlust im „Strömungskanal" möglichst gering sind.

Grundsätzlich ist die Summe der Zuluftvolumenströme $\sum q_{V,ZUL} \equiv \sum q_{V,SUP}$

gleich der Summe der Abluftvolumenströme $\sum q_{V,ABL} \equiv \sum q_{V,ETA}$:

$$\sum q_{V,ZUL} = \sum q_{V,ABL} \text{ , d.h. } \sum_{i=1}^{n}\left(A_{k,ZUL} * v_{ZUL}\right)_j = \sum_{i=1}^{n}\left(A_{k,ABL} * v_{ABL}\right)_j$$

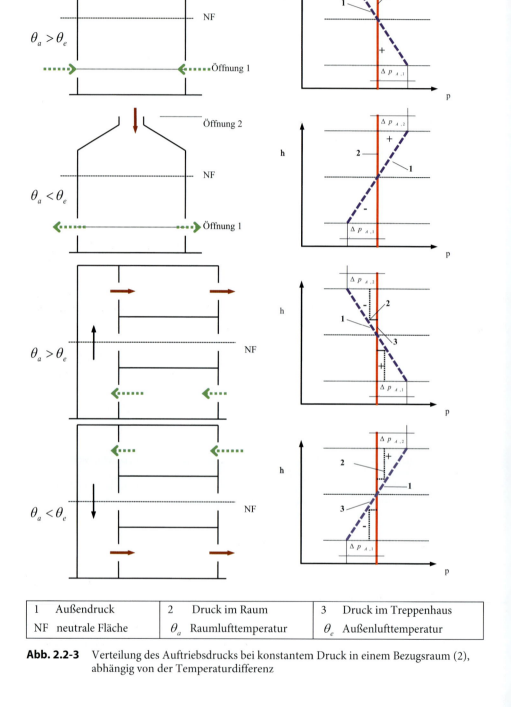

1	Außendruck	2	Druck im Raum	3	Druck im Treppenhaus
NF	neutrale Fläche	θ_a	Raumlufttemperatur	θ_e	Außenlufttemperatur

Abb. 2.2-3 Verteilung des Auftriebsdrucks bei konstantem Druck in einem Bezugsraum (2), abhängig von der Temperaturdifferenz

Druckdifferenz

Im *Winter* ist die Temperaturdifferenz zwischen Innen- und Außenraum groß und der Auftriebsdruck beträgt größenordnungsmäßig:

$$\Delta p_A \approx (0;8...1,7) * \Delta h \qquad \text{in Pa}$$

Dagegen verringert sich die Temperaturdifferenz im *Sommer*. Dies bedeutet, dass $\Delta P_A \Rightarrow$ bzw. sogar warme Luft aus den Außenraum in den kühleren Innenraum strömen kann.

Deshalb erfordert die Nutzung und Anwendung des thermischen Auftriebs insbesondere unter sommerlichen Bedingungen (s. a. 2.2.6 Beispiel 2.2-2)

- eine Erhöhung der Temperatur an einer Stelle im Raum, z.B. durch Schaffung bzw. Anordnung zusätzlicher Wärmequellen Φ .

Die zusätzliche Wärmequelle Φ kann eine Kühllast durch Sonnenstrahlung Φ_S und/oder eine nutzungsbedingte innere Kühllast Φ_N sein.

Die *Wirkung der Wärmequellen* ist dann besonders günstig, wenn sie unter der Abströmfläche bzw. der Abströmöffnung angeordnet wird (s. a. 2.2.4).

Die Wärmequelle ist auf eine kleine Fläche zu konzentrieren, damit so erwärmte Luft ohne maßgebliche Beeinflussung der Raumlufttemperatur abgeführt werden kann.

In Abhängigkeit von der mittleren Kühllast $\Phi_{N,m}$,der Temperaturdifferenz $\theta_a - \theta_e$ und der Höhe Δh kann u.a. nach [2-13] und [2-14] die erforderliche „freie Lüftungsfläche" A_k bestimmt werden.

Winddruck

Wird ein Gebäude durch Wind angeströmt, so bildet sich

- auf der Anströmseite (Luvseite) *Überdruck (+)* und
- auf der Abströmseite (Leeseite) *Unterdruck (–)*

aus.

Daraus resultiert sowohl eine „Querlüftung" als auch „Übereckslüftung" in einem Gebäude. Bei senkrechter Anströmung eines Gebäudes besteht an den Gebäudeflächen parallel zur Windrichtung ebenfalls ein Unterdruck. Abbildung 2.2-4 zeigt schematisch die Umströmung eines Gebäudes.

Der Widerstand, der bei der Gebäudeumströmung auftritt, wird durch einen Druckbeiwert ς (Gesamtdruckverlustbeiwert) beschrieben. Größenordnungsmäßig kann von

- Luvseite: $\varsigma_{LUV} = 0{,}8...1{,}0$
- Leeseite: $\varsigma_{LEE} = 0{,}05...0{,}25$

ausgegangen werden.

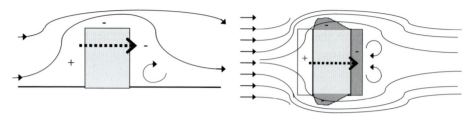

Abb. 2.2-4   Umströmung eines Gebäudes im Seiten- und im Grundriss

Die Ermittlung der Druckbeiwerte ς für konkrete Objekte und die sich einstellenden Anström- und Umströmungssituationen können nur unter Beachtung einer Vielzahl von möglichen Einflusskomponenten, wie z.B.

- Lage und Form des Gebäudes,
- Einordnung zu umliegenden Hindernissen (Gebäude, Großgrün) und
- Windgeschwindigkeit und -richtung.

experimentell in Strömungs- oder Windkanälen erfolgen. Die Übertragbarkeit der Ergebnisse auf andere ähnliche Objekte durch Analogiebeziehungen ist kaum gegeben.

Der **_Winddruck_** Δp_{Wind} ergibt sich zu

$$\Delta p_{Wind} = p_{LUV} - p_{LEE} \approx (0{,}8...1{,}2) * (\rho_L / 2) * v_{Wind}^2 \qquad \text{in Pa}$$

Im europäischen Binnentiefland liegt die Windgeschwindigkeit zwischen $v_{Wind} = 0$ ... 20 m/s, im Jahresmittel ist $v_{Wind} = 3...4$ m/s. Bei einem frei stehenden Gebäude kann deshalb mit $\Delta p_{Wind} \approx 4$ bis 12 Pa gerechnet werden.

> **_Zu beachten ist:_** Der Winddruck überlagert den durch den thermischen Auftrieb verursachten Druck, d.h.
> - auf der Luvseite verschiebt er die neutrale Linie nach oben und verstärkt im unteren Teil des Gebäudes die Luftzufuhr und
> - auf der Leeseite verschiebt er die neutrale Linie nach unten und verstärkt im oberen Teil des Gebäudes die Luftabfuhr.

> **_Zu beachten ist:_** Die Lüftung durch Winddruck
> - ist kaum determinierbar, da Windrichtung und Windgeschwindigkeit sehr variabel und nicht vorhersagbar sind,
> - muss den Lüftungseffekt unterstützen und darf den thermischen Auftrieb nicht behindern,
> - kann nur zur Unterstützung des thermischen Auftriebes herangezogen werden und
> - ist für die Bemessung der „Freien Lüftung" **nicht** mit einzubeziehen.

2.2.2 Fensterlüftung

Die Fensterlüftung ist die übliche Form der „Freien Lüftung". Sie beruht auf Temperatur- und Druckdifferenzen zwischen den Raumbedingungen und den äußeren Bedingungen. Die **Abkühlung** eines Raumes durch eine freie Lüftung erfordert immer, dass die Raumlufttemperatur θ_a größer ist als die Außenlufttemperatur θ_e:

$$\theta_a > \theta_e$$

Zu beachten ist: Die Wirksamkeit der Fensterlüftung wird vor allem bestimmt durch
- die Fensterform und deren Lüftungseffektivität ψ^2 (Tabelle 2.2-1),
- den effektiven freien Querschnitt A_k und
- die Höhe des Fensters H_w (H_F) bzw. Höhendifferenz zwischen zwei Lüftungsöffnungen Δh

Aus der Lüftungseffektivität kann abgeleitet werden, welcher Anteil der konstruktiven Fläche als Lüftungsfläche bei geöffnetem Fenster wirksam werden kann.

Einsatzgrenzen und Vor- und Nachteile der Fensterlüftung weist Tabelle 2.2-2 aus.

Tab. 2.2-1   Fensterform und deren Lüftungseffektivität ψ^2 nach [2-14] bzw. [2-15]

Fensterform	ψ^2
Drehflügel	1,0
Wendeflügel	1,0
Kippflügel	0,20
Klappflügel	0,20
Schwingflügel	0,36
Kippflügel in 2 Ebenen, $\Delta h > 3$ Kippflügelhöhe	1,0

Der Wirkungsbereich der Fensterlüftung ist aus Abbildung 2.2-5 erkennbar. Er wird primär bestimmt durch die Lüftungseffektivität der Fensterkonstruktion, die aus der vorhandenen Druckdifferenz resultierenden Zuluftgeschwindigkeit $v_{O,ZUL}$ = $v_{O,SUP}$ und den sich daraus ergebenden Zuluftimpuls I_O. Der Primärwirbel hat eine elliptische Form, der Sekundärwirbel und folgende Wirbel haben Kreisform.

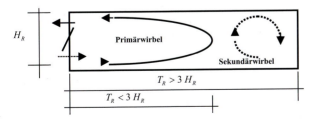

Abb. 2.2-5
Schematische Darstellung für Raumdurchspülung, wenn
$\theta_a > \theta_e$

Tab. 2.2-2 Einsatzgrenzen, Vor- und Nachteile der Fensterlüftung

Einsatzgrenzen	Vorteile	Nachteile
<ul><li>keine äußere Schadstoffbelastung</li><li>nur zulässig, wenn der Schallpegel im Innenraum durch den Schallpegel im Außenraum nicht unzulässig erhöht wird (Richtwert: Schallpegel innen:</li><li>ca. 10 dB(A) niedriger als Schallpegel außen)</li><li>$\theta_a < \theta_e$ ==> Kühlung des Raumes</li><li>$\theta_a > \theta_e$ ==> Erwärmung des Raumes</li><li>Vorliegen entsprechender Druckverhältnisse am und im Gebäude</li><li>öffenbares Fensterelement</li><li>ausreichende Fensterhöhe</li></ul>	<ul><li>flexibel und wechselnden Anforderungen gut anpassbar</li><li>energiewirtschaftlich dort günstig, wo kurzzeitig große Luftvolumenströme benötigt werden und in der übrigen Zeit kleine Luftvolumenströme erforderlich sind</li><li>keine Investitions- und Betriebskosten für RLT-Anlagen</li></ul>	<ul><li>im fensternahen Bereich können Zugerscheinungen (besonders im Winter) auftreten</li><li>Energierückgewinnung ist nicht möglich</li><li>stark individuell geprägt durch die Nutzer</li></ul>

Es werden zwei Lüftungsarten unterschieden: *einseitige Lüftung und Querlüftung*

einseitige Lüftung:	*intensive Durchlüftung* ist möglich bei: • Raumtiefe $T_R \leq (2....3)\ H_R$ *eingeschränkte Durchlüftung* (Sekundärbereich) auf ca. 60 bis 70 % bei • Raumtiefe $T_R > 3\ H_R$
Querlüftung:	*Querlüftung/(Überecklüftung)* Fenster in gegenüberliegenden oder orthogonal angeordneten Außenwänden Der Raum wird annähernd vollständig durchspült.

Ein weiteres zu beachtendes Bewertungskriterium ist die Andauer der Lüftung (Öffnungszeit des Fensters $t_{\textit{Öffn}}$). Unterschieden werden:

- *Dauerlüftung* oder
- *unterbrochene Lüftung*.

Der oft in mietvertraglichen Unterlagen verwendete Begriff „*ausreichende Lüftung*" ist nicht quantifizierbar. Für die Bemessung der notwendigen Lüftungsfläche bzw. des erforderlichen Luftvolumenstroms können die Diagramme und Grenzwerte nach [2-8] genutzt werden.

Für Überschlagsrechnungen finden sich in Tabelle 2.2-4 Orientierungswerte für die notwendige erforderliche effektive Lüftungsfläche bei unterbrochener Lüftung.

Zu beachten ist:
- Die Lüftungsfläche A_k muss mit der erforderlichen Fensterfläche A_W nach der Bemessung für den sommerlichen Wärmeschutz korrelieren (s. a. 1.4.4).
- Sind größere Lüftungsflächen erforderlich, als nach den Bemessungsvorschriften für den sommerlichen Wärmeschutz zulässig, so ist eine mechanische Lüftung (Zwangslüftung) notwendig.

Tab. 2.2-3 Dauerlüftung – unterbrochene Lüftung

Lüftung	gekennzeichnet durch:	Einflussgrößen auf die Effizienz
Dauerlüftung	die Fenster sind während der gesamten Nutzungszeit des Raumes geöffnet	• Lüftungsfläche/ Fensterform (ψ^2) • Druckdifferenzen (Δp) • Fensterhöhe (bzw. Δh) • innere Kühllasten ($\Phi_{N,m}$)
unterbrochene Lüftung	mehrmaliges kurzzeitiges Öffnen des Fensters (15 bis 25 % der Nutzungszeit)	• Lüftungsfläche/Fensterform (ψ^2) • Druckdifferenzen (Δp) • Fensterhöhe (bzw. Δh) • innere Kühllasten ($\Phi_{N,m}$) • Speicherverhalten der Raumumschliessungskonstruktion • Öffnungszeit $t_{\textit{Öffn}}$

Tab. 2.2-4 Orientierungswerte für die notwendige erforderliche effektive Lüftungsfläche A_k nach [2-15]

		A_k / V_R in m²/m³ Raumvolumen
Produktionsräume	einseitige Lüftung	$\geq 0{,}02$
	Querlüftung	$\geq 0{,}01$
		A_k / n_P in m²/Person
Räume, deren Luftbedarf nahezu vollständig durch Menschen (n_P) bestimmt wird (z. B. Büroräume, Lesesäle, Speisesäle)	einseitige Lüftung	$\geq 0{,}10$
	Querlüftung	$\geq 0{,}05$

2.2.3 Schachtlüftung

Räume können unter Beachtung der brandschutztechnischen Regelungen (allgemein [2-16] bzw. der jeweiligen länderspezifischen Regelungen) durch freie Schachtlüftung gelüftet werden (Abbildung 2.2-6). Diese Lüftungsform ist besonders in den Anfangsjahren des 20. Jahrhunderts zur Anwendung gekommen, findet unter dem Aspekt der Minimierung des technischen Aufwands für die Lüftung in modifizierter Form Anwendung (s. a. 2.2.6).

Zu beachten ist: Die Schachtlüftung ist wirkungslos,
- wenn die Bauwerkstemperatur bzw. die Raumlufttemperatur θ_a kleiner als die Außenlufttemperatur θ_e ist und
- wenn Windstille herrscht.
- Anwendung nur, wenn kurzzeitige Unterbrechungen der Lüftung zulässig sind.

Die Tabelle 2.2-5 enthält allgemeine Forderungen für die Ausbildung des Schachtes und die Anordnung der Mündung des Schachtes. Durch die Gewährleistung der baulichen Randbedingungen nach Tabelle 2.2-5 und Abbildung 2.2-7 wird erreicht, dass

- die Mündung des Sammelschachtes in der freien Windströmung liegt und durch den Wind die Saugwirkung erhöht wird und
- die Abgase mit den entstandenen Wirbeln, die sich hinter Strömungshindernissen abbilden, zwar in die bodennahe Strömung gelangen, aber nicht in den möglichen Aufenthaltsbereich des Menschen kommen.

Tab. 2.2-5 Bauliche Hinweise für die Freie Schachtlüftung

Sammelschacht	<ul><li>lotrecht</li><li>gleicher Querschnitt</li><li>über Dach</li></ul>
Anordnung der Mündung	<ul><li>in der freien Windströmung</li><li>nahe an der Traufkante (Abstand: $a \leq 10\,m$); (s.a. Abbildung 2.2-7)</li><li>Die Höhe der Mündung muss betragen: $h'_S \geq a$ (s.a. Abbildung 2.2-7)</li></ul> Bei Gebäuden, deren Breite $2*a \geq 20\,m$ ist, ist a der Abstand zu der am weitesten entfernten Traufkante.
Einfluss von benachbarten Gebäuden	Beträgt der Abstand zwischen den Gebäuden $\leq 6*\Delta h$, so sind die Bedingungen nach Abbildung 2.2-7 einzuhalten.

Der erforderliche Schachtquerschnitt ergibt sich zu

$$A_{Schacht} = q_V / v \quad \text{in m}^2$$

mit v Geschwindigkeit im Schacht in m/s (überschlägig nach Abbildung 2.2-8)

q_V abzuführender Luftvolumenstrom, ergibt sich aus der abzuführender Belastung (Wärme- oder Schadstofflast) bzw. dem Luftwechsel n des zu belüftenden Raums.

Die Unterdruckwirkung an der Schachtmündung kann verstärkt werden durch bauliche Lüftungsaufsätze, z.B. die „Meidinger Scheibe" (Abbildung 2.2-9).

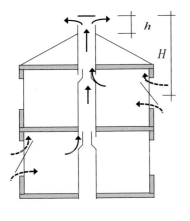

Abb. 2.2-6
Schema der Schachtlüftung

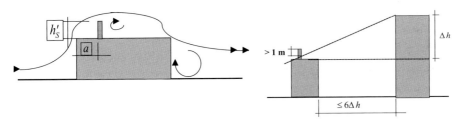

a erforderliche Höhe h'_S von Lüftungsschächten bei Flachdächern

b erforderliche Höhe Δh von Lüftungsschächten auf niedrigen Gebäuden, die sich
in der Nähe höherer Gebäude befinden

Abb. 2.2-7 Maßskizze für die Anordnung von Lüftungsschächten

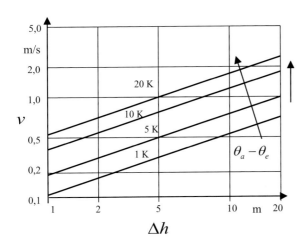

Abb. 2.2-8
Luftgeschwindigkeit v in
Lüftungsschächten in
Abhängigkeit von der
wirksamen Höhe Δh und
der Temperaturdifferenz
$\theta_a - \theta_e$ nach [2-15]

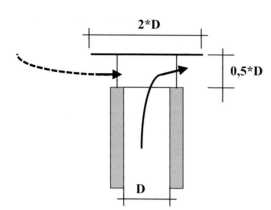

Abb. 2.2-9
Prinzipskizze „Meidinger Scheibe"

2.2.4 Dachaufsatzlüftung

Die Dachaufsatzlüftung hat sich im Allgemeinen in industriell genutzten Gebäuden mit großen inneren Kühllasten Φ_N, aber auch in großen verglasten Hallenkonstruktionen unter sommerlichen Bedingungen durchgesetzt ([2-12], [2-15]). Der Dachaufsatz ist dabei die Abluftöffnung. Die Zuluft wird über regelbare Öffnungen in der Außenwand (z.B. Fenster, Jalousienklappen) zuströmen (Abbildung 2.2-10). Gegen negativ wirkende Windeinflüsse sollten Windabweiser am Dachaufsatz angeordnet werden.

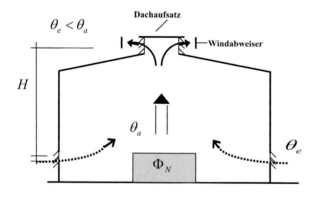

Abb. 2.2-10
Prinzipskizze einer Dachaufsatzlüftung

Unter winterlichen Bedingungen ist der durch die Druckdifferenz geförderte Luftvolumenstrom durch Veränderung des Querschnittes der Lüftungsfläche zu reduzieren, um

- Zugerscheinungen und
- Durchfallen von **Kaltluftsträhnen**

zu vermeiden.

Bei den Zuluftöffnungen ist darauf zu achten, dass sie sich durch eine ausreichende effektive Fläche A_k und einen geringen Strömungswiderstand auszeichnen.

2.2.5 Rauch- und Wärmeabzugsanlagen (RWA)

Eine besondere Form der Dachaufsatzlüftung und der Fensterlüftung stellen die Raum- und Wärmeabzugsanlagen dar. Sie können in der Einzelfunktion als auch in der Doppelfunktion eingesetzt werden und gleichzeitig die Funktion als Belichtungselement und als Lüftungselement übernehmen.

Rauchabzugsanlagen

Diese Anlagen dienen zur Abführung von Raum und Wärme und zur Schaffung von rauchfreien Schichten über dem Fußboden. Die Abluftöffnungen können sowohl im Dach als auch im oberen Bereich von Wänden angeordnet werden. Auch ein Fenster kann die Funktion übernehmen.

Die Wirkung des natürlichen Rauchabzugs hängt ab, u.a. von

- der Größe und Lage der Zuluftfläche,
- der aerodynamisch wirksamen Öffnungsfläche des Rauchabzugs,
- dem Windeinfluss (Anströmsituation),
- den Strömungsverhältnissen am Gebäude bzw. Gebäudekonfiguration und
- dem Öffnungszeitpunkt.
- Umfangreiche und aktuelle Informationen zu Rauchabzügen können [2-17] entnommen werden. Folgende Hinweise nach [2-17] sollten beachtet werden:
- die Rauchabzüge sollten gleichmäßig verteilt innerhalb eines Rauchabschnitts angeordnet werden (Beispiel in den Abbildungen 2.2-11 und 2.2-12) und die angegebenen Mindestabstände einhalten,
- die Festlegung eines Rauchabschnitts ist eine Funktion von Brandlast, Brandausbreitungsgeschwindigkeit, Raumhöhe und Dicke der raucharmen Schicht,
- je Rauchabschnittsfläche ist mindestens ein Rauchabzug einzubauen,
- Rauchabzüge dürfen nicht in einer zu erwartenden Überdruckzone auf einer Dachfläche eingebaut werden,
- Rauchabzüge müssen über Handauslösung und durch automatisch auf Wärme und/oder Rauch wirkende Auslöser aktiviert werden können und
- Rauchschürzen müssen den genormten Bedingungen entsprechen.

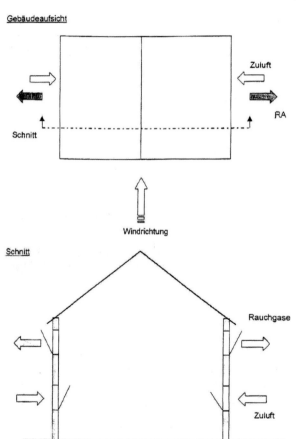

≤ 10 m

≤ 20 m

Rauchabschnitt 1

Rauchschürze

≤ 20 m

Rauchabschnitt 2

Dachaufsicht

Abb. 2.2-11
Regeln für den Einbau
von Rauchabzügen
nach [2-17]

Gebäudeaufsicht

Zuluft

RA

Schnitt

Windrichtung

Schnitt

Rauchgase

Zuluft

Abb. 2.2-12
Schema für den Einbau
von Rauchabzügen an
Wandflächen nach
[2-17]

Wärmeabzugsanlagen

Wärmeabzugsanlagen werden oft in Hallen aus ungeschütztem Stahl gefordert. Die erforderliche Lüftungsfläche A_k ist eine Funktion der Brandlast. Nach [2-17] ergeben sich folgende Werte (Tabelle 2.2-6).

Tab. 2.2-6   Richtwerte für die Lüftungsflächen nach [2-17]

Brandlast	Lüftungsfläche A_k
Hoch , Grundfläche kleiner als 2 500 m²	5 % der Grundfläche
Niedrig oder mit punktförmiger hoher Brandlast	3 % der Grundfläche
Sehr niedrig	Brandlastberechnung notwendig

Da Wärmeabzüge im Allgemeinen erst deutlich über 100 °C öffnen, können sie nicht als Rauchabzüge genutzt werden. Sind Rauchabzüge vorhanden, so können deren Flächen auf den Wärmeabzug angerechnet werden.

Lichtbänder bzw. Lichtkuppeln lassen sich als RWA einsetzen, wobei darauf geachtet werden sollte, dass das Material mindestens Baustoffklasse B 1 aufweist. Die aus wärmetechnischer bzw. energetischer Sicht günstigen Isoliergläser dürfen nicht als Wärmeabzug eingesetzt werden.

Die Kombination von Rauchabzug und Belichtungselement kommt sehr häufig zur Anwendung (s.a. Abbildung 2.2-14).

2.2.6   Anwendungsbeispiele für Kombinationen der „Freien Lüftung"

Mit dem Einsatz von Glas als Konstruktionsmaterial, dem Bestreben möglichst und mit natürlichen Mitteln zu lüften, Fenster in einem Raum, vor allem in hohen Gebäuden, öffnen zu können und Schall- und Windbelastungen zu reduzieren, werden die vorgenannten Systeme kombiniert. An Beispielen werden Lösungsvarianten vorgestellt.

Beispiel 2.2-1:

Für die Belüftung eines Warenhauses in Großbritannien (UK) wurde unter Nutzung der inneren Kühlasten (Mensch (Φ_P), Beleuchtung (Φ_B); $\Phi_N = \Phi_P + \Phi_B$)) die „Freie Lüftung" in Form der Schachtlüftung eingesetzt. Die Außenluftansaugung konnte wegen starker Verkehrsbelastung nicht an der Außenwand liegen. Der Außenluftschacht ist großzügig bemessen, um die Druckverluste infolge der Strömung zu minimieren. Die natürliche Belüftung kann auch während der Nachtstunden ohne Beeinträchtigung durch einzuhaltende Sicherheitsaspekte erfolgen.

Die thermische Speicherfähigkeit der Bauwerksmassen bewirkt einerseits die Dämpfung der Kühllast am Tag und andererseits in der Nacht bei niedrigeren Außenlufttemperaturen durch die Entspeicherung, dass neben der vorhandenen Temperaturdifferenz als zusätzliche treibende Kraft die frei werdende Wärme genutzt werden kann. Die Entspeicherung ermöglicht günstige raumklimatische Bedingungen bei der Öffnung der Verkaufsräume.

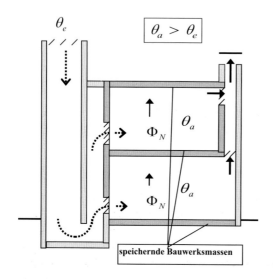

Abb. 2.2-13
Prinzipskizze : Anwendung der Schacht-lüftung in UK

Beispiel 2.2-2:

Der Foyerbereich eines Kinos in Dresden (D) wurde vollständig in Glas ausgeführt. Die sich einstellenden hohen Kühllasten durch Sonnenstrahlung Φ_S bewirken ein Ansteigen der Raumlufttemperatur im oberen Bereich des Raumes. Mit der Anord-nung einer großen öffenbaren Fläche im unteren Bereich und im Dach (wobei zusätzlich noch die RWA-Öffnungen genutzt werden können) ist eine ausrei-chende Belüftung bei unkritischen Luftgeschwindigkeiten im Aufenthaltsbereich an den frei stehenden Treppen und Zugängen zum Kinobereich gegeben.

Die Zuluftöffnungen sind so angeordnet, dass auch außerhalb der Nutzungszeit die „Freie Lüftung" genutzt werden kann, ohne dass zusätzliche Sicherheitsmaßnah-men für das Gebäude erforderlich sind. Die eine Innenwand besteht aus Sichtbeton und der Fußbodenbelag ist aus speicherndem Material ausgeführt. Zusätzlich besteht am Betonkern für den Aufzug ein Potenzial zur Speicherung von Wärme, sodass auch bei geringen Kühllasten durch die Entspeicherung eine ausreichende Temperaturdifferenz als treibende Kraft zur Verfügung steht.

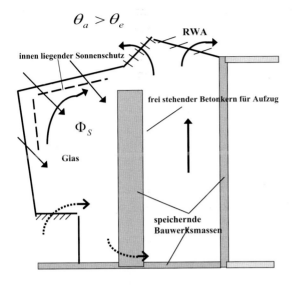

$\theta_a > \theta_e$

RWA

innen liegender Sonnenschutz

frei stehender Betonkern für Aufzug

Φ_S

Glas

speichernde Bauwerksmassen

Abb. 2.2-14
Prinzipskizze : „Freie Lüftung"
in einem Foyer eines Kinos in
Dresden (D)

Beispiel 2.2-3:

Der Zentralbereich der Neuen Messe Leipzig (D) ist eine einfach verglaste Glashalle (Breite: ca. 78 m, Höhe: ca. 30 m, Länge: ca. 180 m). Die hohe Kühllast durch Sonnenstrahlung Φ_S, aber auch innere Kühllasten durch Besucher ($\Phi_N = \Phi_M$) ermöglichen die Anwendung der Dachaufsatzlüftung im Sommer. Die Außenluft strömt über Öffnungen aus Glaslamellen im Bereich bis 2,5 m über Oberkante (OK) Fußboden in die Halle.

Zusätzlich kann durch die Umströmung und das Anströmen dieses Bauwerks durch den Wind die „Freie Lüftung" unterstützt werden. Die sich einstellenden möglichen Strömungsbedingungen bei Windeinfluss, aber auch infolge des thermischen Auftriebs wurden zweckmäßigerweise in einem Strömungs- und Windkanal untersucht.

Da die thermische Belastung durch Sonnenstrahlung sehr groß ist, wurde der Fußboden gekühlt, indem die vorhandene Fußbodenheizung mit Kaltwasser beaufschlagt wird.

Die möglicherweise außerhalb des Behaglichkeitsbereichs liegenden auftretenden Raumlufttemperaturen θ_a bzw. operativen Temperaturen können θ_O nur dann akzeptiert werden, wenn die Aufenthaltsdauer der Personen im Allgemeinen unter 0,5 Stunden beträgt.

Eine Möglichkeit, die angesaugte Außenluft vorher zu kühlen, kann darin bestehen, dass im Ansaugbereich Wasserflächen angeordnet (z.B. Hardenberghaus in Dortmund (D)) oder Wasser versprüht oder verrieselt wird (Abbildung 2.2-16). Dieser

Effekt, thermodynamisch als ***adiabate Kühlung*** (s.a. 2.4.2) bezeichnet, kann eine Temperaturabsenkung von 2 bis 4 K hervorrufen.

Allerdings steigt bei diesem Vorgang der Feuchtegehalt der Luft (absolute Feuchte und relative Feuchte φ_D) stark an, und diese feuchte Luft kann gegebenenfalls bei Kontaktierung mit kühlen Flächen Kondensaterscheinungen (Taupunktunterschreitung) bewirken.

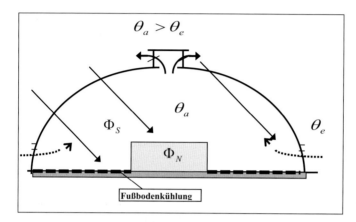

Abb. 2.2-15
Prinzipskizze: Dachaufsatzlüftung für eine Messehalle (Zentralbereich)

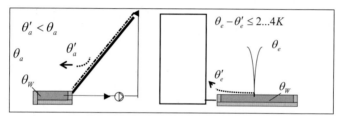

Abb. 2.2-16
Prinzipskizze: Beispiele der Luftkühlung durch adiabate Kühlung

Beispiel 2.2-4: Vorhangfassaden („Klimafassaden")

Vorhangfassaden (auch als „Klimafassaden" bezeichnet) finden immer öfter in der modernen Architektur Anwendung. Der Grund ist u.a. darin zu suchen, dass die Nutzer von Räumen in Gebäuden, die im durch Verkehrslärm geprägten innerstädtischen Bereich liegen oder sich in Hochhäusern (Vermeidung des Einflusses von Windkräften) befinden, auf die Möglichkeit der Fensterlüftung nicht verzichten möchten. Weiterhin sollen die äußere Wärmebelastung im Sommer und die Wärmeverluste im Winter reduziert werden. Es wurden verschiedene modifizierte Formen der Schachtlüftung entwickelt, die u.U. auf eine Unterstützung durch mechanische Entlüftung zurückgreifen sollten bzw. müssen.

Es wurden u.a. folgende Bauformen definiert und realisiert:

- Unsegmentierte Vorhangfassade
- Umluftfassade
- Korridorfassade

- Kasten-Kasten-Fassade
- Schacht-Kasten-Fassade
- Hybrid-Fassaden

Die Abbildungen 2.2-18 bis 2.2-23 zeigen schematische Lösungsvarianten. Grundsätzlich bieten diese Lösungen den Vorteil, die akustische Belastung im genutzten Raum durch die Umgebung zu reduzieren.

Zu beachten ist: Die Strömungswiderstände sind geringer zu halten als der durch den thermischen Auftrieb entstehende Druck. Dies kann u.a. dadurch erreicht werden, dass
- der Schacht möglichst eine Breite > 0,50 ... 0,80 m aufweist,
- der „Freie Querschnitt" in der Ansaugöffnung wie in der Fort- bzw. Abluftöffnung möglichst groß ist,
- die Geschwindigkeiten im Schacht und in den Lufteintritts-, Luftaustrittsöffnungen und den Überströmöffnungen klein sind (möglichst < 1,5 m/s),
- die Fenster eine gute Lüftungseffektivität aufweisen,
- eine ausreichende Schachthöhe Δh vorhanden ist und
- die Wärmebelastung durch Sonnenstrahlung Φ_S genutzt wird

Tab. 2.2-7   Vor- und Nachteile von Doppel- oder "Klima"-fassaden

Vorteile	Nachteile
Verbesserung des äußeren Schallschutzes durch das vorgehängte Fassadenelement	im Sommer Lufttemperaturen im Fassadenzwischenraum, die höher sind als die Außenlufttemperatur
Verringerung der Transmissionswärmeverluste im Winter	Ansaugung von erwärmter Luft aus der Grenzschicht der Fassade
Möglichkeit der partiellen Fensterlüftung bei hohen Gebäuden infolge geringerer Windbelastung in der Kernzone	Schallübertragung an den „schallharten" Innenflächen
Witterungsgeschützte Anordnung des äußeren Sonnenschutzes	kaum verifizierbare Strömungsverhältnisse in dem Zwischenraum
Möglichkeit einer Nachtkühlung bei Gewährleistung des Einbruchschutzes	Erhöhter Aufwand sowohl für die Fassadenreinigung als auch Wartung der Regelorgane (z.B. Zuluft- bzw. Abluftklappen)
Möglichkeit der Reduzierung der Betriebszeit einer RLT-Anlage durch Fensterlüftung	Erhöhter investiver Mehraufwand gegenüber einschaligen Fassaden ((Faktor: 2 bis 4)
u.U. Möglichkeit von zentraler oder dezentraler Wärmerückgewinnung	Einhaltung der Brandschutzbestimmungen

In [2-18] werden verschiedene Fassadenkonzepte vergleichend bewertet und beschrieben. Ergänzend zu Tabelle 2.2-7 zeigt Tabelle 2.2-8 einen verbalen Vergleich nach [2-18].

Tab. 2.2-8 Fassadenkonzepte im Vergleich nach [2-18]

	Schall-dämmwir-kung bei natürlicher Lüftung	Schall-/Geruchs-übertra-gung über den Fassa-denzwi-schenraum	Überhit-zung des Fassaden-zwischen-raums	Platzbedarf	Reini-gungs-aufwand
Lochfassade	gering	-	-	gering	gering
Elementfassade	gering	-	-	sehr gering	mittel
Prallscheibe	mittel	-	gering	gering	mittel
Wechselfassade	hoch	-	hoch	mittel	mittel
Kastenfenster	hoch	-	hoch	mittel	hoch
Unsegmentierte Doppelfassade	sehr hoch	hoch	sehr hoch	hoch	sehr hoch
Korridorfassade	hoch	mittel	hoch	hoch	hoch
Steuerbare Doppelfassade	variabel	variabel	gering	hoch	sehr hoch

Ein Beispiel für eine ausgeführte unsegmentierte Vorhangfassade zeigen Abbildung 2.2-17 a und b. In diesem Beispiel dient die Fassade vorrangig dem Schallschutz gegenüber einer verkehrsreichen Straße und einem Bahnhof.

Abb. 2.2-17 a+b Unsegmentierte Vorhangfassade

Bei diesen Lösungen dürfen folgende Aspekte nicht unterschätzt werden:

- die Einhaltung der Brandschutzbedingungen,
- die Reinigung der Außenseite des Fensters und der Innenseite der Glasvorhangfassade und
- die Ansaugung von erwärmter Luft von der sich ausbildenden Grenzschicht an der Fassadenoberfläche (im Sommer besonders problematisch).

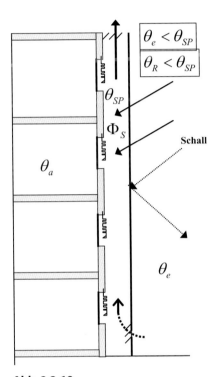 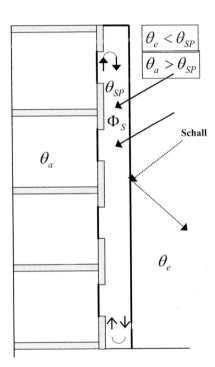

Abb. 2.2-18

Prinzipskizze: Vorgehängte Fassade

Sommerbetrieb

- Lüftungsklappen unten und oben weit geöffnet
- Kühllast durch Sonnenstrahlung erhöht die Spalttemperatur und verstärkt den thermischen Auftrieb
- äußerer Sonnenschutz verhindert Strahlungsbelastung der Räume
- Fenster sollten während des Tages geschlossen bleiben, nur unterbrochene Lüftung
- bei geöffnetem Fenster ist aufgrund der schallharten Vorsatzschale die Luftschallübertragung von einem Raum zum anderen Raum erhöht

Abb. 2.2-19

Prinzipskizze: Vorgehängte Fassade

Winterbetrieb

- Lüftungsklappen unten und oben weitestgehend geschlossen, erforderlicher Außenluftvolumenstrom sollte dem Mindestaußenluftanteil entsprechen
- Kühllast durch Sonnenstrahlung erhöht die Spalttemperatur und verringert den Transmissionswärmeverlust
- im Spalt bildet sich eine konvektive Eigenströmung aus, indem sich die Luft an der kalten Glaswand abkühlt
- bei geöffnetem Fenster ist aufgrund der schallharten Vorsatzschale die Luftschallübertragung von einem Raum zum anderen Raum erhöht

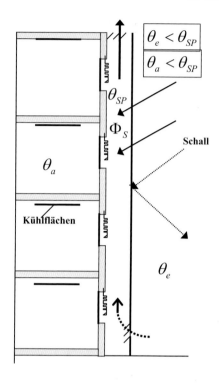

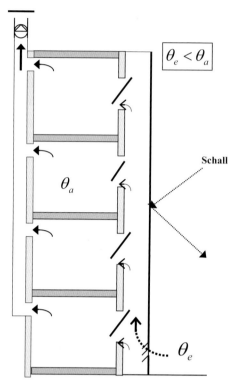

Abb. 2.2-20

Prinzipskizze: Vorgehängte Fassade
**Sommerbetrieb
am Tag bei Strahlungsbelastung**

- Lüftungsklappen unten und oben weit geöffnet
- Kühllast durch Sonnenstrahlung erhöht die Spalttemperatur und verstärkt den thermischen Auftrieb
- äußerer Sonnenschutz verhindert Strahlungsbelastung der Räume
- Fenster sollten während des Tages geschlossen bleiben, *nur unterbrochene Lüftung*
- bei geöffnetem Fenster ist aufgrund der schallharten Vorsatzschale die Luftschallübertragung von einem Raum zum anderen Raum erhöht
- Abbau der Kühllast durch Kühlflächen

Abb. 2.2-21

Prinzipskizze: Vorgehängte Fassade
**Sommerbetrieb
am Tag ohne Strahlungsbelastung und in der Nacht**

- Lüftungsklappen unten offen und oben weitestgehend geschlossen
- Fenster sind geöffnet
- Abluft wird mechanisch abgesaugt
- Luftvolumenstrom kann besonders nachts wesentlich größer sein als am Tag, um durch intensive Nachtkühlung eine Entspeicherung der Bauwerksmassen zu erreichen
- Sicherheit der Räume ist gewährleistet
- u. U. kann Abluftventilator auch als Rauchabzug genutzt werden
- zu beachten sind jedoch die Brandschutzbestimmungen

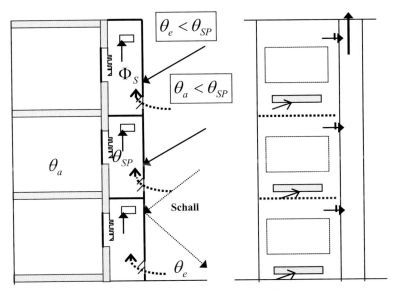

Abb. 2.2-22 Prinzipskizze: Vorgehängte geteilte Fassade
Sommerbetrieb, am Tag bei Strahlungsbelastung

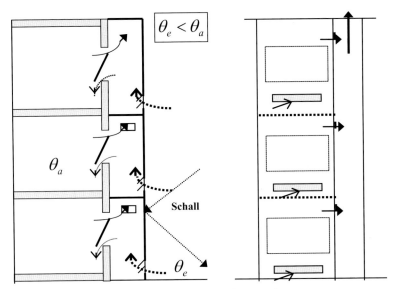

Abb. 2.2-23 Prinzipskizze: Vorgehängte geteilte Fassade
Sommerbetrieb, Fensterlüftung bei $\theta_e < \vartheta_a$

Ein Lösungsansatz besteht u.a. darin, dass die Außenfassade in zwei Bereiche unterteilt wird. Während im Fensterbereich die Außenluft zugeführt wird, erfolgt die Abluftführung über den Bereich der monolithischen Außenwand. Die einzelnen

Geschosse sind zuluftseitig abgeschottet, während der Abluftschacht durchgängig ausgeführt ist. Die zuluftseitige Abschottung bietet brandschutztechnische und akustische Vorteile.

Abbildung 2.2-22 ist der Zustand der sommerlichen Belastung dargestellt, wobei die Fenster mit einem wirksamen äußeren Sonnenschutz versehen sind. Abbildung 2.2-23 zeigt dagegen den Zustand, dass Fensterlüftung bei $\theta_e < \theta_a$ angewendet werden kann und die Abluft aus dem Raum in den gemeinsamen Abluftschacht überströmen kann.

Beispiel 2-5.1: Kombination: Freie Lüftung – RLT-Anlage (Zuluft)

Für die Belüftung einer Mall in einem Einkaufszentrum in Halle (D) erfolgt die Belüftung des Aufenthaltsbereiches über eine Wurflüftung (s.a. 2.5.4) mit verstellbaren Düsen. Die Abluft wird über die Fensterlüftung (gleichzeitig RWA) abgeführt. Durch die Wurflüftung wird ein Teil der erwärmten Luft aus dem oberen Bereich angesaugt (Abbildungen 2.2-24 und 2.2-25). Für den Fall, dass die RLT-Anlage nicht in Betrieb ist, kann über die Freie Lüftung der obere Bereich der Mall belüftet werden. Dabei wird der Aufenthaltsraum kaum beeinflusst werden.

Zu beachten ist: Ein gleichzeitiges Wirken von „Fensterlüftung" und „Zuluft über RLT-Anlage – Abluft über Fenster" ist *nicht sinnvoll* und führt zu unkontrollierten Raumströmungsverhältnissen.

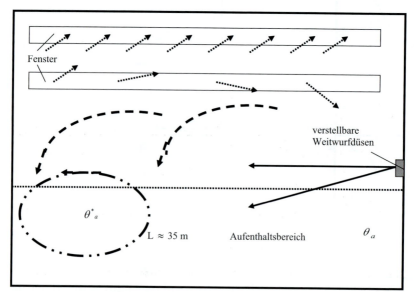

Abb. 2.2-24 Prinzipskizze: Zuluft (RLT) und Abluft (Fensterlüftung) in einer Mall eines Einkaufszentrums

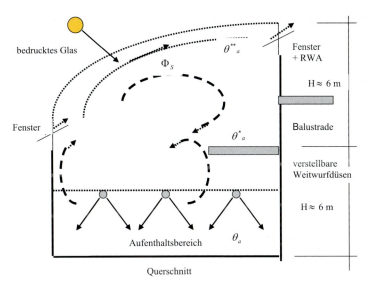

Abb. 2.2-25 Prinzipskizze: Zuluft (RLT) und Abluft (Fensterlüftung) und Fensterlüftung für den oberen Bereich in einer Mall eines Einkaufszentrums

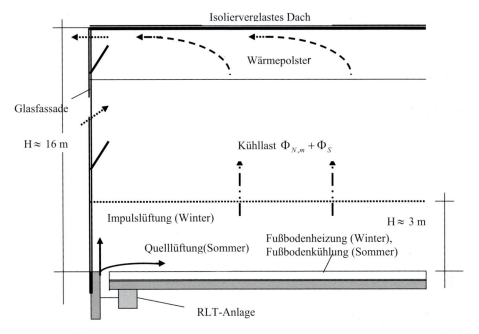

Abb. 2.2-26 Prinzipskizze: Zuluft (RLT) und Abluft (Fensterlüftung) für einen Kongresssaal

133

Beispiel 2.2-5.2: Kombination: Freie Lüftung – RLT-Anlage (Zuluft)

Für die Belüftung einer verglasten Kongresshalle in Wien (A) wurde für den Sommerfall eine Kombination von RLT-Anlage und Fensterlüftung gewählt (Abbildung 2.2-26).

Die Zuluft wird als Quelllüftung im Fußbodenbereich zugeführt, um im Aufenthaltsbereich zulässige operative Raumlufttemperaturen zu gewährleisten. Zur Abführung weiterer Kühllasten und zur Kompensation der Strahlungsasymmetrie infolge der Dachverglasung erfolgt eine Fußbodenkühlung. Die Abluft kann frei über ein Fenster, welches im Bereich des Wärmepolsters angebracht wird, abströmen. Im Fall der Nichtnutzung des Gebäudes kann auf die Fensterlüftung über das untere Fenster zurückgegriffen werden, dessen Abstand zur Oberkante (OK) Erdreich, so gewählt werden soll, dass eine ausreichende Höhendifferenz gegeben ist und notwendige Sicherheitsforderungen gewährleistet werden. Auch hier gilt, dass *beide Systemlösungen getrennt betrieben* werden sollten.

Beispiel 2.2-6: Kombination: Freie Lüftung – RLT-Anlage (Abluft)

Für die Belüftung von Büroräumen in den Niederlanden wurde die Lösung nach Abbildung 2.2-27 vorgeschlagen. Dabei strömt die Zuluft frei über entsprechende Außenluftdurchlasselemente (ALD) in den Raum. Je nach Beaufschlagung des so genannten „Klimasegels" erfolgt eine Kühlung bzw. Erwärmung der Außenluft. Der notwendige Unterdruck wird durch die mechanische Absaugung gewährleistet. Die Raumströmung wird zusätzlich durch eine Induktion von Raumluft nahe dem Fenster in Gang gesetzt.

Beispiel 2.2-7: Freie Lüftung (Fortluft) über ein Atrium – Zuluft über Fensterlüftung bzw. mechanische Zuluftzuführung

Atrien kommen u.a. zur Anwendung, um

- bei größeren Gebäudetiefen eine ausreichende Tageslichtbeleuchtung gewährleisten zu können
- einen Erlebnisbereich und Aufenthaltsbereich u.a. mit Grünpflanzen, Wasserflächen für Personen zu schaffen
- über natürliche Lüftung Abluft abzuführen und
- u.U. Zuluft für die zum Atrium gewandten Räume zuzuführen.

In [2-18] werden unterschiedliche Konzepte zur Einbindung des Atriums in Lüftungskonzepte dargestellt und bewertet.

Die oft dargestellten Lüftungsschemen stellen Momentaufnahmen unter ganz bestimmten Randbedingungen dar. Die Strömungsverhältnisse im Atrium sind im Allgemeinen sehr kompliziert und sollten durch geeignete, jedoch aufwendige Strömungssimulationsrechnungen überprüft werden.

Die Abbildungen 2.2-28, 2.2-29 a und b zeigen schematisch zwei realisierte Lösungen in Dresden.

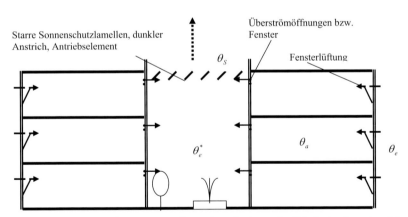

Oberseite: Heizung bzw. Kühlung: Konvektiv und Strahlung, Aufheizen und Abkühlen der Bauwerksmasse

Unterseite: Schallabsorption und Tageslichtreflexion

Abb. 2.2-27 Prinzipskizze: Anwendung Klimasegel und Zuluft über Außenluftdurchlasselemente (ALD)*(Vorschlag: niederl. Architekt)*

Abb. 2.2-28 Prinzipskizze: Anwendung eines Atriums als Abluftschacht – Antriebselement ist u.a. dunkel gestrichener starrer Sonnenschutz

Die Steuerung der Fensteröffnung soll automatisch in Abhängigkeit der Raumlufttemperatur θ_a, der äußeren akustischen Belastung und der Winddrücke am Gebäude erfolgen.

Abbildung 2.2-29 a zeigt den Schnitt durch ein Forschungsinstitut, wobei die raumlufttechnische Erschließung (Abluft) und für Labore die Zu- und Abluft über Steiger im Mittelbereich erfolgt.

Beispiel 2.2-8: Intensive Nachtlüftung

Im Hinblick auf das sommerliche Raumklima und den sommerlichen Wärmeschutz wird in DIN 4108, T 2 [2-19] auf die intensive Nachtlüftung hingewiesen, wobei dabei im Allgemeinen von einer Fensterlüftung ausgegangen wird. Die in [2-19] angegebenen Grenzen

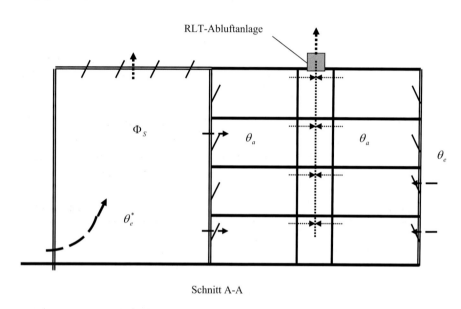

Schnitt A-A

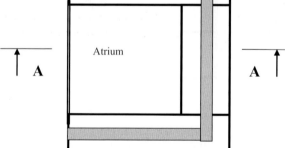

Abb. 2.2-29 a+b Prinzipskizze Schnitt A-A und Grundriss: Atrium als „Klimapuffer" und zur Tageslichtbeleuchtung der nach innen ausgerichteten Räume

sind kaum nachvollziehbar. Aus [2-20] kann abgeleitet werden, dass bei einem ausreichend großer Außenluftwechsel ($n_{AUL} = n_{ODA} \geq 8\ldots 12$ 1/h) und einer ausreichenden thermischen Speicherfähigkeit der Raumumschließungskonstruktion die intensive Nachtlüftung spürbare Effekte bewirken kann. Jedoch sind zusätzlich die Randbedingung der inneren nutzungsbedingten Kühllast $\Phi_{N,m}$ zu berücksichtigen, die heute in Größenordnungen von $\varphi_{N,m} = 30$ bis 70 W/m² liegen können.

Ob mit einer Fensterlüftung der o.g. Außenluftwechsel erreicht werden kann, hängt u.a. von Lüftungsdauer, Lüftungseffektivität der Fensterkonstruktion, Schallschutz, Sicherheit (Einbruch) und vor allem von der ausreichenden Druckdifferenz für thermischen Auftrieb ab.

Der Druckunterschied ist im Allgemeinen und insbesondere unter sommerlichen Verhältnissen relativ gering, da die Temperaturdifferenz zwischen der Raumluft und der Außenluft nur in einer Größenordnung von 8 bis 12 K liegen wird. Dies bedeutet, dass $\Delta p_A \approx 0{,}2\ldots 0{,}4 * \Delta h$ (in Pa) erreichen kann.

Ob dadurch eine ausreichende intensive Durchströmung des Raumes bzw. stabile Raumströmung gewährleistet werden kann, erscheint sehr fraglich. Eine stabile Durchströmung des Raumes ist aber notwendig, damit alle speichernden Raumumschließungskonstruktionen mit der Luft in Kontakt kommen können.

> ***Zu beachten ist,*** dass in dem Fall, wenn dem Raum durch die intensive Nachtlüftung kühlere Außenluft zugeführt wird und keine ausreichenden „thermischen Auftriebskräfte" im Raum vorhanden sind, die wirksame Speicherfläche auf den Fußboden beschränkt bleibt, weil die kühlere Luft analog zur „Quelllüftung" nur im Fußbodenbereich wirksam ist.

Eine intensive Nachtlüftung mit spürbarem Effekt kann nur in
- Kombination: Fensterlüftung und mechanische Abluftanlage (Abb. 2.2-30) oder
- einer RLT-Anlage, die in den Nachtstunden einen hohen Zuluftwechsel bzw. Außenluftwechsel in der Größenordnung von $n_{AUL} = n_{ODA} \approx 6$ bis 10 1/h gewährleisten kann.

Tabellen 2.2-9 und 2.2-10 nach [2-20] geben beispielhaft den Einfluss des Außenluftwechsels der speicherwirksamen Masse auf die mittlere Raumlufttemperatur und die maximale Raumlufttemperatur wieder.

Tab. 2.2-9 Sommerliche Raumlufttemperaturen als Funktion des Außenluftwechsels (intensive Nachtlüftung) bei konstanter innerer nutzungsbedingter Wärmelast und „leichte" Bauwerksklasse

$\theta_{a,m}$	$\theta_{a,max}$	$\hat{\Theta}_a$	$n_{AUL} = n_{ODA}$	$\varphi_{N,m}$
in °C	in °C	in K	in 1/h	in W/m²
26,6	31,6	5,0	0,1	56
25,3	31,3	6	5	56
24,6	31,2	6,6	10	56
24,0	31,1	7,1	20	56

Tab. 2.2-10 Sommerliche Raumlufttemperatur als Funktion des Außenluftwechsels (intensive Nachtlüftung) bei konstanter innerer nutzungsbedingter Wärmelast und „schwere" Bauwerksklasse

$\theta_{a,m}$	$\theta_{a,max}$	$\hat{\Theta}_a$	$n_{AUL} = n_{ODA}$	$\varphi_{N,m}$
in °C	in °C	in K	in 1/h	in W/m²
26,2	29,9	3,7	0,1	56
24,8	29,5	4,7	5	56
24,0	29,3	5,3	10	56
23,3	29,1	5,8	20	56

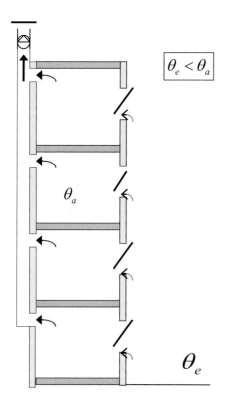

$\boxed{\theta_e < \theta_a}$

θ_a

θ_e

Abb. 2.2-30
Prinzipskizze: Fensterlüftung und Abluft-anlage für die intensive Nachtlüftung

2.3 Außenluftansaugung/ Fortluftführung

Die Außenluftansaugung und die Fortluftöffnungen sollten möglichst so angeordnet werden, dass

- im angeschlossenen Luftleitungssystem der Druckverlust und somit der Energieaufwand gering ist
- die Außenluft möglichst trocken, sauber und im Sommer kühl angesaugt werden kann und
- die Fortluft so ins Freie geführt wird, dass Gesundheitsrisiken oder schädliche Auswirkungen auf das Gebäude, die sich darin befindlichen Personen oder die Umwelt gering sind.

Die Anordnung der Fortluftöffnung hängt im Wesentlichen von der Fortluftqualität ab (s. a. Tabelle 2.1-10)

2.3.1 Außenluftansaugung

Die Fassadengestaltung eines Gebäudes kann erheblich durch die notwendige Außenluftansaugung geprägt und auch durch deren Anordnung auf dem Dach oder im Freiraum außerhalb des Gebäudes beeinflusst werden. Beispiele zeigen die Abb. 2.3-1 a und b. Unsachgemäße Ausführung der Tropfrinne am Ansauggitter kann zu Bauschäden an der Fassade führen (z. B. farbliche Veränderungen, Schmutzablagerungen).

Abb. 2.3-1
a (links)   Außenluftansaugung und Fortluftgitter an einem Laborgebäude
b (rechts)   Außenluftansaugung an einem Bürogebäude

[2-7] (Anhang A) beschreibt folgende Empfehlungen, die zu berücksichtigen, jedoch auch von den lokalen Klimabedingungen abhängig sind:

- Der horizontale Abstand zwischen der Außenluftansaugung und einer Schadstoffquelle wie z.B. Abfallsammelstellen, Parkplätze, Fahrwege, Kanalentlüftungsöffnungen, Schornsteine sollte nicht geringer als 8 m sein;
- Keine Anordnung in der Hauptwindrichtung von Verdunstungs-Kühlanlagen oder in deren unmittelbaren Nähe;
- Nicht an Fassaden von belebten Straßen, wenn nicht zu vermeiden, so hoch wie möglich über OK Erdreich bzw. Boden;
- Nicht an Stellen, wo eine Rückströmung von Fortluft oder Störung durch Verunreinigungen bzw. Geruchsemissionen zu erwarten ist;
- Nicht direkt über OK Erdreich, mindestens über das 1,5fache der Dicke der zu erwartenden Schneehöhe;
- Möglichst nicht auf dem Dach, sondern in der bevorzugt vom Wind angeströmten Gebäudeseite;
- Möglichst nicht in Bereichen, deren Oberflächen im Sommer übermäßig erwärmt werden;
- Die maximale Strömungsgeschwindigkeit in der Öffnung sollte $\leq$ 2 m/s sein;
- Die Möglichkeiten der Reinigung und Wartung sollten berücksichtigt werden.

Tabelle 2.3-1 fasst wesentliche zu beachtende, in technischen Regeln determinierte Bedingungen zusammen. Die Abbildungen 2.3-2 und 2.3-3 veranschaulichen schematisch die Aussagen der Tabelle 2.3-1.

Tab. 2.3-1 Hinweise zur Außenluftansaugung

Lage	<ul><li>an der Außenwand</li><li>über Dach</li><li>Ansaugbauwerk</li></ul>
Forderungen	<ul><li>> 2...3 m über Oberkante (OK) Erdreich</li><li>mindestens 2 m von einer Abluftöffnung entfernt</li><li>möglichst in freier Strömung, nicht im Unterdruckbereich bei der Gebäudeumströmung</li><li>möglichst nicht direkt über dunklen Dachflächen</li></ul>
konstruktive Gestaltung	<ul><li>Regenschutzgitter (Lamellen) mit Wasserabtropfrinne</li><li>grobes Maschendrahtgitter zur Verhinderung des Eindringens von Gegenständen</li><li>hinter dem Regenschutzgitter möglichst eine Absperrklappe (Schließen bei Frost und Ausfall des Ventilators, um Einfrieren des Vorheizers zu verhindern)</li></ul>

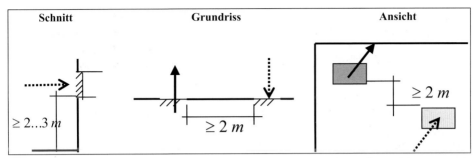

Abb. 2.3-2 Schematische Darstellung der Außenluftansaugung an der Außenwand

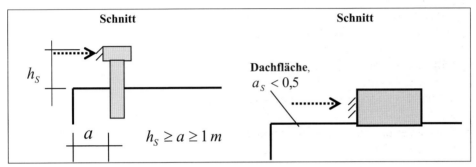

Abb. 2.3-3 Schematische Darstellung der Außenluftansaugung über Dach

Bei der konstruktiven Gestaltung der Ansaugöffnung kann in grober Näherung davon ausgegangen werden, dass $A_c \approx 1,3....1,8 * A_k$ ist.

Die freie Ansaugfläche A_k ergibt sich aus dem Luftvolumenstrom $q_{V,AUL}$ und der Luftgeschwindigkeit v im *freien* Querschnitt der Ansaugöffnung. Die Geschwindigkeit v ist $\leq 1,5$ bis 2 m/s zu wählen.

$$A_k = q_{V,AUL} / v$$

Für den Fall, dass eine Ansaugung an der Außenwand der Gebäudehülle vor allem aus gestalterischen Gründen kaum möglich ist, sollte die Ansaugung über Ansaugbauwerke (in Verbindung mit Luftbrunnen (s.a. 2.3.4)) realisiert werden. Die Ansaugbauwerke können architektonisch entsprechend gestaltet werden (Beispiele siehe Abbildung 2.3-4 a bis 2.3-4 c), aber auch zur Fortluftführung genutzt werden (Abb. 2.3-4 d), wobei aber die Aspekte nach Tabelle 2.3-1 zu beachten sind.

Abb. 2.3-4
a (oben links) Außenluftansaugung für einen Luftbrunnen
b (oben rechts) Außenluftansaugung für ein unterirdisches Bauwerk
c (unten links) Außenluftansaugung und Fortluftführung für RLT-Anlagen im Untergeschoss
d (unten rechts) Fortluftführung für ein unterirdisches Bauwerk

2.3.2 Fortluftführung

Das Ausströmen der Fortluft ins Freie der Kategorien EHA 1 und EHA 2 (s.a. Tabelle 2.1-10) gilt nach [2-7] unter folgenden Voraussetzungen:

- Abstand zwischen Fortluftöffnung und einem benachbarten Gebäude ≥ 8 m;
- Abstand zwischen Fortluftöffnung und Außenluftansaugung an der gleichen Wand ≥ 2 m;
- Der Fortluftvolumenstrom $q_{V,FOL} = q_{V,EHA} \leq 0,5$ m³/s ($\equiv 1800$ m³/h);
- Luftgeschwindigkeit an der Fortluftöffnung ≥ 5 m/s.

In allen anderen Fällen sollte die Fortluft über Dach geführt werden.

Bei der Fortluftführung sind besonders die Hinweise der Schachtlüftung (s.a. 2.2.3) zu berücksichtigen.

> *Zu beachten ist:* Die Anordnung ist so vorzunehmen, dass
> - die Fortluftöffnung möglichst in der „freien ungestörten Strömung" liegt und
> - es zu keinem Kurzschluss mit der Außenluftansaugung kommt.

Aus Tabelle 2.3-2 und den Abbildungen 2.3-2 und 2.3-5 sind Hinweise für die Anordnung und Gestaltung zu entnehmen.

Eine Fortluftführung über Lichtschächte mit Abdeckgitter (für RLT-Anlagen, aber auch für Abluft von Rückkühlwerken, Trafostationen, Tiefgaragen) ist möglich, wobei darauf zu achten ist, dass es zu keinen Beeinträchtigungen für die Nutzer der Fläche kommt. Die Luftgeschwindigkeit v sollte dann $\leq 1..1,5$ m/s sein.

Ist die Fortluft sehr feucht (z.B. bei offenen Rückkühlwerken), so kann im Winter Nebel entstehen und unter Umständen zur Feuchtebelastung der Oberfläche der Außenkonstruktion kommen.

> *Zu beachten ist*, dass die Fortluftöffnungen nicht unter öffenbaren Fenstern von Räumen, die durch Personen benutzt werden, angeordnet werden sollten.

Im Dachbereich sollte die Luftgeschwindigkeit v größer sein ($v \approx 2....6$ (10) m/s). Bei zu großer Luftaustrittsgeschwindigkeit können störende Austrittsgeräusche für umliegende genutzte Gebäude entstehen (Einhaltung der Technischen Richtlinien Lärm und Emission [2-21] und [2-22]).

Tab. 2.3-2 Hinweise zur Fortluftführung

Lage	• an der Außenwand • über Dach • über Lichtschächte
Forderungen	• nicht unter Außenluftansaugung, kein Kurzschluss zur Außenluft- ansaugung • nicht unter öffenbaren Fenstern von benutzten Fenstern • Anordnung in der „freien Strömung" • bei Entstehen von Kondensat: Entwässerung des tiefsten Punktes
Ausströmfläche	• Gitter (Lamellen, grober Maschendraht) • Verhinderung des Eindringens von Feuchtigkeit, Verunreinigungen und Tieren
Mündung der Fortluft- öffnung	• möglichst in der „freien Strömung"; Sogwirkung des Windes • nahe der Traufkante ($a < 10$ m) • Höhe h der Mündung ($h \geq a; h \geq 1$ m) • Beachtung des Einflusses von benachbarten Gebäuden

über Dach   **über Lichtschächte**

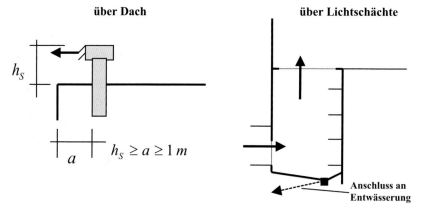

Abb. 2.3-5 Hinweise zur Anordnung der Fortluftführung

2.3.3   Abstand zwischen Außenluftansaugung und Fortluftführung

DIN EN 13779 [2-7] weist empfohlene Mindestabstände zwischen den Fortluftaus-lass- und den Außenlufteinlassöffnungen in Abhängigkeit des Luftvolumenstroms in m³/s aus (s.a. Abbildung 2.3-6) aus. Die Werte gelten für Fortluftgeschwindig-keiten ≤ 6 m/s. Bei höheren Geschwindigkeiten können die Abstände kleiner sein.

Die in Tabelle 2.3-3 [2-7] ausgewiesenen Mindestabstände sind hauptsächlich auf dezentrale Geräte mit Luftvolumenströmen $\leq 0,5$ m/s anwendbar. Die empfohle-nen Mindestabstände können nach [2-7] über einen Verdünnungsfaktor abgeleitet werden.

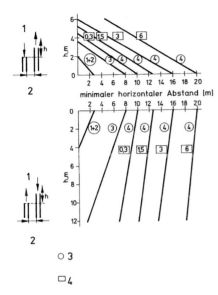

Abb. 2.3-6
Mindestabstände zwischen Fortluft- und
Außenluftöffnung nach [2-7]

Legende:
1: vertikaler Abstand: Auslass über dem
Außenlufteinlass (*oberes Bild*), Auslass unter
dem Außenlufteinlass (*unteres Bild*),
2: Abstand;
3: Kategorie Fortluft (EHA),
4: Luftvolumenstrom in der Auslassöffnung in
m³/s

Tab. 2.3-3   Mindestabstand zwischen Außenluftansaugung und Fortluftöffnung nach [2-7]

Lfd. Nr.	Darstellung (Vorderansicht)	Beschreibung	Berechnung	Randbedingung	
1		Außenluftansaugung in einer Fassade **unterhalb oder auf gleicher Höhe** mit Fortluftöffnung in benachbartem (Schräg-)Dach. Luftansaugung im Schrägdach ≥ 23° unterhalb der Fortluftöffnung in einem benachbarten Dach mit Winkel ≤ 23°	$0^o \leq \alpha \leq 15^o$ und $0^o \leq \beta \leq 75^o$ oder $15^o \leq \alpha \leq 67^o$ und $0^o \leq \beta \leq 23^o$	A B C	$l + 2 * \Delta h > 0{,}308 * \sqrt{q_v}$ $l + 2 * \Delta h > 0{,}613 * \sqrt{q_v}$ $l + 2 * 3{,}38 * \Delta h > 2{,}051 * \sqrt{q_v}$
2		Außenluftansaugung in einer Fassade **oberhalb** der Fortluftöffnung in benachbartem (Schräg-)Dach. Luftansaugung im unteren Bereich der Fassade, wobei diese auch durch eine Dachebene geteilt ist. Der Abstand zwischen Fortluftöffnung und Dachkante der vorragenden unteren Fassade sollte kleiner als 1 m sein	$0^o \leq \alpha \leq 15^o$ und $0^o \leq \beta \leq 75^o$	A B C	$l + \Delta h > 0{,}308 * \sqrt{q_v}$ $l + \Delta h > 0{,}613 * \sqrt{q_v}$ $l + \Delta h > 3{,}030 * \sqrt{q_v}$

Tab. 2.3-3 Mindestabstand zwischen Außenluftansaugung und Fortluftöffnung nach [2-7] (Forts.)

Lfd. Nr.	Darstellung (Vorderansicht)	Beschreibung	Berechnung	Randbedingung	
3	β, Δh, α	Außenluftansaugung in einer Fassade **unterhalb oder auf gleicher Höhe** mit Fortluftöffnung in der Fassade	$0^o \leq \alpha < 15^o$ und $0^o \leq \beta < 15^o$	A	$2*l+\Delta h > 0{,}308*\sqrt{q_v}$
				B	$l > 0{,}2*\sqrt{q_v}$
				C	nicht zutreffend
4	β, Δh, α	Außenluftansaugung in einer Fassade **oberhalb** der Fortluftöffnung in der Fassade	$0^o \leq \alpha < 15^o$ und $0^o \leq \beta < 15^o$	A	$3{,}071*l-\Delta h > 0{,}613*\sqrt{q_v}$
				B	$1{,}54*l-\Delta h > 0{,}308*\sqrt{q_v}$
				C	nicht zutreffend
5	α, β, Δh	Außenluftansaugung in einer flachen oder leicht schrägen Dachebene <u>unterhalb oder auf gleicher Höhe</u> mit Fortluftöffnung im gleichen oder benachbarten Dachbereich, ebenfalls flach oder leicht schräg (maximale Neigung < 23°)	$0^o \leq \alpha < 23^o$ und $0^o \leq \beta < 23^o$	A	$l+\Delta h > 0{,}613*\sqrt{q_v}$
				B	$l+\Delta h > 1{,}250*\sqrt{q_v}$
				C	$l+2{,}954*\Delta h > 3{,}030*\sqrt{q_v}$
6	Δh, β, α	Außenluftansaugung in einer Fassade **unterhalb oder auf gleicher Höhe** mit Fortluftöffnung in dem gleichen oder einem benachbarten Schrägdach (≥ 23°)	$0^o \leq \alpha < 75^o$ und $23^o \leq \beta < 75^o$	A	$l+2*\Delta h > 0{,}308*\sqrt{q_v}$
				B	$l+2*\Delta h > 0{,}613*\sqrt{q_v}$
				C	$l+3{,}38*\Delta h > 2{,}051*\sqrt{q_v}$
7	Δh, β, α	Außenluftansaugung in einem Schrägdach (≥ 23°) **oberhalb** der Fortluftöffnung in der gleichen oder benachbarten Dachebene	$0^o \leq \alpha < 75^o$ und $23^o \leq \beta < 75^o$	A	$l+\Delta h > 0{,}613*\sqrt{q_v}$
				B	$l+\Delta h > 1{,}250*\sqrt{q_v}$
				C	$l+2{,}954*\Delta h > 3{,}030*\sqrt{q_v}$

Tab. 2.3-3   Mindestabstand zwischen Außenluftansaugung und Fortluftöffnung nach [2-7] (Forts.)

Lfd. Nr.	Darstellung (Vorderansicht)	Beschreibung	Berechnung	Randbedingung	
8		Außenluftansaugung in einer schrägen Dachebene oder Fassade. Fortluftöffnung an der gegenüberliegenden Dachebene, wobei mindestens eine der Dachebenen eine Neigung von 23° oder mehr aufweist	$0^o \leq \alpha < 75^o$	A	$l + 2*\Delta h > 0{,}308 * \sqrt{q_v}$
				B	$l + 2*\Delta h > 0{,}613 * \sqrt{q_v}$
				C	$l + 3{,}38*\Delta h > 2{,}051 * \sqrt{q_v}$
9		Außenluftansaugung in einer Fassade oder Dachebene **unterhalb oder auf gleicher Höhe** mit Fortluftöffnung in einer gegenüberliegenden Fassade, einem gegenüberliegenden Schrägdach oder einer benachbarten horizontalen Dachebene, die auf der anderen Seite an ein Schrägdach oder an eine schräge Fassade angrenzt.	$23^o \leq \alpha < 75^o$ und $23^o \leq \beta < 75^o$	A	$l + 2*\Delta h > 0{,}308 * \sqrt{q_v}$
				B	$l + 2*\Delta h > 0{,}613 * \sqrt{q_v}$
				C	$l + 3{,}38*\Delta h > 2{,}051 * \sqrt{q_v}$
10		Außenluftansaugung in einer Fassade oder Dachebene **oberhalb** einer **vertikalen** Fortluftöffnung in einer gegenüberliegenden Fassade, einem gegenüberliegenden Schrägdach oder einer benachbarten horizontalen Dachebene, die auf der anderen Seite an ein Schrägdach oder an eine schräge Fassade angrenzt.	$23^o \leq \alpha < 75^o$ und $23^o \leq \beta < 75^o$	A	$l + \Delta h > 0{,}613 * \sqrt{q_v}$
				B	$l + \Delta h > 1{,}250 * \sqrt{q_v}$
				C	$l + 2{,}954*\Delta h > 3{,}030 * \sqrt{q_v}$

Tab. 2.3-3 Mindestabstand zwischen Außenluftansaugung und Fortluftöffnung nach [2-7] (Forts.)

Lfd. Nr.	Darstellung (Vorderansicht)	Beschreibung	Berechnung		Randbedingung
11		Außenluftansaugung in einer Fassade oder Dachebene **unterhalb oder auf gleicher Höhe** mit Fortluftöffnung in einer gegenüberliegenden Fassade oder einem gegenüberliegenden Schrägdach ($\geq 23^\circ$)	$23^\circ \leq \alpha < 75^\circ$ und $23^\circ \leq \beta < 75^\circ$	A	$l + 2{,}954 * \Delta h > 0{,}455 * \sqrt{q_v}$
				B	$l + 2{,}954 * \Delta h > 0{,}909 * \sqrt{q_v}$
				C	nicht zutreffend
12		Außenluftansaugung in einer Fassade oder Dachebene **oberhalb** einer **horizontalen** mit Fortluftöffnung in einer gegenüberliegenden Fassade oder einem gegenüberliegenden Schrägdach ($\geq 23^\circ$)	$23^\circ \leq \alpha < 75^\circ$ und $23^\circ \leq \beta < 75^\circ$	A	$2{,}954 * l + \Delta h > 0{,}909 * \sqrt{q_v}$
				B	$2{,}717 * l + \Delta h > 1{,}667 * \sqrt{q_v}$
				C	nicht zutreffend
13		Außenluftansaugung in einem flachen oder leicht geneigten Dach **unterhalb** der Fortluftöffnung in einer angrenzenden Fassade	$0^\circ \leq \alpha < 23^\circ$ und $0^\circ \leq \beta < 15^\circ$	A	$l + 2{,}954 * \Delta h > 0{,}455 * \sqrt{q_v}$
				B	$l + 2{,}954 * \Delta h > 0{,}909 * \sqrt{q_v}$
				C	nicht zutreffend
14		Außenluftansaugung in einem flachen oder leicht geneigten Dach **oberhalb** der Fortluftöffnung in der Fassade oder oberhalb eines unteren Schrägdachs ($\geq 23^\circ$)	$0^\circ \leq \alpha < 23^\circ$ und $0^\circ \leq \beta < 15^\circ$	A	$1{,}909 * l + * \Delta h > 0{,}613 * \sqrt{q_v}$
				B	$2{,}038 * l + * \Delta h > 1{,}25 * \sqrt{q_v}$
				C	nicht zutreffend
15		Außenluftansaugung in einer Fassade **unterhalb oder auf gleicher Höhe** mit der Fortluftöffnung in einer Fassade um die Ecke (Außenwinkel $\geq 180^\circ$)		A	$2 * l + * \Delta h > 0{,}308 * \sqrt{q_v}$
				B	$l > 0{,}2 * \sqrt{q_v}$
				C	nicht zutreffend

Abbildung 2.2-29 a zeigt den Schnitt durch ein Forschungsinstitut, wobei die raumlufttechnische Erschließung (Abluft) und für Labore die Zu- und Abluft über Steiger im Mittelbereich erfolgt.

Beispiel 2.2-8: Intensive Nachtlüftung

Im Hinblick auf das sommerliche Raumklima und den sommerlichen Wärmeschutz
wird in DIN 4108, T 2 [2-19] auf die intensive Nachtlüftung hingewiesen, wobei
dabei im Allgemeinen von einer Fensterlüftung ausgegangen wird. Die in [2-19]
angegebenen Grenzen

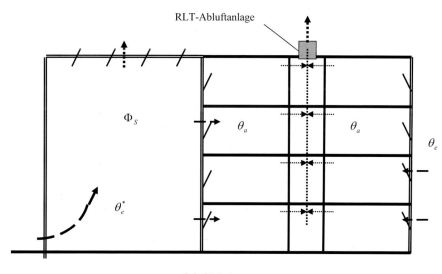

Schnitt A-A

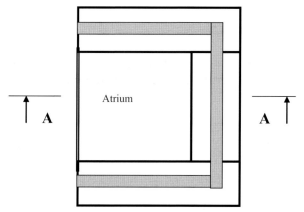

Abb. 2.2-29 a+b Prinzipskizze Schnitt A-A und Grundriss: Atrium als „Klimapuffer" und zur
Tageslichtbeleuchtung der nach innen ausgerichteten Räume

Die Abbildungen 2.2-28, 2.2-29 a und b zeigen schematisch zwei realisierte Lösungen in Dresden.

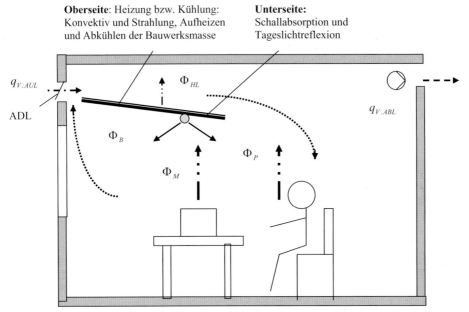

Abb. 2.2-27   Prinzipskizze: Anwendung Klimasegel und Zuluft über Außenluftdurchlasselemente (ALD)*(Vorschlag: niederl. Architekt)*

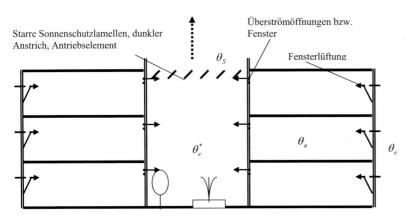

Abb. 2.2-28   Prinzipskizze: Anwendung eines Atriums als Abluftschacht – Antriebselement ist u.a. dunkel gestrichener starrer Sonnenschutz

Die Steuerung der Fensteröffnung soll automatisch in Abhängigkeit der Raumlufttemperatur θ_a, der äußeren akustischen Belastung und der Winddrücke am Gebäude erfolgen.

Tab. 2.3-3 Mindestabstand zwischen Außenluftansaugung und Fortluftöffnung nach [2-7] (Forts.)

Lfd. Nr.	Darstellung (Vorderansicht)	Beschreibung	Berechnung	Randbedingung	
16		Außenluftansaugung in einer Fassade **oberhalb** der Fortluftöffnung in einer Fassade um die Ecke (Außenwinkel $\geq 180°$)		A	$3{,}071 * l - \Delta h > 0{,}613 * \sqrt{q_v}$
				B	$1{,}541 * l - \Delta h > 3{,}308 * \sqrt{q_v}$
				C	nicht zutreffend
17		Außenluftansaugung in einer Fassade. Fortluftöffnung in einer Fassade um die Ecke (Außenwinkel $< 180°$) (absoluter Höhenwert)		A	$l + \Delta h > 0{,}613 * \sqrt{q_v}$
				B	$l + 2{,}954 * \Delta h > 0{,}909 * \sqrt{q_v}$
				C	nicht zutreffend

Legende zu Tab. 2.3-3:

Zeichen	Bezeichnung
α, β	Winkel eines Schrägdachs oder einer schrägen Fassade (Winkel zwischen gerader und gepunkteter Linie
Δh	Senkrechte Höhe
l	Länge der Verbindungslinie zwischen den Mittelpunkten der beiden Öffnungen
q_V	erforderlicher Fortluftvolumenstrom in l/s
B	Leistung des Verbrennungsgeräts in kW
A	Situation mit Fortluft aus Lüftung
B	mit Abgas (Kessel mit Gasfeuerung)
C	mit Abgas (Verbrennung sonstiger Brennstoffe)
Vorderansicht	

2.3.4 Luftbrunnen, Thermolabyrinth

Als energetisch und ökologisch günstig erweist sich die Ansaugung über Ansaug-bauwerke und Luftführung über Erdkanäle (Luftbrunnen) (Abbildung 2.3-10) oder Kanäle im Außenbereich des Kellers oder im Keller (Thermolabyrinth) (Abbildung 2.3-11).

Luftbrunnen mit Ansaugbauwerk

Die angesaugte Luft wird über einen im Erdreich verlegten Kanal geführt, der eine möglichst große Übertragungsfläche (Umfang) zum Erdreich haben sollte. Als zweckmäßiger Richtwert für die notwendige Kanaloberfläche ist von einem spezifi-schen Wert $A_{Kanaloberfl.} / q_V$ = 0,04 m²/m³/h auszugehen [2-23]. Abbildung 2.2-7 zeigt den Zusammenhang zwischen spezifischer Kanaloberfläche, Luftgeschwindig-keit und erreichbarer Temperaturabsenkung [2-12]. Die Luftgeschwindigkeit im Kanal sollte zwischen 2 und 4 m/s liegen.

Da die Erdreichtemperatur, die sich ab 2... 3 m der Grundwassertemperatur (θ_{GW} = 8 .. 10 °C) hinreichend nähert, über das Jahr gesehen relativ konstant ist, kann das Erdreich als „Energiespeicher" genutzt werden.

Unter sommerlichen Bedingungen ist eine Vorkühlung (s. a. Abbildung 2.3-8) und unter winterlichen Bedingungen eine Vorheizung der Außenluft möglich. Dadurch sind zu beachtende energetische Einsparungen möglich. Tabelle 2.3-4 gibt Orien-tierungswerte zur Dämpfung der Außenlufttemperatur und mögliche energetische Leistungseinsparungen [2-24].

Diese günstige Gestaltung der Außenluftansaugung führt zu:

- energetischen Einsparungen,
- einer Verkleinerung der heizungstechnischen bzw. raumlufttechnischen Zentra-len einschließlich notwendiger Rückkühlwerke und
- einer Verkleinerung der Kesselgröße bzw. des RLT-Kastengeräts.

Zu beachten ist: Im Kanal können Taupunktunterschreitungen auftreten. Deshalb ist er mit Gefälle (ca. 1%) in Richtung Ansaugbauwerk zu verlegen und an das Entwässerungssystem anzuschließen, um neben der Entwässerung eine Reinigung des im Allgemeinen begehbar aus-zubildenden Kanals zu ermöglichen.

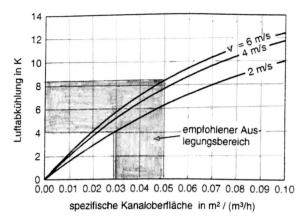

Abb. 2.3-7 Luftabkühlung bei maximaler Außenlufttemperatur in Abhängigkeit vom Verhältnis zwischen der Kanaloberfläche und dem Luftvolumenstrom für unterschiedliche Luftgeschwindigkeiten nach [2-23]

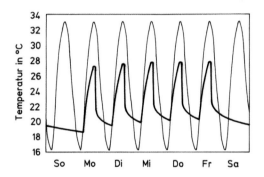

Abb. 2.3-8 Luftein- und -austrittstemperaturen in der zweiten Woche einer 14-tägigen Hitzeperiode nach [2-23]

Die Kanäle können gemauert, aus Betonfertigteilen oder Kunststoffrohre (z.B. Abbildung 2.3-9a bis 2.3-9d) sein.

Abb. 2.3-9
a Rohre mit Verbindungs- und Abdichtelementen

b Formstücke

c Rohre mit Überdeckung

d Senkrechtes Ansaugrohr

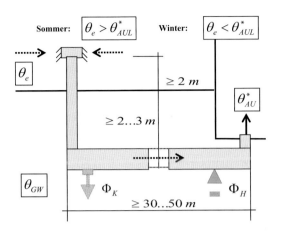

Abb. 2.3-10
Schematische Darstellung eines Luftbrunnens mit Wärmegewinn Φ_H im Winter und Wärmeverlust (Kältegewinn) im Sommer Φ_K

Tab. 2.3-4 Mögliche Effekte bei Anwendung von Luftbrunnen auf die angesaugte Außenlufttemperatur und die Einsparung von Aufbereitungsenergie

	Dämpfung	
	Mittelwert $\Delta\theta_{e,m}$	Amplitude $\Delta\theta_e$
	in °C	in K
Sommer	0,2 ... 2	1 ... 8
Winter	0,2 ... 1	2 ... 4
	Einsparung	
	MWh/Monat	%
Kühlenergie	20 ... 60	25 ... 45
Heizenergie	10 ... 25	10 ... 17

Thermolabyrinth

Der Außenluftkanal kann auch im Außenbereich oder im Innenbereich eines Kellergeschosses geführt werden. Hier wird neben der Ausnutzung des Temperaturgefälles zum Erdreich vor allem die Speicherwirkung der Betonkonstruktion ausgenutzt.

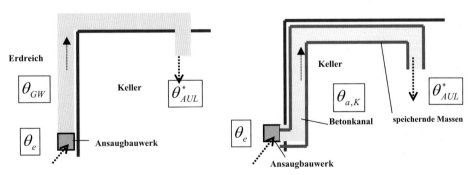

Abb. 2.3-11 schematische Darstellung eines Thermolabyrinths

2.3.5 Sonderform des Thermolabyrinths (eingebettetes Flächenkühlsystem mit Luft)

Die Kühlrohre (Abb. 2.3-12) werden in der statisch neutralen Zone der Betondecke zwischen oberer und unterer Bewehrung verlegt (Abb. 2.2-13). Um ein Aufschwimmen zu vermeiden, werden die Rohre in ihrer Lage durch Abstandshalter fixiert (Abb. 2.3-14). Durch das anschließende Vergießen sind die Rohre im Beton eingebettet (Abb. 2.3-15).

Die Kühlrohre lassen sich in der Regel sowohl in Ortbeton als auch in Filigran- oder Fertigteildecken verlegen.

Die Kühlrohre (Abb. 2.3-12) bestehen aus gut wärmeleitendem Aluminium, wobei die Rohrinnenseite zur Verbesserung des inneren Wärmeübergangs bzw. der Übertragungsfläche (nahezu vervierfacht) berippt sind. Nach Angaben des Herstellers [2-25] können die Rohre im eingebauten Zustand entsprechend VDI 6022 [2-26] sowohl inspiziert als auch gereinigt bzw. desinfiziert werden. Die Kühlrohre werden in den Durchmesser 60 und 80 mm eingesetzt.

Abb. 2.3-12 Kühlrohr *(Fa. Kiefer)*

Abb. 2.3-13 (links) Kühlrohre eingebettet in der neutralen Zone *(Werkfoto: Fa. Kiefer)*
Abb. 2.3-14 (rechts) Kühlrohre mit Abstandshalter *(Werkfoto: Fa. Kiefer)*

 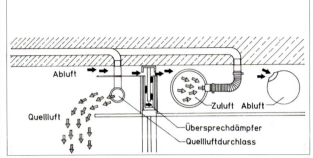

Abb. 2.3-15 (links)   Vergießen der Decke *(Werkfoto: Fa. Kiefer)*
Abb. 2.3-16 (rechts) Prinzipschema der Anordnung von Zuluft und Abluft im Flur
(nach Werkfoto: Fa. Kiefer)

Die Decke kann je nach Dicke und Betonqualität eine effektive Speicherkapazität von C_{wirk} = 165 bis 200 Wh/m^{2}K erreichen [2-27].

Die in üblicherweise aufbereitete Außenluft (vortemperiert, gefiltert), die in einer Größenordnung von 7,5 bis 10,0 m^3/h m^2 liegen soll, strömt über die entsprechend verlegten Rohre in der Decke (Abbildungen 2.3-13 und 2-3-14) zu dem entsprechenden Luftdurchlass (Abbildung 2.3-16).

Die realisierte Länge durch die U-förmige Verlegung und die Gestaltung der Rohrinnenseite ermöglicht eine große Übertragungsfläche. Dadurch können sich relativ hohe Übertragungsgrade (Rückwärmzahlen) ergeben, wie aus Abbildung 2.3-17 ersichtlich.

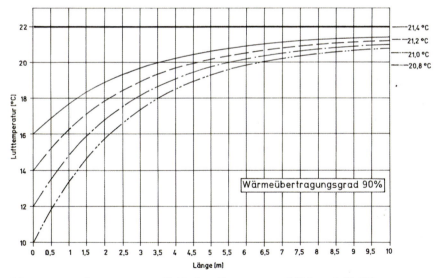

Abb. 2.3-17 Lufterwärmung im Kühlrohr – Temperaturstabilität nach [2-27]

Die in den Abbildungen 2.3-18 und 2.3-19 dargestellten Ergebnisse von Simulationsrechnungen bestätigen einerseits die Dämpfung der Außenlufttemperaturen auf sinnvolle Zulufttemperaturen und andererseits die Speicherwirkung der Deckenkonstruktion bzw. das Erreichen von günstigen Oberflächentemperaturen bzw. operativen Temperaturen.

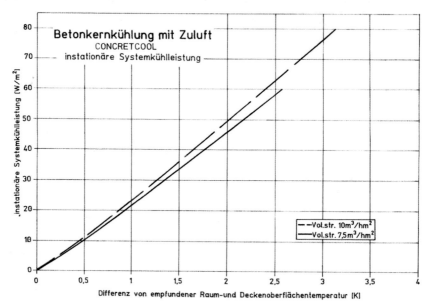

Abb. 2.3-18 Instationäre Systemkühlleistung (Decke – Quellluft – Boden) für den Lastverlauf einer thermischen Simulation nach [2-27]

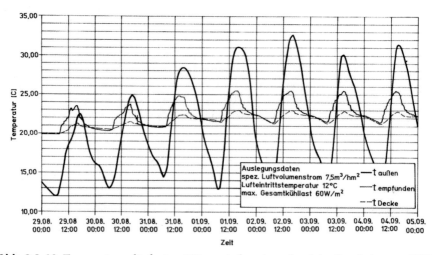

Abb. 2.3-19 Temperaturverläufe einer Hitzeperiode entsprechend der Simulation gemäß Testreferenzjahr (TRY 5) nach [2-27]

2.4 Luftaufbereitung

2.4.1 Einführende Beispiele

Die Luftaufbereitung wird oft als rein technisches und nicht leicht verständliches Problem gesehen, obwohl Prozesse der Luftaufbereitung tagtäglich in der Natur ablaufen, ohne dass man sich immer darüber im Klaren ist. Einige Beispiele sollen dies verdeutlichen.

Beispiel 2.4-1:

Steigen in ein Auto mehrere Personen ein, so erhöht sich durch die Atemluft sehr schnell die absolute Luftfeuchte. Deshalb kommt es bei kühlen Außenluftzuständen oft vor, dass es an den inneren Oberflächen der Autoscheiben zu einer Taupunktunterschreitung kommt. Eine Kompensation ist im Allgemeinen nur durch Lüften mit kühlerer oder gekühlter Außenluft zweckmäßig.

Beispiel 2.4-2:

Obwohl alle Oberflächen in einem Bad nahezu die gleiche Temperatur wie die Raumluft haben, so beschlagen beim Duschen mit warmem Wasser die Flächen. Auch hier erhöht sich die absolute Feuchte der Luft und die Oberflächentemperatur liegt unter der Taupunkttemperatur des Luftzustandes des Raumes.

Beispiel 2.4-3:

Im Herbst ist am Morgen oft auf vielen Flächen Tau oder gar Reif zu beobachten. Dieser entsteht dadurch, dass durch nächtliche Abstrahlung der Oberflächen gegen den „kalten" Himmel sich die Oberflächentemperatur abkühlt und unter die Taupunkttemperatur absinkt.

Beispiel 2.4-4:

Im Sommer erscheint der Aufenthalt in der Nähe von bewegten Wasserflächen oder Springbrunnen als behaglich und kühl. Durch die Verdunstung von Wasser wird der Luft Wärme entzogen, d.h., sie wird gekühlt, aber auch gleichzeitig befeuchtet.

Beispiel 2.4-5:

Das Mischen von zwei Luftströmen mit unterschiedlichen Zuständen erfolgt nahezu ständig in der Natur. Wird im Winter die feuchte und warme Atemluft ausgeatmet, so bildet sich „Hauch", d.h. Nebel. Die kleine Luftmenge „Atemluft" vermischt sich mit der großen Luftmenge „kalte trockene Außenluft". Der Mischpunkt der beiden Mengen liegt im h-x-Diagramm „rechts" neben der Sättigungslinie, d.h. im so genannten Nebelgebiet.

Beispiel 2.4-6:

Beim Erwärmen von Luft verringert sich die Dichte, d.h., die warme Luft steigt auf. Die relative Feuchte sinkt, aber die absolute Feuchte bleibt gleich. Durch den Menschen wird dies als „trockene" Luft empfunden.

Beispiel 2.4-7:

Am Beispiel der Nase kann die Wärmerückgewinnung und die Taupunktunterschreitung demonstriert werden. Die Nase ist ein regenerativer Wärmerückgewinner (Wechselspeicher). Die Nasenscheidewand und die Nasenflügel stellen die **Speichermasse** dar. Beim Einatmen der trockenen kalten Luft durch die Nase erwärmt sich die Luft an der Speichermasse, letztere wiederum kühlt sich ab. Beim Ausatmen der feuchten warmen Luft erwärmt sich die Speichermasse, die Luft kühlt sich ab. Ist die Oberflächentemperatur der Speichermasse niedriger als die Taupunkttemperatur der Atemluft, so bildet sich Tauwasser (d.h. die Nase tropft, ohne dass man Schnupfen hat).

2.4.2 Aufbereitungsformen

Zustandsänderungen im Raum (Abbildungen 2.4.1 und 2.4-2)

Für die Gewährleistung der geforderten Raumklimaparameter ist es notwendig, den Luftvolumenstrom q_V in Abhängigkeit von der im Raum vorhandenen Wärme- und/oder Stofflast aufzubereiten. Der Zuluftvolumenstrom $q_{V,ZUL} \equiv q_{V,SUP}$ ist so aufbereitet dem Raum zuzuführen, dass

- die Raumparameter (im Allgemeinen: Raumlufttemperatur θ_a, Raumluftfeuchte (x_a bzw. $\varphi_{D,a}$)) gewährleistet werden ***und gleichzeitig***
- die entsprechende Wärme- und/oder Stofflast im Raum

kompensiert wird.

Die Veränderung des Luftzustands im Raum infolge der Belastung (Zustandsverlauf) wird zweckmäßigerweise schematisch im *h-x*-Diagramm nach *Mollier* dargestellt.

Im Allgemeinen ist für Dimensionierung der Aufbereitungsgeräte der Auslegungsfall (Heizfall = winterliche Bedingungen; Kühlfall = sommerliche Bedingungen) von Interesse (Abbildungen 2.4-1 und 2.4-2). Die Bedingungen sind in VDI 2078 [2-28] und DIN EN 12 831 [2-19] determiniert bzw. sind mit dem Auftraggeber zu vereinbaren.

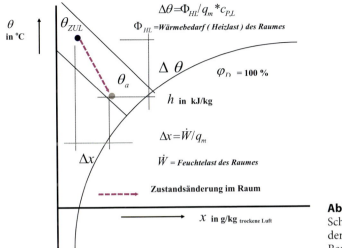

Abb. 2.4-1
Schematische Darstellung
der Zustandsänderung im
Raum für den **Winterfall**

Um den erforderlichen Zuluftzustand zu erreichen, kommen die Aufbereitungsformen „Heizen, Kühlen, Befeuchten und Entfeuchten" und die Prozesse „Mischen und Energierückgewinnung" zur Anwendung. Die Darstellung der Aufbereitung und der Prozesse kann zweckmäßigerweise im h-x-Diagramm nach *Mollier* vorgenommen werden.

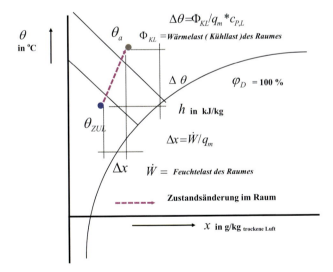

Abb. 2.4-2
Schematische Darstellung
der Zustandsänderung im
Raum für den **Sommerfall**

Zustandsänderungen bei der Aufbereitung der Luft

Heizen (Abbildung 2.4-3)

Erwärmen der Luft vom Zustand 1 zum Zustand 2

Veränderlich ist	*Konstant* bleibt
Temperatur θ relative Feuchte φ_D spezifische Enthalpie h Rohdichte der Luft ρ_L	absolute Feuchte x

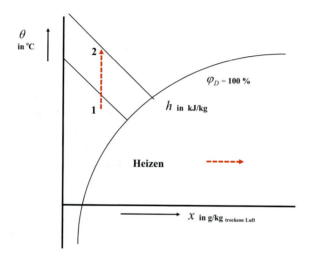

Abb. 2.4-3
Schematischer Zustandsverlauf beim *Erwärmen* eines Luftzustands 1 zum Luftzustand 2

Kühlen (Abbildung 2.4-4)

Kühlen der Luft vom Zustand 1 zum Zustand 2

Veränderlich ist	*Konstant* bleibt
Temperatur θ relative Feuchte φ_D spezifische Enthalpie h Rohdichte der Luft ρ_L	absolute Feuchte x

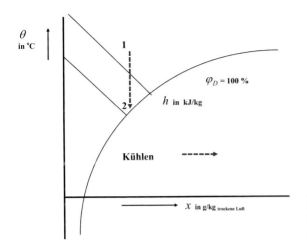

Abb. 2.4-4
Schematischer Zustandsverlauf
beim *Kühlen* eines Luftzustands 1
zum Luftzustand 2

Kühlen mit Taupunktunterschreitung (Abbildung 2.4.5)

Die Taupunkttemperatur θ_τ ergibt sich aus dem Schnittpunkt der Linie $x_1 =$ konst. mit der Linie $\varphi_D = 100\,\%$, d.h., die Luft ist bei dieser Temperatur mit Wasserdampf gesättigt. Liegt eine Oberflächentemperatur unter der Taupunkttemperatur ($\theta_O < \theta_\tau$), so schlägt sich auf der Oberfläche Wasser nieder (*Tau*).

Kühlen der Luft vom Zustand 1 zum Zustand 2

Veränderlich ist	**Konstant** bleibt
Temperatur θ relative Feuchte φ_D spezifische Enthalpie h Rohdichte der Luft ρ_L absolute Feuchte x	

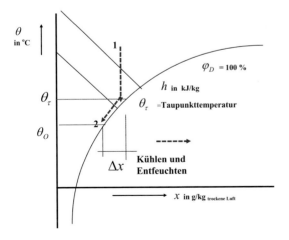

Abb. 2.4-5
Schematischer Zustandsverlauf beim
Kühlen eines Luftzustands 1 zum
Luftzustand 2 mit *Taupunktunter-schreitung*

Befeuchten mit Dampf (Abbildung 2.4-6)

Befeuchten der Luft mit **Dampf** vom Zustand 1 zum Zustand 2

Veränderlich ist	**Konstant** bleibt
absolute Feuchte x relative Feuchte φ_D spezifische Enthalpie h Rohdichte der Luft ρ_L	Temperatur θ (näherungs- weise)

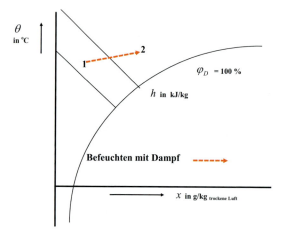

Abb. 2.4-6

Schematischer Zustandsverlauf beim **Befeuchten** eines Luftzustands 1 zum Luftzustand 2 mit **Wasserdampf**

Befeuchten mit Wasser (adiabate Kühlung) (Abbildung 2.4-7)

Befeuchten der Luft mit **Wasser** vom Zustand 1 zum Zustand 2

Veränderlich ist	**Konstant** bleibt
Temperatur θ absolute Feuchte x relative Feuchte φ_D Rohdichte der Luft ρ_L	spezifische Enthalpie h

Entfeuchten durch Kühlen mit Taupunktunterschreitung (analog zu Abbildung 2.4-5)

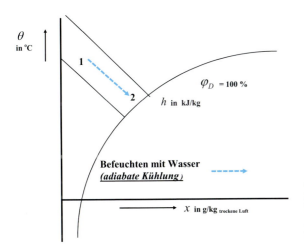

Abb. 2.4-7
Schematischer Zustandsverlauf
beim *Befeuchten* eines Luftzustands 1 zum Luftzustand 2 mit
Wasser *(adiabate Kühlung)*

Mischen von zwei Luftströmen (Abbildung 2.4-8)

Mischen von einem Luftvolumenstrom mit dem Zustand 1 mit einem Luftvolumenstrom mit dem Zustand 2.

Veränderlich ist	*Konstant* bleibt
Temperatur θ	
relative Feuchte φ_D	
spezifische Enthalpie h	
Rohdichte der Luft ρ_L	
absolute Feuchte x	

Die Zustandsgrößen des Mischpunkts der Mischluft $q_{m,M}$ (Temperatur θ, absolute Feuchte x und spezifische Enthalpie h) sind abhängig vom Verhältnis der beiden zu mischenden Massenströme $q_{m,1}$ und $q_{m,2}$.

$$q_{m,M} = q_{m,1} + q_{m,2}$$

$$\theta_M = \frac{q_{m,1} * \theta_1 + q_{m,2} * \theta_2}{q_{m,1} + q_{m,2}}$$

$$h_M = \frac{q_{m,1} * h_1 + q_{m,2} * h_2}{q_{m,1} + q_{m,2}}$$

$$x_M = \frac{q_{m,1} * x_1 + q_{m,2} * x_2}{q_{m,1} + q_{m,2}}$$

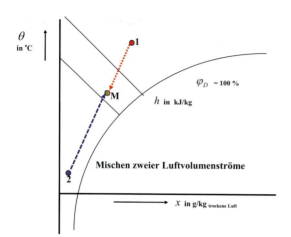

Mischen zweier Luftvolumenströme

Abb. 2.4-8
Schematischer Zustandsverlauf beim
Mischen eines Luftvolumenstroms
mit Luftzustand 1 und einem Luftvolumenstrom mit Luftzustand 2

Zu beachten ist:
- im h-x-Diagramm liegt der Mischpunkt M auf einer Geraden zwischen den Punkten 1 und 2,
- der Mischpunkt M teilt die Strecke $\overline{1,2}$ im Verhältnis der Massenströme und
- der Mischpunkt M liegt immer in der Nähe des Endpunkts, zu dem der größere Massenstrom gehört.

Hinweise:
- Eine Mischung aus zwei Strömen gesättigter Luft ergibt stets Nebel.
- Mischt man zwei Luftströme gleicher Temperatur $\theta_1 = \theta_2$, so ist $\theta_M = \theta_1 = \theta_2$, wenn die Zustände entweder im ungesättigten Bereich oder Nebelgebiet liegen.
- Mischt man nebelhaltige mit ungesättigter Luft gleicher Temperatur $\theta_1 = \theta_2$, so ergibt sich infolge des Verdampfens eines Teils flüssigen Wassers $\theta_M < \theta_1$.

Wärmerückgewinnung (Abbildung 2.4-11)

Bei der Wärmerückgewinnung wird regenerativ bzw. rekuperativ ein Energiepotential Φ_{WRG} von einem Luftvolumenstrom (Fortluftvolumenstrom $q_{V,FOL} = q_{V,1}$) auf den anderen (Außenluftvolumenstrom $q_{V,AUL} = q_{V,2}$) übertragen bzw. umgekehrt (Abbildung 2.4-10).

Ein Maß für die übertragene Energie ist der Übertragungsgrad Φ oder Ψ, der identisch ist mit der Betriebskennzahl nach *Bosnjakovic* für Rekuperatoren und Regeneratoren.

Je nach der Form der übertragenen Energie werden entsprechend Tabelle 2.4-1 die Übertragungsgrade bezeichnet und definiert. Dabei ist der Bezugsvolumenstrom für den Übertragungsgrad zu beachten.

$$\Phi_{AUL} = \frac{C_{FOL}}{C_{AUL}} * \Phi_{FOL} = \frac{q_{V,FOL} * \rho_{L,FOL} * c_{P,L;FOL}}{q_{V,AUL} * \rho_{L,AUL} * c_{P,L;AUL}} * \Phi_{FOL}$$

Der rückgewonnene Wärmestrom Φ_{WRG} für eine Enthalpierückgewinnung ergibt sich zu

$$\Phi_{WRG} = q_{V.FOL} * \rho_{L,FOL} * \Delta h_{max} * \Phi_h$$

Eine Übersicht über die wichtigsten bekannten Verfahren und Systeme wird in Abbildung 2.4-9 gezeigt. Detaillierte und ausführliche Darstellungen sind in [2-13], [2-29] gegeben.

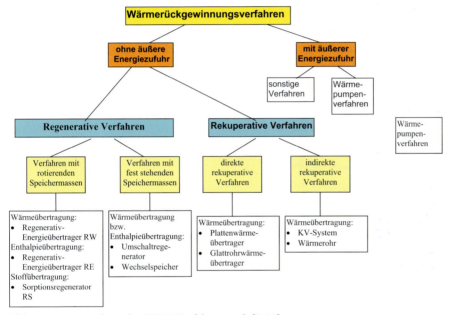

Abb. 2.4-9 Einteilung der WRG-Verfahren nach [2-29]

Besonders interessant sind die Wärmerückgewinnungssysteme, bei denen die Wärmeübertragung ohne äußere Energiezufuhr in Richtung des natürlichen Temperaturgefälles verläuft. Die erforderlichen Antriebsenergien für die Antriebsmotoren der Regenerativ-Energieübertrager bzw. die Pumpen des Kreislaufverbundsystems (KV-System) sind gering und bleiben hier unberücksichtigt. Diese Verfahren lassen sich, abgesehen von einigen Sondersystemen, in regenerative und rekuperative Verfahren einteilen.

Bei den *regenerativen Verfahren* wird Wärme und/oder Feuchtigkeit vom strömenden Stoff an eine Speichermasse übertragen und umgekehrt. Dabei wird wechselseitig die Speichermasse beladen oder entladen (regeneriert). Bei der Wärmeübertragung bedeutet dies eine abwechselnde Erwärmung und Abkühlung der Speichermasse.

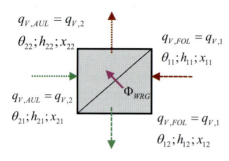

Abb. 2.4-10
Wärmerückgewinnung:
Thermodynamische Grundlagen

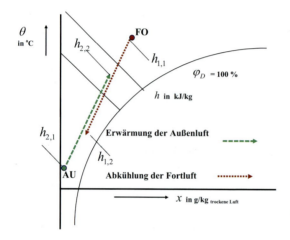

Abb. 2.4-11
Schematischer Zustandsverlauf bei
der *Enthalpierückgewinnung* aus der
Fortluft mittels eines Wärmerück-
gewinners

Tab. 2.4-1 Definition der Übertragungsgrade

Benennung	bezogen auf den Außenluftvolumenstrom Wärme aufnehmende Seite	bezogen auf Fortluftvolumenstrom Wärme abgebende Seite
Enthalpieübertragungsgrad	$\Phi_h = \dfrac{h_{22} - h_{21}}{h_{11} - h_{21}}$	$\Phi_h = \dfrac{h_{11} - h_{12}}{h_{11} - h_{21}}$
Temperaturübertragungsgrad (Rückwärmzahl)	$\Phi_\theta = \dfrac{\theta_{22} - \theta_{21}}{\theta_{11} - \theta_{21}}$	$\Phi_\theta = \dfrac{\theta_{11} - \theta_{12}}{\theta_{11} - \theta_{21}}$
Feuchteübertragungsgrad (Rückfeuchtzahl)	$\Psi = \Phi_x = \dfrac{x_{22} - x_{21}}{x_{11} - x_{21}}$	$\Psi = \Phi_x = \dfrac{x_{11} - x_{12}}{x_{11} - x_{21}}$

Dieser diskontinuierliche Vorgang kann sowohl durch eine rotierende Speichermasse als auch durch ein Kammernsystem erreicht werden. Die Speichermassen-
elemente werden zu verschiedenen Zeiten wechselweise vom kalten oder warmen

Luftstrom beaufschlagt. In beiden Fällen erfolgt mit einer zeitlichen Phasenverschiebung eine Wärmespeicherung oder Wärmeentspeicherung.

Durch einen geeigneten Aufbau der Speichermasse kann sowohl eine Enthalpieübertragung als auch eine Wärmeübertragung (mit unterdrückter Feuchteübertragung) oder auch Sorption (Feuchteübertragung bzw. Trocknung) erreicht werden.

Wärmeübertrager, in denen die Wärme kontinuierlich entsprechend dem physikalischen Vorgang des Wärmedurchgangs ohne Speichervorgänge strömt, werden als „Rekuperatoren" bezeichnet. Die Stoffströme werden dabei durch Wände aus festen Stoffen (Metalle, keramische Stoffe, Glas) getrennt.

Diese *rekuperativen Wärmerückgewinnungsverfahren* lassen sich untergliedern in

- direkte rekuperative Systeme, bei denen die Wärme direkt von dem einen Stoffstrom zum anderen durch eine Trennwand übertragen wird, und
- indirekte rekuperative Systeme, bei denen die Wärme unter Zwischenschaltung eines Wärmeträgermediums von dem einen auf den anderen Stoffstrom übergeht.

Dieses Medium nimmt in einem Rekuperator Wärme aus dem warmen Luftstrom auf, speichert sie und transportiert sie zu einem zweiten Rekuperator, in dem die Wärme an den kälteren Luftstrom wieder abgegeben wird. Dieser Vorgang kann sowohl ohne (KV-System) als auch mit Phasenänderung des Wärmeträgermediums (Wärmerohr) geschehen.

Die indirekten rekuperativen Systeme werden häufig den regenerativen Systemen zugeordnet. Dieses Herangehen erscheint logisch. Zur Berechnung dieser Systeme werden aber die Berechnungsmodelle des rekuperativen Wärmedurchgangs herangezogen. Weitere Wärmerückgewinnungssysteme sind z.B. offene kreislaufverbundene Wärmeübertrager, wie die in der Lufttrocknungstechnik bekannt gewordenen Kathabaranlagen oder auch Wärmepumpen.

Tabelle 2.4-2 vermittelt einen Überblick über die vorhandenen Realisierungsmöglichkeiten und zeigt die Randbedingungen, unter denen ein Einsatz von Wärmerückgewinnungseinrichtungen möglich ist. Die Übersicht erhebt keinen Anspruch auf Vollständigkeit, sondern soll orientierend die Auswahl erleichtern. Die Abbildungen 2.4-12 bis 2.4-17 zeigen beispielhaft Geräte bzw. Funktionsschemata der in Tabelle 2.4-3 aufgeführten Geräte.

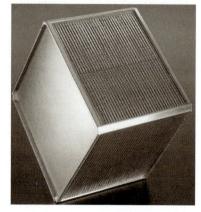

Abb. 2.4-12 (links) Regenerativwärmeübertrager *(Werkbild Fa. Klingenburg)*
Abb. 2.4-13 (rechts) Plattenwärmeübertrager *(Werkbild Fa. Klingenburg)*

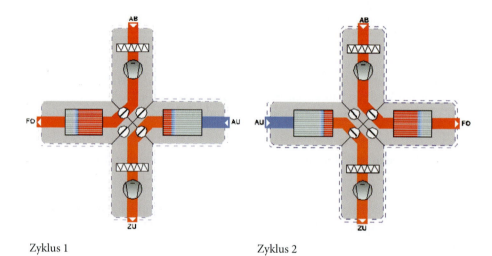

Zyklus 1   Zyklus 2

Abb. 2.4-14 Belüftungs- und Entlüftungsgerät mit Umschaltregenerator (Schema und Gerät (Resolair)) *(Werkbild Fa. Menerga)*

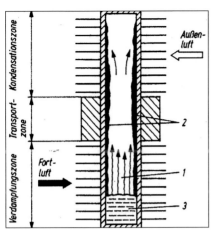 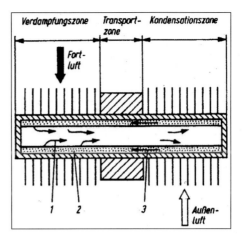

Abb. 2.4-15 (links) Prinzipskizze eines Gravitationswärmerohrs;
1 – dampfförmige Phase; 2 – ablaufendes Kondensat; 3 – flüssige Phase
Abb. 2.4-16 (rechts) Prinzipskizze eines Kapillarwärmerohrs;
1 – dampfförmige Phase; 2 – poröse Auskleidung

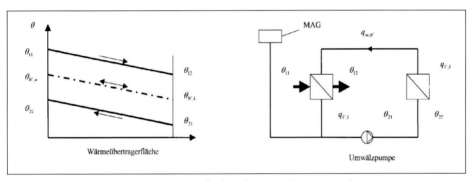

Abb. 2.4-17 Prinzipskizze eines Kreislaufverbundsystems (KV-Systems)

Tab. 2.4-2 Einteilung der Wärmerückgewinnungsverfahren nach [2-29]

Einsatz-kriterien	Regene-rativ-Enthalpie-überträger	Regene-rativ-Wärme-überträger	Wechsel-speicher/Umschalt-regenerator	KV-System	Platten-wärme-überträger	Wärmerohr	Glattrohr-wärme-überträger
Φ_h %	70.....80						
Φ_θ %	70.....80	70.....80	70.....80	35.....45	40.....65	40.....65	40.....65
Φ_x %	70.....80	10.....20	Kondensation	Kondensation	Kondensation	Kondensation	Kondensation
Δp_L Pa	200	200	120...160	200...300	100...150	200...300	150....250
Bauvolumen [2] $m^3/(m^3/s)$ [3]	0,90...2,00 inkl. Regler u. Montage Fa. Klingen-burg	0,80...1,90 inkl. Regler u. Montage Fa. Klingen-burg	6,00 ...11,00 komplettes Klimagerät inkl. Regler Fa. Menerga	0.70...1,80 inkl. Regler Fa. Wolf Klimatechnik	1,30 ...1,65 inkcl. Bypass-funktion Fa. ALKO Therm	0,95 ...1,65 inkl. Bypass-funktion Fa. GEA Happel	auf Anfrage Fa. Air Fröhlich
Volumen-strom in m³/h	5.000 bis 100.000		3.600 bis 32.000	2.500 bis 63.000	5.000 bis 20.000	3.300 bis 21.000	
Ventilator-anordnung	Druckgefälle vom Außen-luft- zum Fortluftvolumen-strom einhalten		nicht beliebig, durch Funk-tionsprinzip d. Anlage festgelegt	beliebig	beliebig	beliebig	beliebig
Einordnung in die RLT	Zusammenführung von Fort- u. Außenluftvolu-menstrom erforderlich, größere Volumenströme durch Parallelschaltung realisierbar		Zusammen-führung von Fort- und Außenluft-volumen-strom erforderlich	Einordnung beliebig, Wärme-übertragung von/an mehrere Luftvolumen-ströme möglich	Zusammenführung von Fort- u. Außenluft-volumenstrom erforderlich, größere Volumenströme durch Parallelschaltung realisierbar		
Schadstoff-übertragung	bei Beachtung der Planungsvorschriften minimal		vorhanden	ausgeschlossen	bei guter Abdichtung ausgeschlossen	aus-geschlossen	bei guter Abdichtung ausgeschlossen
Temperatur-bereich bezog. auf die Fortluft-temperatur	≤ 80 °C	≤ 120 °C	–25 bis 60 °C	≤ 90 °C Sonder-maßnahmen: > 90 °C	≤ 180 °C	≤ 100 °C (NH₃, Rohrmaterial: Alu)	abhängig von verwendeten Werkstoffen, bei Glas u. Gummi-abdichtung: –20 bis 90 °C
Antriebs-energiebedarf	Antriebsmotor für Regeneratorrad		Stellantrieb der Umschalt-einrichtung	Antrieb für Umwälzpumpe	ohne	ohne	ohne
Wartungs-aufwand	mittel	mittel	gering	mittel	gering	gering	gering
Leistungs-regelung	einfach, durch Drehzahl-regelung		durch Ände-rung der Um-schaltfrequenz	einfach, durch Flüssigkeits-mengenrege-lung	komplziert, nur luftseitig möglich		
Einfrierschutz	einfach möglich		durch Ände-rung der Um-schaltfrequenz möglich	einfach möglich	nur luftseitig möglich		
Forderungen an die Luft-reinheit	klebrige, ölige, toxische u. aggressive Schadstoffe ver-meiden, Rücksprache mit dem Hersteller		weitgehend ohne Forde-rungen, Speicher-werkstoff beachten	Einsatzgrenzen der verwende-ten Wärme-übertrager beachten	weitgehend ohne Forde-rungen, Verträglich-keit der Werk-stoffe beachten	Werkstoffe und Geometrie beachten	weitgehend ohne Forde-rungen, Verträglich-keit der Werk-stoffe beachten

2 einschließlich Bauvolumen für die Abschlussteile sowie erforderliche Wartungs- und Bedienungsräume
3 Der Nenner der Einheitenangabe bezieht sich auf den Luftvolumenstrom.

2.4.3 Aufbereitungsgeräte

Für die Luftaufbereitung werden unterschiedliche technische Geräte eingesetzt. Tabelle 2.4-3 gibt dazu auszugsweise einen Überblick. In den Abbildungen 2.4-18 bis 2.4-24 sind Beispiele für die Geräte bzw. Details dargestellt, um diese in ihrer Größe und Umfang erfassen zu können.

Tab. 2.4-3 Luftaufbereitungsgeräte – kurze Beschreibung – CAD-Zeichen

Luftauf-bereitung	Gerät	Bemerkung	CAD-Zeichen
Heizen	Wärme-übertrager	Energie wird vom flüssigen Medium (Heiz-medium) oder über Elektroenergie (Heizstäbe) an die Luft übertragen und charakterisiert durch ▪ eine große Übertragungsfläche oder ▪ eine große Temperaturdifferenz **Beispiel:** Spiralrippenrohrwärmeübertrager, Heizstäbe, Heizspiralen	
Kühlen	Wärme-übertrager	Energie wird vom flüssigen Medium (Kühl-medium) an die Luft übertragen und charakteri-siert durch ▪ eine große Übertragungsfläche **Beispiel:** Spiralrippenrohrwärmeübertrager,	
Befeuchten	Befeuchter	die Befeuchtung erfolgt durch ▪ Verdunstung von Wasser durch Benetzung, Versprühung, Verrieselung ▪ Versprühen von Dampf **Beispiel:** Rieselbefeuchter, Luftwäscher, Scheibenzerstäuber, Kaltdampfgenerator, Dampfbefeuchter	
Entfeuchten	Wärme-übertrager, Sorptions-geräte	▪ durch Taupunktunterschreitung beim Kühlen **Beispiel:** Spiralrippenrohrwärmeübertrager ▪ durch Anlagern von Feuchtigkeit an hygros-kopischen Stoffen (adsorptiv, absorptiv) **Beispiel:** Sorptionsgenerator, adsorptive Trockner (z.B. Kathabar)	
Mischen	Misch-kammer	Mischen von zwei Luftströmen mit unterschiedlichem Luftzustand und gleichen bzw. unterschiedlichen Massenströmen	
Energie-rück-gewinnung	(Wärme-)Rück-gewinner	Rückgewinnung von Energie (Wärme, Kälte) und Stoffen (Wasser) mittels ▪ regenerativer Verfahren **Beispiel:** Regenerator, Wechselspeicher, Sorptionsgenerator ▪ rekuperativer Verfahren **Beispiel:** Plattenwärmeübertrager, Glattrohr-wärmeübertrager, Wärmerohr, KV-System	

Lamellenwärmeübertrager
(Werkbild Fa. Howatherm)

Verschaltung von Lamellenwärmeübertragern
(Werkbild Fa. Howatherm)

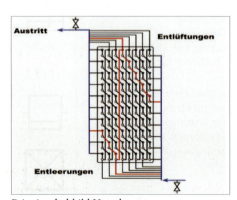

Prinzipschaltbild Verrohrung
(Werkbild Fa. Howatherm)

Elektroheizstäbe *(Werkbild Fa. Robatherm)*

Abb. 2.4-18 Heizer

Abb. 2.4-19 Kühler
Lamellenwärmeübertrager und Kondensat-
wanne *(Werkbild Fa. Robatherm)*

Abb. 2.4-20 Befeuchter
Sprühbefeuchtersektion (Luftwascher)
(Werkbild Fa. Robatherm)

Abb. 2.4-21 Wärmerückgewinner
linkes Bild: Rotationswärmetauscher *(Werkbild Fa. Klingenburg)*
rechtes Bild: Plattenwärmetauscher *(Werkbild Fa. Klingenburg)*

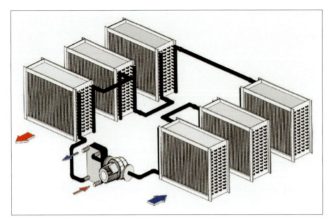

Abb. 2.4-22 KV-System
linkes Bild: Prinzipschaltbild KV-System *(Werkbild Fa. Howatherm)*
rechtes Bild: Systemlösung KV-System *(Werkbild Fa. Howatherm)*

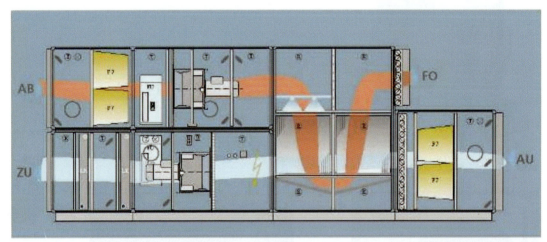

Abb. 2.4-23 WRG mit Entfeuchtungskühlung; Wärmerückgewinnung mit Entfeuchtungskühlung *(Prinzip-skizze Fa, Howatherm)*

Abb. 2.4-24 WRG-Systeme in Kastengeräten
linkes Bild: Regenerator im Einbau in Kastengerät *(Werkbild Fa. Howatherm)*
rechtes Bild: Plattenrekuperator im Einbau Kastengerätmodul *(Werkbild Fa. Robatherm)*

Im Allgemeinen werden die Aufbereitungsgeräte in einem Kastengerät miteinander verknüpft. Abbildung 2.4-25 zeigt ein Kastengerät schematisch, wobei auch Sinnbilder aus dem Lufttransport (s. a. Tabelle 2.4-4) verwendet wurden, und die Abbildungen 2.4-26 bis 2.4-31 Kastengeräte unterschiedlicher Hersteller.

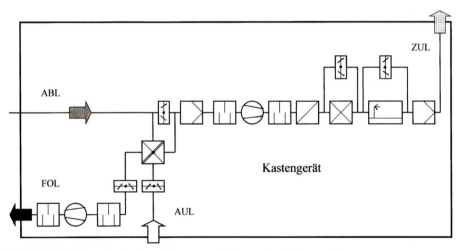

Abb. 2.4-25 Schematische Darstellung eines Kastengeräts (Klimagerät)

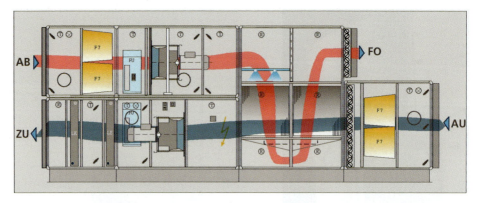

Abb. 2.4-26 Kastengerät (Klimagerät) *(Funktionsschema, Fa. Howatherm)*

Abb. 2.4-27
Kastengerät (Klimagerät)
(Fa. Howatherm)

Abb. 2.4-28 Kastengerät (Klimagerät) *(Werkbild Fa. Wolf)*

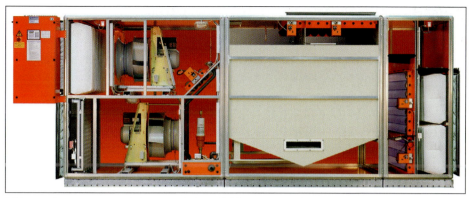

Abb. 2.4-29 Kastengerät (Klimagerät) *(Werkbild Fa. Menerga)*

Abb. 2.4-30
Kastengerät (Klimagerät)
(Werkbild Fa. Robatherm)

Abb. 2.4-31
Kastengerät (Klimagerät) in Außenauf-
stellung *(Werkbild Fa. Robatherm)*

Leistungen zur Dimensionierung der Aufbereitungsgeräte

Zu beachten ist:
- Die erforderlichen Leistungen für die Aufbereitung der Luft auf den erforderlichen Zuluftzustand sind in keinem Fall identisch mit der Kühllast Φ_{KL} bzw. Heizlast Φ_{HL}.

Die Abbildungen 2.4-32 und 2.4-33 zeigen schematisch die notwendigen Leistungen. Die Aufbereitungsleistung ist die Basis für die Dimensionierung der Luftaufbereitungsgeräte.

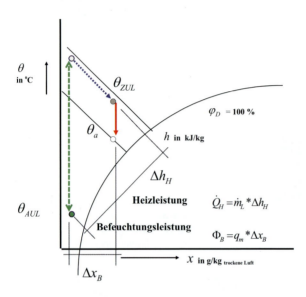

Abb. 2.4-32
Leistungen für die Luftaufbereitung (*Winterfall*)

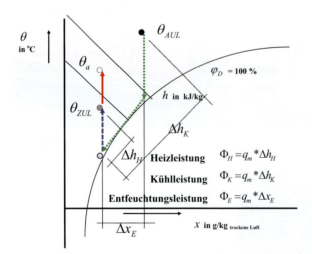

Abb. 2.4-33
Leistungen für die Luftaufbereitung (*Sommerfall*)

2.4.4 Lufttransport

Der Luftvolumenstrom muss von der Ansaugöffnung über die Luftaufbereitung (im Allgemeinen in Form von Kombination einzelner Luftaufbereitungsgeräte und RLT-Bauteile in Kastengeräten) zum Raum und von diesem zur Fortluftöffnung transportiert werden. Tabelle 2.4-4 gibt eine Übersicht über die wesentlichen Bestandteile in der Raumlufttechnischen Anlage beim Lufttransport, charakteristische und technische Merkmale sowie das Symbol für die zeichnerische Darstellung (CAD).

Tab. 2.4-4   Bestandteile der RLT-Anlage, Merkmale und CAD-Zeichen

Bestandteil	Merkmale	CAD-Zeich.
Luftleitung	dient zum Transport der Luft Leitungsformen: • Kanäle: (Blech, Kunststoff, bauseitig): rechteckig • Rohre: (Blech (starr, flexibel), Kunststoff): rund; oval unterschiedliche Verbindungsformen, möglichst hohe Dichtheit, Einhaltung von Forderungen für Brandbelastung und gegen Korrosion Geschwindigkeiten im Kanal: $v = 3 \dots 8$ m/s Leitungsquerschnitt: $A_c = q_V / v$	
Ventilator	fördert die Luft, charakteristische Werte: • Förderstrom q_V bzw. q_m • Druckerhöhung Δp • verschiedene Bauarten: z. B. Axialventilator, Radialventilator, Querstromventilator Wichtig sind die Abhängigkeiten: Druckverlust: $\Delta p \approx q_V^{\,2}$; Anschlussleistung: $P \approx q_V^{\,3}$ Bei der Förderung von Luft entsteht Luft- und Körperschall.	Radialv. Axialv.
Filter	dienen zum Abscheiden von Schadstoffen (feste Teilchen, Gase), Unterteilung entsprechend des Abscheidegrads (hohe Kennzahl entspricht hoher Abscheidung z. B. G1 bis G4, und F5 bis F9, GF)	
Schalldämpfer	dienen zur Dämpfung des Luftschalls im Kanalsystem Formen: • Kanalschalldämpfer • Rohrschalldämpfer • Telefonieschalldämpfer Reduzierung der Kanalgeschwindigkeit auf $v = 1,5 \dots 4$ m/s, damit Vergrößerung des Querschnitts des Anschlussquerschnitts	

Tab. 2.4-4 Bestandteile der RLT-Anlage, Merkmale und CAD-Zeichen (Forts.)

Bestandteil	Merkmale	CAD-Zeich.
Luftdurchlass	Zuluftdurchlass (Luftverteiler), dient der Zuführung der Luft in einen Raum • verschiedenste Ausführungen (s.a. 2.5.5) Zuluftgeschwindigkeit $v_O \equiv v_{ZUL} = (0,2)\ 1,5 \dots 2,5$ (15..20) m/s Abluftdurchlass (Ablufterfasser) dient der Abführung der Luft aus einem Raum; kann die Form haben • eines Zuluftdurchlasses • einer bauseitigen oder kanalseitigen Öffnung • einer Haubenkonstruktion Erfassungsgeschwindigkeit: $v = 2 \dots 8$ (20) m/s	
Klappen	dienen der Drosselung und Regelung des Luftvolumenstromes. Formen sind: ▪ Klappen im Kanal ▪ Klappen im Gehäuse (u.a. luftdicht) Gliederklappen (gleich- bzw. gegenläufig); Einsatz als Mischklappen und Absperrklappen) ▪ Rückschlagklappen ▪ Überströmklappen ▪ Umschaltklappen ▪ Rauchschutzklappen ▪ Brandschutzklappen entsprechend der Feuerschutz-widerstandsklasse K 30 ... 90 ; dicht schließend Geschwindigkeit über den Klappen: $v = 2 \dots 4$ m/s	BSK
Volumen-stromregler	dienen der Regelung des Volumenstroms bei Anlagen mit variablem Luftvolumenstrom (VAV) Formen (mit und ohne Hilfsenergie): Konstant-Volumenstromregler Variabel-Volumenstromregler	
Wetterschutz-gitter	dient als Schutzgitter bei der Außenluftansaugung und u.U. der Fortluftführung (s.a. 2.3.2) Geschwindigkeiten in der freien Fläche $A_c : v = 2 \dots 4$ m/s	

Ein Beispiel der Darstellung der Luftleitung mit der Anbindung an einen Raum ist aus Abbildung 2.4-34 ersichtlich, wobei der Anschluss an das Kastengerät, wie in Abbildung 2.4-25 dargestellt, erfolgt.

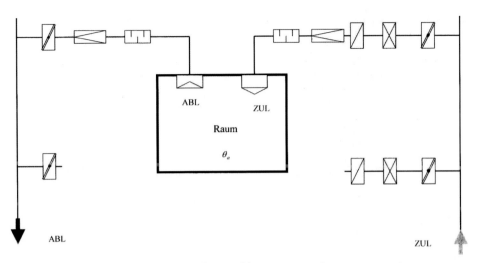

Abb. 2.4-34 Schematische Darstellung des Anschlusses an einen Raum.

In den Abbildungen 2.4-35 bis 2.4-43 sind Bauteile als Einzelgeräte und im Einbauzustand (z. B. in Kastengeräten) dargestellt.

Abb. 2.4-35
a (links) Radialventilator *(Werkbild Fa. Ziehl-Abegg)*
b (rechts) Radialventilator *(Werkbild Fa. Ziehl-Abegg)*

Abb. 2.4-35 (Forts.)
c (links) Axialventilator AWA 61 (Werkbild Fa. *Gebhardt*)
d (rechts) Axialventilator ARA 61, (Rohrlüfter) *(Werkbild Fa. Gebhardt)*

e (links) Radialdachventilator RDA 31 *(Werkbild Fa. Gebhardt)*
f (rechts) Radialdachventilator RGA 31, *(Werkbild Fa. Gebhardt)*

g (links) Freilaufender Radialventilator RLM 56 *(Werkbild Fa. Gebhardt)*
h (rechts) Doppelseitig saugender Radialventilator RGA 31,
(Werkbild Fa. Gebhardt)

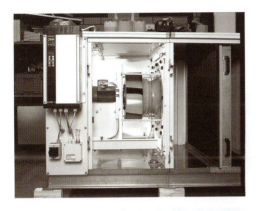

Abb. 2.4-35 (Forts.)
i Radialventilator im Kastengerät
   (Werkbild Fa. Robatherm)

Abb. 2.4-36
a (links)   Filter im Kastengerät und Ansauggitter am Kastengerät
            (Werkbild Fa. Howatherm)
b (rechts) Filter im Kastengerät und Ansauggitter am Kastengerät
            (Werkbild Fa. Howatherm)

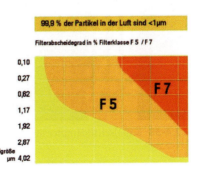

c (links)   Filtereinbau im Kastengerät *(Werkbild Fa. Howatherm)*
d (rechts) Filterabscheidegrade *(Darstellung Fa. Howatherm)*

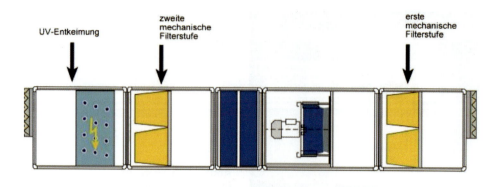

Abb. 2.4-37 UV-Entkeimung (Prinzipschaltbild und Ansicht Einbau in Kastengerät) *(Werkbild Fa. Howatherm)*

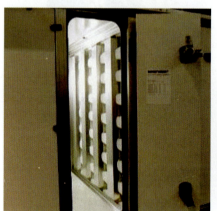 

Abb. 2.4-38 Kanalschalldämpfer im Kastengerät *(Werkbild Fa. Howatherm)*

Abb. 2.4-39
a   Schalldämpfer im Kastengerät *(Werkbild Fa. Robatherm)*

b (links)   Kanalschalldämpfer im Kastengerät *(Werkbild Fa. Howatherm)*
c (rechts)   Membranschalldämpfer im Kastengerät *(Werkbild Fa. Howatherm)*

Abb. 2.4-40
a (links)   Luftdurchlass (s. a. 2.5) Gitter *(Werkbild Fa. TROX)*
b (rechts)   Luftdurchlass (s. a. 2.5) Dralluftauslass
           (Werkbild, Fa. Schako Ferdinand Schad KG)

Abb. 2.4-41
a (links)   Drosselklappe (rund) (Werkbild, Fa. *TROX*)
b (rechts)   Brandschutzklappe (5125) (Werkbild, Fa. *TROX*)

Abb. 2.4-42
a (links)   Regelklappe (Werkbild Fa. *Howatherm*)
b (rechts)   Regelklappe (Werkbild Fa. *TROX*)

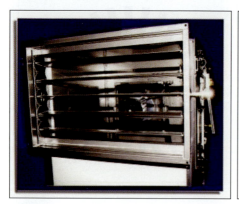

c (links)   Regel- und Absperrklappen im Kastengerät (Werkbild Fa. *Howatherm*)
d (rechts)   Volumenstromregler (Werkbild Fa. *TROX*)

Abb. 2.4-43
a (links)   Ansauggitter (Werkbild, Fa. *TROX*)
b (rechts)   Ansauggitter (Werkbild, Fa. *Howatherm*)

2.5   Luftführung im Raum (Raumströmung)

2.5.1   Allgemeine Aspekte

Die Luftführung im Raum wird sehr oft als ein rein technisches Problem angesehen. Sie ist als ein sehr sensibler Punkt in der planerischen Zusammenarbeit zwischen Architekt und Lüftungstechniker zu werten. Folgende Aspekte weisen auf Punkte der notwendigen Koordination und Abstimmung hin und charakterisieren Einflussgrößen auf die Luftführung:

- Gestaltung des Raumes (z.B. Abmessungen, bauliche Versperrungen, untergehängte Decken, Doppelböden),
- die Anordnung von Kanälen und Luftdurchlässen (Luftverteiler, Lufterfasser), bauliche und technologische Einrichtungen (Maschinen, Anordnung von Büromöbeln, Sitzreihen),
- einzuhaltende Behaglichkeitswerte (z.B. Luftgeschwindigkeit, Luftturbulenz, Lufttemperatur, akustische Werte),
- Beleuchtung (z.B. Anordnung von Lampen, Tageslicht (Fenster, Oberlichte, Brandschutz (Rauch- und Wärmeabzüge))) und
- Anordnung von verglasten Flächen (Heizkörper, öffenbare Fensterflächen).

Aus Tabelle 2.5-1 können die Einflussparameter mit den zu verwendenden Formelzeichen entnommen werden.

Tab. 2.5-1 Einflussparameter auf die Raumströmung

Parameter des Zuluftstrahls	$v_O \equiv v_{ZUL}$	Zuluftgeschwindigkeit
	$\Delta\theta_O$	Unter- oder Übertemperatur am Luftauslass
	m	Turbulenzfaktor bzw. Auslasskonstante $K = 1/m$
	$A_O(x,y)$	Form, Lage, Größe und Verteilung der Zuluftöffnungen
	x	Lauflänge
	I_O	Strahlimpuls $I_O = \rho * A_O * v_O^2$
Parameter des Raums	B_R, L_R, H_R	geometrische Abmessungen des Raums
	$h_{Ver}(x,y)$	Form, Lage und Größe von Versperrungselementen, z.B. bauliche und technologische Einrichtungen, Maschinen u.a.m.)
	θ_{Wand} bzw. θ_w	Temperatur der Wände bzw. der Fenster
	$A_{ABL}(x,y)$	Lage und Verteilung der Abluftöffnungen
Parameter im Raum	$\Phi(x,y)$	Intensität; Lage, Form und Verteilung der Wärme- oder Schadstofflasten (-quellen)
	T_U	Raumturbulenz
	v_X	zulässige Geschwindigkeit in der Aufenthaltszone bzw. am Körper oder an Gegenständen
	θ_a und $\varphi_{D,a}$	zulässige, durch die Behaglichkeit bestimmte Raumlufttemperatur und Raumluftfeuchte

Zu beachten ist: Nur eine gemeinsame abgestimmte, d.h. integrale Planung, ergibt eine vom Nutzer akzeptierte Lösung. Deshalb sollte auch der Architekt Kenntnisse über grundlegende Gesichtspunkte der Raumströmung besitzen.

Die Raumströmung exakt vorher zu berechnen, ist aufgrund ihrer Komplexität kaum eindeutig realisierbar. Für einfache bzw. bei klar definierten Randbedingungen kann eine Berechnung sowohl manuell als auch über entsprechende numerische Simulationsprogramme erfolgen.

Zweckmäßig erscheinen bei etwas kritischeren Bedingungen Modellversuche (bis zur Nachbildung von 1:50- bzw. 1:1-Lösungen von Teilbereichen).

Zu einer gelungenen Auslegung der Luftführung im Raum gehören grundlegende Kenntnisse der Strömung, praktischen Erfahrungen aus ausgeführten Objekten und auch gestalterische Aspekte bei der Anordnung der Luftkanäle und Luftdurchlässe.

Deshalb werden kurz Begriffe, Grundsätze, Luftführungsarten und Anwendungsbereiche von Luftdurchlässen erläutert.

2.5.2 Begriffe

Grundlegende Begriffe werden kurz charakterisiert, wobei ausführliche Darstellungen z. B. in [2-13], [2-13] und [2-30] zu finden sind.

Freistrahl: entsteht bei Luftaustritt mit der Geschwindigkeit v_O aus einer beliebi-
gen Öffnung, wenn die Strahlausbreitung frei und ohne Beeinflussung durch die
Raumbegrenzung oder andere Störungen (z. B. Unterzüge, Beleuchtung, halb hohe
Raumabtrennungen) erfolgt (Abbildung 2.5-1).

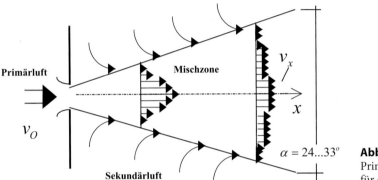

Abb. 2.5-1
Prinzipskizze
für einen Freistrahl

Wandstrahl: entsteht bei Luftaustritt in unmittelbarer Wandnähe. Er kann annähernd als halber Freistrahl betrachtet werden. Durch den Coanda-Effekt wird der
Strahl an die Wand herangezogen (Abbildung 2.5-2).

Raumstrahl: weist Abweichungen vom Verhalten der Freistrahlen auf z. B. infolge
von einem begrenzten Raumvolumen, dem Einfluss von Raumbegrenzungswän-
den, Störfaktoren im Raum (Wärmequellen, Versperrungen) (Abbildung 2.5-3).

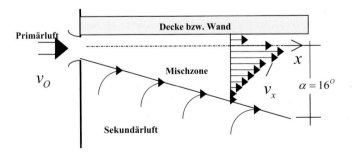

Abb. 2.5-2
Prinzipskizze
für einen Wandstrahl

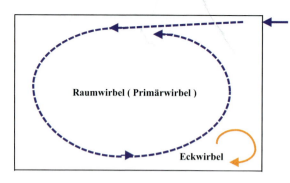

Abb. 2.5-3
Prinzipskizze für einen Raumstrahl
(in den Ecken des Raums bilden
sich Eckwirbel aus)

Strömungen infolge thermischer Kräfte:

Sind vertikal orientierte Luftbewegungen erwärmter oder abgekühlter Luft. Sie werden durch thermische Kräfte erzeugt und weisen ähnliche Eigenschaften wie mechanisch erzeugte Luftstrahlen auf:

- ***Wärmequellen:*** Φ_N und/oder Φ_S (s.a. 1.4.2), (Abbildung 2.5-4) oder durch Heizquellen (z.B. Heizkörper, Öfen) (Abbildung 2.5-5) und
- ***Wärmesenken:*** können vor allem an kalten Flächen entstehen (Fenster, kalte Außenwand). Sie werden als Kaltluftfall bezeichnet (Abbildung 2.5-6). Dieser tritt mit hoher Wahrscheinlichkeit auf, wenn $\theta_a - \theta_{o,i} > 4...5K$ ist. Deshalb sollte u. a. auch der Heizkörper unter der kalten Fläche angeordnet werden (s.a. Abbildung 2.5-5).

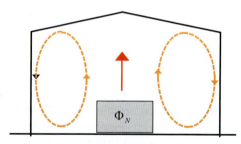

Abb. 2.5-4
Prinzipskizze für thermische Auftriebsströmungen durch innere Wärmequellen

Zu beachten ist: Beim Kaltluftfall kommt es nur zu einer minimalen Zumischung von Raumluft als Sekundärluft. Diese Kaltluft verbleibt aufgrund ihrer höheren Dichte im Bereich des Fußbodens (Kaltluftsee). Diese Tatsache wird im Zusammenhang mit thermischen Auftriebskräften (innere Kühllasten Φ_N, wie z.B. Menschen Φ_P oder Maschinen Φ_M) für die Quelllüftung genutzt (s.a. 2.5.4).

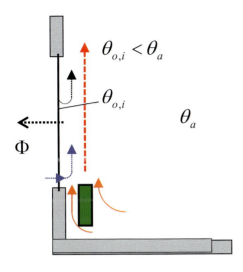

Abb. 2.5-5
Prinzipskizze für thermische Auftriebsströmungen durch einen Heizkörper vor
dem Fenster

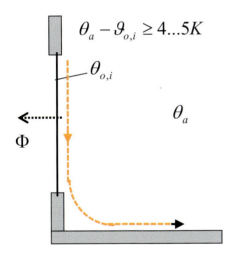

Abb. 2.5-6
Prinzipskizze für den Kaltluftfall an
einer kalten Fläche

Drallstrahl: entsteht nach Zuluftöffnungen mit speziellen Drall- und Wirbelein-
richtungen. Diese Sonderform eines „Freistrahles" zeichnet sich durch

- einen großen Temperaturdifferenzabbau $\Delta\theta_O = |\theta_a - \theta_{ZUL}|$
- einen großen Geschwindigkeitsabbau der Zuluftgeschwindigkeit v_O und
- eine hohe Turbulenz

aus.

Aus Abbildung 2.5-7 ist dies klar erkennbar. Nach einer Lauflänge von ca. $x = 1$ m
ist schon eine Reduktion der Zuluftgeschwindigkeit und der Zulufttemperaturdiffe-
renz um 75 % erfolgt und somit können die Luftaustrittsbedingungen am Luftauslass v_O und $\Delta\theta_O$ größer sein als bei einem Freistrahl.

Isothermer Strahl: liegt vor, wenn kein Temperaturunterschied zwischen Zu- und Raumluft besteht.

Nichtisothermer Strahl: tritt bei allen lüftungstechnischen Anlagensystemen und der „Freien Lüftung" auf, wenn ein Temperaturunterschied zwischen Zu- und Raumluft $\Delta\theta_O = |\theta_a - \theta_{ZUL}| >$ bzw. < 0 besteht.

Aus Abbildung 2.5-8 wird deutlich, dass mit einem bezüglich des Luftaustrittswinkels nicht regelbaren Luftdurchlass die Funktionen „Luftheizen" und „Luftkühlen" bei der Strahlausbreitung entgegengesetzt wirken.

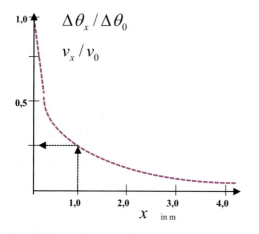

Abb. 2.5-7
Schematische Darstellung des Temperaturdifferenzabbaus und Geschwindigkeitsabbaus bei Drallstrahlen

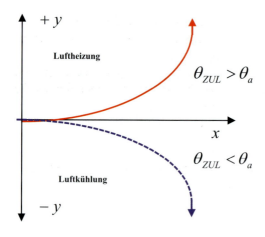

Abb. 2.5-8
Schematische Darstellung des Zuluftstrahlverlaufs bei Luftheizung und Luftkühlung

Tabelle 2.5-2 gibt Orientierungswerte für die Richtungsänderung von horizontalen und vertikalen Zuluftstrahlen bei gekühlter und beheizter Luft.

Tab. 2.5-2   Richtungsänderung des Zuluftstrahls bei Luftheizung und Luftkühlung

	$\theta_{ZUL} > \theta_a$	$\theta_{ZUL} < \theta_a$
Richtungsänderung	nach oben	nach unten
horizontaler oder schwach geneigter *Zuluftstrahl*	Ablenkung zur Decke	Ablenkung zum Fußboden
vertikaler Zuluftstrahl		
von oben nach unten	Verzögerung	Beschleunigung
von unten nach oben	Beschleunigung	Verzögerung

2.5.3   Grundsätze

Folgende Grundsätze sollten bei der Planung der Raumströmung bzw. bei der Anordnung der Zuluft- und Abluftöffnung unter Berücksichtigung von strömungstechnischen Aspekten und von architektonischen und nutzerspezifischen Randbedingungen Beachtung finden.

- Zuluftgeschwindigkeit, Zulufttemperatur und Luftzusammensetzung sind so zu wählen, dass die thermischen und hygienischen Behaglichkeitskriterien (s. a. DIN EN 13779 [2-7], DIN EN 15251 [2-31]) gewährleistet werden.
- Zugerscheinungen und unzulässige Schadstoff- oder Staubanreicherungen im Arbeits- und Aufenthaltsbereich sind zu vermeiden.
- Die Strömungsform der Zuluftstrahlen (der Raumströmung) stellt sich nach dem *Prinzip des geringsten Energieverlustes* ein.
- Es ist ein klares und stabiles Strömungsbild in Übereinstimmung mit der Nutzung des Raumes anzustreben.
- Die Intensität der Raumdurchspülung ist eine Funktion des Zuluftimpulses $I_O = A_O * \rho * v_O^2$ und wird durch das Verhältnis des Zuluftimpulses zum Raumvolumen V_R bestimmt.
- Die Intensität der Kühllasten oder Schadstofflasten und/oder die Lage und Größe von baulichen oder nutzungsbedingten Versperrungen beeinflussen die Wahl des Luftführungssystems und die Raumströmung.

Zuluftöffnung:

Zu beachten ist: Durch die Lage und Anordnung der Zuluftöffnung im Raum und dem Zuluftimpuls wird im Allgemeinen die Raumströmung bestimmt.

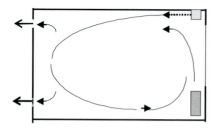

Abb. 2.5-9
Schematische Darstellung der Unterstützung
der thermischen Auftriebsströmung durch den
Zuluftstrahl

Tabelle 2.5-3 gibt Orientierungswerte für eine günstige Anordnung an.

Tab. 2.5-3 Orientierungshinweise für die Anordnung der Zuluftöffnung

		Hinweise
in niedrigen Räumen	mit Personen	▪ im Deckenbereich anordnen ▪ Drehrichtung des Raumwirbels so wählen, dass die Personen weitestgehend von vorn angeströmt werden
in hohen Räumen	mit Personen	▪ horizontal in ca. 4...6 m Höhe einblasen ▪ i. Allg. Anwendung der Wurflüftung
in Räumen mit	hohen Kühllasten Φ	▪ im Fußbodenbereich ▪ Quelllüftung (s. a. 2.5.4)
	großen Fensterflächen	▪ teilw. Luftzuführung unter den Fenstern oder ▪ Unterstützung von thermischen Auftriebsströmungen (s. a. Abbildung 2.5-9) ▪ zum Abfangen von Kaltluftströmen

Abluftöffnung:

Zu beachten ist: Die Lage der Abluftöffnung ist bei intensiver Durchmischung des Raums von untergeordneter Bedeutung, jedoch nicht bei Quelllüftungssystemen.

Abbildung 2.5-10 zeigt schematisch die mögliche und richtige Anordnung der Abluftöffnung.

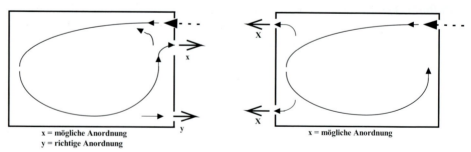

x = mögliche Anordnung
y = richtige Anordnung

x = mögliche Anordnung

Abb. 2.5-10 Schematische Darstellung für mögliche und richtige Anordnung der Abluftöffnung

Bei

- teilweiser Raumbelüftung,
- intensiven Wärme-, Schadstofflasten (-quellen) und
- induktionsarmer Raumdurchspülung

sind folgende *Grundsätze zu beachten:*

- intensive Quellen am Ort der Entstehung absaugen,
- Schadstoffe entsprechend ihrer Dichte oben oder unten absaugen,
- bei sehr hohen Räumen (z.B. Industriehallen, überdachte Atrien) und großen Wärmequellen die Abluftöffnung über der Wärmequelle anordnen,
- bei hohen Wärme- und/oder Schadstofflasten unter Ausnutzung des „Thermikschlauches" direkt über der Entstehung absaugen (z.B. Küchen) (s.a. Abbildung 2.5-11) und
- bei geringem Strahlimpuls und/oder hohen Versperrungen in der Aufenthaltszone absaugen.

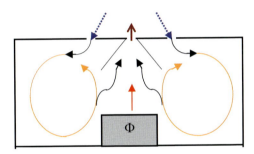

Abb. 2.5-11
Schematische Darstellung der Erfassung von
thermischen Auftriebsströmungen

Versperrungen im Raum:
Versperrungen im Decken- und/oder Fußbodenbereich können erheblich die Raumströmung beeinflussen und u.a. Diskomfortzonen im Aufenthaltsbereich schaffen.

Deshalb sind Versperrungen möglichst längs zur Strömungsrichtung anzuordnen; bei querliegenden Versperrungen (Deckenbereich: Unterzüge, Beleuchtungskörper) muss ein Ablenken des Zuluftstrahls vermieden werden (Höhe der Versperrung h_{ver} < Abstand zwischen Zuluftauslass und Versperrung x_{ver}; $h_{ver} < 0,04 * x_{ver}$).

2.5.4 Luftführungsarten

Nach [2-13], [2-14] und [2-30] werden die Luftführungsarten unterschieden in

- Lüftung nach dem Vermischungsprinzip,
- Verdrängungslüftung,
- Quelllüftung.

Diese Luftführungsarten können auch miteinander kombiniert werden.

Lüftung nach dem Vermischungsprinzip:

ist charakterisiert durch eine bewusste, mithilfe von Freistrahlen erzielte Vermischung von Zuluft und Raumluft. Dabei ist es nach [2-15] relativ gleichgültig, ob

- die Luft im gesamten Raum („tangentiale" Luftführung: z.B. *Wurflüftung* (Wurflüftung mittels Düsen (Abbildung 2.5-12)) bzw. „diffuse" Luftführung: z.B. *Drallströmung* mittels Drallstrahl)
- oder nur örtlich begrenzt vermischt wird (*lokale Klimagestaltung* (Abbildung 2.5-13),
- oder die Zuluftführung über die Fußbodenkonstruktion (Fußbodendrallauslässe, luftdurchlässiger Teppichboden) (Abbildung 2.5-14) erfolgt.

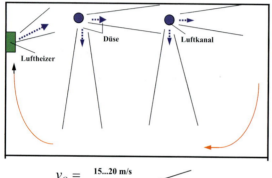

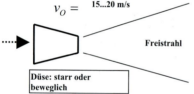

Detail: Düse
Anwendung von Freistrahlen

Abb. 2.5-12 Schematische Darstellung einer Wurflüftung mittels Düsen (DIRIVENT-System) zur Luftheizung großer Hallenkomplexe

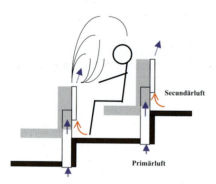

Abb. 2.5-13
Schematische Darstellung einer lokalen Klimagestaltung bei einer Stuhllehnenbelüftung

Verdrängungslüftung:

ist dadurch charakterisiert, dass es zu einer möglichst geringen Vermischung zwischen der Zuluft und der Raumluft kommt. Die kolbenartige, vermischungsfreie Verdrängung der Raumluft ist praktisch nur schwer realisierbar (Abbildung 2.5-15). Kleinste Störungen können diese Strömung stark beeinflussen.

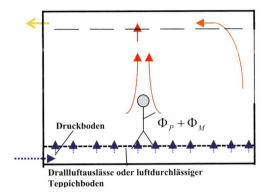

Abb. 2.5-14
Schematische Darstellung der diffusen Luftführung über den Teppichboden bzw. Fußbodendrallauslässe

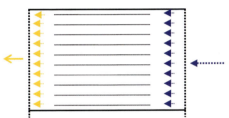

Abb. 2.5-15
Schematische Darstellung einer Verdrängungslüftung

Quelllüftung:

ist charakterisiert durch eine örtlich begrenzte, zugfreie Zuführung kühler Luft, die kombiniert wird mit der Eigenkonvektion über Wärme- und/oder Schadstofflasten (-quellen). Sie ist eine Sonderform der Verdrängungslüftung (*Quelllüftung* (Abbildung 2.5-16)), *„Stille Kühlung"* (System Gravivent)(Abbildung 2.5-17).

Diese Systeme werden immer häufiger angewendet, vor allem bei

- hohen inneren Kühllasten (auch in Kombination von Flächenkühlung an der Decke) und/oder
- hohen akustischen Forderungen im Raum.

Die Luftaustrittsgeschwindigkeit v_O sollte in einem Bereich $\leq 0,15...0,25$ m/s liegen, so dass die Austrittsfläche relativ groß wird. Die Kontur der Austrittsfläche kann vielgestaltig sein und u.U. auch als architektonisches Gestaltungselement genutzt werden (s.a. Abbildungen 2.5-33 und 2.5-34).

Der Zuluftvolumenstrom $q_{V,ZUL}$ ist zu minimieren, d.h., er entspricht im Allgemeinen dem hygienisch bedingten Mindestaußenluftvolumenstrom $q_{V,AUL,min}$.

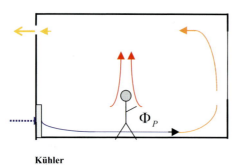

Abb. 2.5-16
Schematische Darstellung einer Quelllüftung

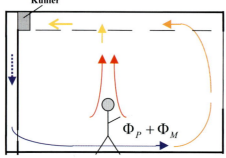

Abb. 2.5-17
Schematische Darstellung der „Stillen Kühlung" *(System Gravivent)*

Tabelle 2.5-4 gibt eine Übersicht über Anwendungsbeispiele der Luftführungsarten und spezieller charakteristischer Aspekte (wie z.B. Kühllast Φ bzw. φ, Wurfweite X, Raumhöhe H_R).

Tab. 2.5-4   Anwendungsbereiche der Luftführungsarten

Luftführungsart	Charakteristik	Anwendungsbeispiele
horizontale Wurflüftung Zuluft – Abluft a) oben – oben b) oben – unten	Vermischung von Zu- und Raumluft, keine Temperaturschichtung ▪ Kühllast: $\varphi \geq$ 40 .... 120 W/m² ▪ Wurfweite: $X \leq$ 2..3 (5) * H_R ▪ Raumhöhe: $H_R \geq$ (2,8) ..3,5 m	häufigste Luftführungsart bei geringen Anforderungen ▪ Industrielüftung ▪ untergeordnete Räume ▪ b) bei „schweren" Schadstoffen,
horizontale Wurflüftung mit Düsen oben – oben Seite – oben	Vermischung von Zu- und Raumluft keine Temperaturschichtung Lage der Abluftöffnung ohne Einfluss ▪ Kühllast: $\varphi \geq$ 100 W/m² ▪ Wurfweite: $X \leq 5 * \sqrt{B._R * H._R}$ ▪ Raumhöhe: $H_R \geq$ 4,0 m	großflächige, hohe Räume mit ▪ geringen Versperrungen ▪ kleinen Kühllasten ▪ geringen Anforderungen ▪ Luftheizung ▪ Sporthallen ▪ Industrielüftung

Tab. 2.5-4 Anwendungsbereiche der Luftführungsarten (Forts.)

Luftführungsart	Charakteristik	Anwendungsbeispiele
horizontale Wurflüftung bzw. diffuse Luftführung a) Seite – oben b) Seite – oben/unten	teilweise Vermischung von Zu- und Raumluft eventuell Temperatur- und Dichteschichtung - Kühllast: $\varphi \geq 40 \dots 120 \; W/m^2$ - Raumhöhe: $H_R \geq 5{,}0 \; m$ - Höhe der Zuluftöffnung: $h_{ZUL} \approx 3{,}5 \; m$	in hohen Räumen - Industrielüftung - Lüftung in landwirtschaftlichen Gebäuden - b.) in Batterieräumen
vertikale Wurflüftung bzw. diffuse Luftführung a) oben – oben b) oben – unten	teilweise Vermischung von Zu- und Raumluft gezielte Luftabführung instabile Luftströmung Temperaturschichtung bei a.) - Kühllast: $\varphi \geq 100 \dots 200 \; W/m^2$ - Raumhöhe: $H_R \geq 2{,}7 \; m$	bei konzentrierten Wärmequellen a) in hohen Räumen b) bei „schweren Schadstoffen" oder hohen Anforderungen a) - Industrielüftung - Küchenlüftung - EDV-Räume b) - Theater, Hörsäle - spez. Industrielüftung - EDV-Räume
diffuse Luftführung unten – oben Sonderform: Quelllüftung Sonderform: Stille Kühlung (System: Gravivent)	stabile Luftströmung Ausnützung des Temperaturprofils im Raum - Kühllast: $\varphi \geq 100 \dots 200 \, (350) \; W/m^2$	bei hohen Kühllasten und/oder hohen Anforderungen - Maschinenbelüftung - EDV-Räume - Stuhlbelüftung, Stufenbelüftung in Hörsälen, Kinos, Theatern - Funk- und Fernsehstudios
Verdrängungslüftung a) horizontal b) vertikal	turbulenzarme Luftverdrängung - Kühllast: $\varphi \geq 300 \; W/m^2$ - Raumhöhe bzw. Raumlänge: $H_R \; bzw. \, L_R \leq 5{,}0 \; m$ - Zuluftgeschwindigkeit $v_O = v_{ZUL} \leq 0{,}45 \pm 0{,}1 \; m/s$	in reinen Räumen oder bei extrem hohen Kühllasten - elektronische und optische Industrie - spezielle Operationsräume b) bei großen Raumbreiten und hohen Kühllasten

2.5.5 Luftdurchlässe (Luftauslässe)

Luftdurchlässe werden unterteilt in

- Luftverteiler und
- Lufterfasser.

Luftdurchlässe werden in den verschiedensten Formen (Konstruktion, Befestigung, Material, Design, Farbgestaltung) und für die unterschiedlichsten Anwendungsfälle und Luftführungssysteme angeboten. Die Auswahl hängt sowohl von der richtigen Luftführung im Raum als auch von architektonischen Gesichtspunkten (Design, Farbe, Material) und nutzungsspezifischen Forderungen ab.

Luftverteiler können im Allgemeinen auch als Lufterfasser verwendet werden.

Anwendungsbereiche von Luftdurchlässen

Für die Vorauswahl von Luftdurchlässen bei einer vorgegebenen Luftführung und Kenntnis der Wärmelast Φ bzw. φ gibt Tabelle 2.5-5 Anhaltswerte.

Die Aussagen in Tabelle 2.5-5 gelten unter der Voraussetzung, dass behagliche Raumklimabedingungen im Aufenthaltsbereich unter normalen Nutzungsbedingungen des Raumes gewährleistet werden.

Tab. 2.5-5 Orientierungswerte für die Auswahl von Luftdurchlässen als Funktion der spezifischen Wärmelast φ (bezogen auf die Fußbodenflächen A_B)

Luftauslass	spez. Wärmelast φ in W/m²$_{FB}$		
	Raumhöhe H_R in m		
	3	5	8
Düse	50	60	100
Lüftungsgitter	60	100	150
divergierende Gitter	90	150	225
Anemostate	90	140	–
Induktionsgeräte	60	100	–
Lüftungsdecken	120	200	–
Schlitzauslass, Düsenschiene	180	250	–
Fußbodendrallauslass	140	170	200
Drallauslass	200	280	350
Prallplattenverteiler	150	200	250
Filterdecke bzw. -wände	> 300	> 300	–
Pultbelüftung mit Drallauslasselementen	< 140 (je Stuhl)		

In den Abbildungen 2.5-18 a bis 2.5-25 e wird beispielhaft die Vielfalt der unterschiedlichsten Luftdurchlässe dargestellt.

Abb. 2.5-18
a (links)   Fußbodendralldurchlass *(Werkbild Fa. Krantz)*
b (rechts)   Fußbodendurchlass *(Werkbild Fa. TROX)*

c (links)   Fußbodendurchlass *(Werkbild Fa. TROX)*
d (rechts)   Fußbodendurchlass (Gitter) *(Werkbild Fa. TROX)*

e (links)   Fußbodendurchlass, Konvektor *(Werkbild Fa. EMCO)*
f (rechts)   Fußbodendurchlass, Konvektor, (Wirkprinzip) *(Werkbild Fa. EMCO)*

Abb. 2.5-19
a Lüftungsgitter *(Werkbild Fa. TROX)*

b Kugeldüsen im Rohr
(Werkbild Fa. TROX)

c Rundrohrdurchlässe
(Werkbild Fa. EMCO)

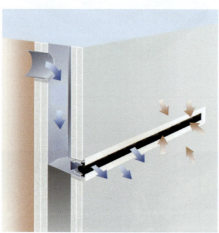

d Wandschlitzdurchlass Snap 3
(Werkbild , Fa. Kiefer)

Abb. 2.5-19 (Forts.)
e Rundrohrdurchlässe in Anwendung
(Werkbild Fa. EMCO)

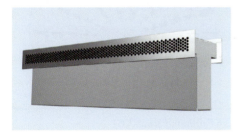

f Wandschlitzdurchlass Silent TG
(Werkbild, Fa. Kiefer)

g Kugeldüsendurchlass
(Werkbild, Fa. TROX)

Abb. 2.5-20
a (links) Deckendralldurchlass *(Werkbild, Fa. TROX)*
b (rechts) Deckendralldurchlass *(Werkbild, Fa. Schako Ferdinand Schak KG)*

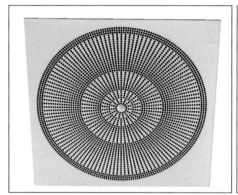
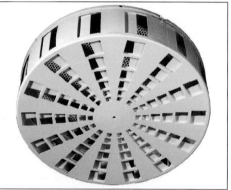

c (links) Deckendurchlass *(Werkbild, Fa. Schako Ferdinand Schak KG)*
d (rechts) Deckendurchlass *(Werkbild, Fa. Schako Ferdinand Schak KG)*

e (links) Deckendralldurchlass *(Werkbild, Fa. Kiefer)*
f (rechts) Deckendralldurchlass *(Werkbild, Fa. Kiefer)*

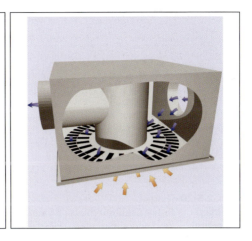

Abb. 2.5-20 (Forts.)
g (links) Deckendralldurchlass *(Werkbild, Fa. Kiefer)*
h (rechts) Deckendralldurchlass, (Wirkprinzip) *(Werkbild, Fa. Kiefer)*

i (links) Deckendralldurchlass *(Werkbild, Fa. EMCO)*
j (rechts) Deckendralldurchlass *(Werkbild, Fa. EMCO)*

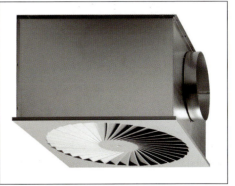

k (links) Deckendralldurchlass *(Werkbild, Fa. Krantz)*
l (rechts) Deckendralldurchlass *(Werkbild, Fa. EMCO)*

Abb. 2.5-20 (Forts.)
m (links) Industrieluftdurchlass *(Werkbild, Fa. EMCO)*
n (rechts) Deckendralldurchlass, (Heizfall) *(Werkbild, Fa. EMCO)*

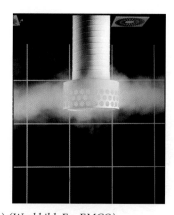

o (links) Deckendralldurchlass, (isotherm) *(Werkbild, Fa. EMCO)*
p (rechts) Deckendralldurchlass, (Kühlfall) *(Werkbild, Fa. EMCO)*

q (links) Industrieluftdurchlass *(Werkbild, Fa. EMCO)*
r (rechts) Industrieluftdurchlass *(Werkbild, Fa. EMCO)*

Abb. 2.5-21
a Kugeldüsendurchlass
(Werkbild, Fa. TROX)

b Kugeldüsendurchlass,
(Werkbild, Fa. TROX)

Abb. 2.5-22
a Dralldüsenschienen
(Werkbild Fa. Schako Ferdinand Schak KG)

b Kugeldüsenschienen
(Werkbild, Fa. TROX)

c Schlitzdurchlass
(Werkbild, Fa. Krantz)

Abb. 2.5-22 (Forts.)
d Schlitzdralldurchlass(SAL 35)
(Werkbild, Fa. EMCO)

e Schlitzdurchlass (INDUL P)
(Werkbild, Fa. Kiefer)

f Schlitzdurchlass
(INDUL P – Wirkprinzip)
(Werkbild, Fa. Kiefer)

Abb. 2.5-23
a (links)   Wandquellluftdurchlass *(Werkbild, Fa. Schako Ferdinand Schak KG)*
b (rechts)   Quellluftdurchlass (rund) *(Werkbild; Fa. Schako Ferdinand Schak KG)*

c (links)   Quellluftdurchlass (halbrund) *(Werkbild; Fa. EMCO)*
d (rechts)   Quellluftdurchlass (rund) *(Werkbild; Fa. EMCO)*

e (links)   Quellluftdurchlass *(Werkbild; Fa. TROX)*
f (rechts)   Quellluftdurchlass (halbrund, rund) *(Werkbild; Fa. TROX)*

Abb. 2.5-23 (Forts.)
g (links) Quellluftdurchlass *(Werkbild; Fa. TROX)*
h (rechts) Quellluftdurchlass *(Werkbild; Fa. TROX)*

i Quellluftdurchlass *(Werkbild; Fa. Kiefer)*

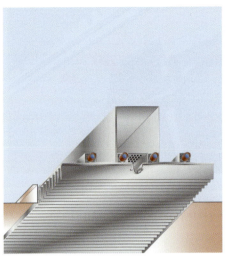

Abb. 2.5-24
a (links)   Luftdurchlass in Kombination mit Kühlelement *(Werkbild; Fa. Kiefer)*
b (rechts)   Luftdurchlass in Kombination mit Kühlelement (Prinzipskizze)
              (Werkbild; Fa. Kiefer)

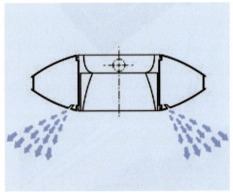

c (links)   Luftdurchlass in Kombination mit Deckenleuchte *(Werkbild; Fa. Kiefer)*
d (rechts)   Luftdurchlass in Kombination mit Deckenleuchte (Prinzipskizze)
              (Werkbild; Fa. Kiefer)

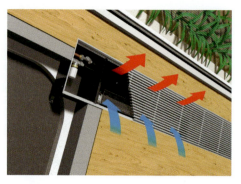

Abb. 2.5-25
a (links)   Fußbodenkonvektoren, Heizen *(Werkbild Fa. EMCO)*
b (rechts)   Fußbodenkonvektoren, Heizen (Prinzipskizze) *(Werkbild Fa. EMCO)*

c   Fußbodenkonvektoren, Heizen oder Kühlen, Primärluftanschluss
       (Werkbild Fa. EMCO)

d (links)   Fußbodenkonvektoren, Heizen (Prinzipskizze) *(Werkbild Fa. EMCO)*
e (rechts) Fußbodenkonvektoren, Heizen (Prinzipskizze) *(Werkbild Fa. EMCO)*

2.6 RLT-Zentrale

2.6.1 Raumbedarf

Der Flächen- und Raumbedarf für die Anzahl und Größe der Luftbehandlungsgeräte wird bestimmt durch (s.a. [2-32][4], [2-33] und [2-7])

- den Luftvolumenstrom,
- die Anzahl der thermischen Aufbereitungsstufen,
- Bauelemente, wie z.B. Schalldämpfer, Filter,
- Anschlusselemente an das Luftkanalsystem.

Die Länge der Geräte L_{RLT} ist eine Funktion der Luftaufbereitung und des Luftvolumenstroms q_V. Die Breite B_{RLT} bzw. die Höhe H_{RLT} sind eine Funktion der Anordnung der Bauelemente des Gerätes und des Luftvolumenstroms q_V.

Bei der Wahl der Raumhöhe H_{ges} und der Grundfläche A_{ges} müssen berücksichtigt werden:

- das Seitenverhältnis (L_{ges} / B_{ges} = 1,5 .... 3,0 : 1),
- Bedienung, Wartung, Instandhaltung,
- die Leitungsführung der Luftkanäle,
- die Leitungsführung der Ver- und Entsorgung,
- eine möglichst vollflächige Ausnutzung der Grundfläche durch die Anordnung der Geräte.

Die Mindesthöhe der Technikzentrale H_{ges} sollte (muss) ≥ 3,00 m sein.

Aus Abb. 2.6-1 sind schematisch die erforderlichen geometrischen Beziehungen zur Ermittlung der Raumhöhe H_{ges} und des Flächenbedarfs A_{ges} zu entnehmen, wobei sich die Maße $L_{RLT}; B_{RLT}; H_{RLT}$ aus der Geräteauswahl ergeben.

$$L_{ges} \geq L_{RLT} + L_1 + L_3 + L_4$$

$$B_{ges} \geq B_{RLT} + B_1 + B_2$$

$$H_{ges} \geq H_{RLT} + H_4 + H_5$$

$$A_{ges} = L_{ges} * B_{ges}$$

---

4 Die Beschreibung des Aufbaus und der Flächenanforderung wird zukünftig der VDI 2050 zugeordnet.
[2-33] beinhaltet die technischen und baulichen Anforderungen an zentrale Raumlufttechnische Anlagen

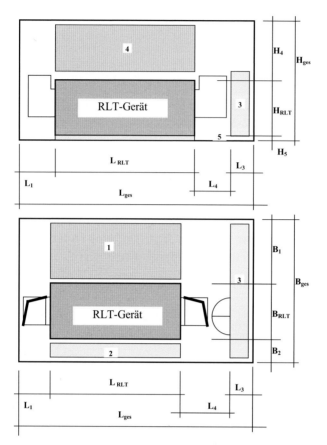

Abb. 2.6-1
Schematischer Grundriss
und Schnitt durch eine RLT-
Zentrale

Legende:

L_{ges}	Länge der RLT-Zentrale		B_{ges}	Breite der RLT-Zentrale		H_{ges}	Höhe der RLT-Zentrale	
L_{RLT}	Länge des RLT-Geräts		B_{RLT}	Breite des RLT-Geräts		H_{RLT}	Höhe des RLT-Geräts	
L_1	Abstand zwischen Wand und RLT-Gerät + Kanalanschluss		B_1	Wartungsraum, Abstand zwischen RLT-Gerät und Wand		H_4	Installationsraum für Luftkanalsystem,. Abstand zwischen RLT-Gerät und Decke	
L_3	Tiefe der MSR- und GLT-Schränke		B_2	Breite für Anordnung der Versorgungsleitungen		H_5	Höhe des Fundaments oder Grundrahmens	
L_4	Abstand zwischen RLT-Gerät und MSR-Schrank + Kanalanschluss							
1	Platzbedarf für die Wartung		2	Platzbedarf für die Versorgungsleitungen		3	Schaltbereich für GLT und MSR	
4	Installationsraum für Luftleitsystem + Elektroinstallation		5	Grundrahmen				

Folgende Mindestwerte sollen eingehalten werden:

$$L_1 \geq 0{,}20\,m + 0{,}75 * B_{RLT} \;;\; L_3 \geq 0{,}30\,m \;;\; L_4 \geq 0{,}50\,m + 0{,}75 * B_{RLT}$$

$$B_1 \geq B_{RLT} \;;\; B_2 \geq 0{,}80\,m$$

$$H_4 \geq B_{RLT} \; bzw. \geq H_{RLT} \;;\; H_5 \geq 0{,}05.....0{,}10\,m$$

Die Abschätzung der Gerätehöhe H_{RLT} und der Breite B_{RLT} erfolgt in Abhängigkeit vom Luftvolumenstrom bei einer Geschwindigkeit von 2 (bis 3) m/s.

Die Abschätzung der Gesamtbaulänge L_{RLT} eines raumlufttechnischen Zentralgeräts resultiert der Summe der Einzellängen L_B der erforderlichen Bauelemente unter Berücksichtigung des Platzbedarfs für Anströmung, Abströmung und Wartung (Tabelle 2.6-1) nach [2-32].

Tab. 2.6-1 Bauteillängen L_B in m (Orientierungswerte, *!! herstellerabhängig !!*)

Bauelement	$q_V < 10.000$ m³/h	$10.000\,m³/h > q_V < 30.000$ m³/h	$q_V > 30.000$ m³/h
externe Jalousieklappen	0,2	0,2	0,2
Anströmkammer, Abströmkammer	0,8	1,3	1,8
Taschenfilter	1,5	1,8	2,1
Aktivkohlefilter	1,2	1,5	1,8
Mischkammer	0,8	1,3	1,8
Wärmeübertrager: Heizen	0,6	1,0	1,4
Wärmeübertrager: Kühlen + TRA	0,9	1,3	1,7
Ventilatoreinheit	1,7	2,4	3,2
Umlaufsprühbefeuchter	1,5	2,0	2,5
Dampfbefeuchter	2,0	2,2	2,4
Verdunstungsbefeuchter	1,2	1,6	2,0
WRG: Plattentauscher	1,6	2,6	3,6
WRG: Wärmerohr	0,9	1,3	1,7
WRG: KVS (je Wärmeübertrager)	0,9	1,3	1,7
WRG: Rotor	1,6	2,1	2,6
Schalldämpfer (250 Hz, Dämpf. 15 Hz)	1,0	1,4	1,8
Schalldämpfer (250 Hz, Dämpf. 25 Hz)	1,5	1,9	2,3
Schalldämpfer (250 Hz, Dämpf. 35 Hz)	2,0	2,4	2,8
Schalldämpfer (250 Hz, Dämpf. 45 Hz)	2,5	2,9	3,3

Beispiel 2.6-1:

gegeben:

Luftheizanlage, $q_{V,ZUL} = q_{V,SUP} = 12.000 \text{ m}^3/\text{h}$

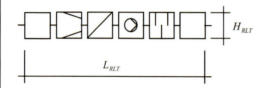

nach Geräteherstellerunterlagen:

$L_{RLT} = 6,1 \text{ m}$ $\qquad$ $B_{RLT} = 1,7 \text{ m}$ $\qquad$ $H_{RLT} = 1,4 \text{ m}$

Berechnung der Teillängen und Mindestvorgaben $\qquad$ **Ergebnis:**

$L_1 = 0,20 + 1,3 = 1,5 \text{ m}$ $\quad$ $L_3 = 0,3 \text{ m}$ $\quad$ $L_4 = 0,5 + 1,3 = 1,8 \text{ m}$ $\quad$ $L_{ges} = 6,1 + 1,5 + 0,3 + 1,8$
$= 9,7 \text{ m}$

$B_1 = 1,7 \text{ m}$ $\qquad\qquad$ $B_2 = 0,8 \text{ m}$ $\qquad\qquad\qquad$ $B_{ges} = 1,7 + 1,7 + 0,8 = \mathbf{4,2 \text{ m}}$

$H_4 = 1,4 \text{ m}$ $\qquad\qquad$ $H_5 = 0,10 \text{ m}$ $\qquad\qquad\qquad$ $H_{ges} = 1,4 + 1,4 + 0,10 = \mathbf{2,9 \text{ m}}$
$H_{ges} \geq 3,0 \text{ m}$

$L_{ges} / B_{ges} = 9,7 / 4,2 = \mathbf{2,3 : 1}$ $\qquad\qquad\qquad$ $A_{ges} = 9,7 * 4,2 = \mathbf{40,7 \text{ m}^2}$

Nach DIN EN 13 779 [2-7] kann der Flächenbedarf und die Raumhöhe in Abhängigkeit des Luftvolumenstroms nach den Abbildungen 2.6-2 und 2.6-3 zur groben Orientierung ermittelt werden.

Für die Schächte (Steiger) empfiehlt [2-7] in Abhängigkeit vom Luftvolumenstrom und der Luftleitungsform orientierungsmäßig eine Querschnittfläche (Abb. 2.6-4). Im Allgemeinen sollten die Steiger, insbesondere wenn noch andere versorgungstechnische Leistungen in diesen geführt werden (in Abb. 2.6-4 der obere Werte), einen rechteckigen Querschnitt aufweisen (mindestens 1 : 2).

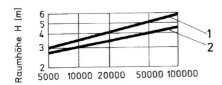

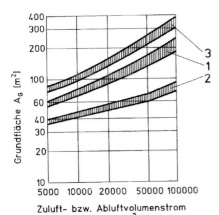

Abb. 2.6-2
Raumhöhe und Flächenbedarf einer RLT-Zentrale als Funktion der Luftvolumenstroms q_V nach DIN EN 13 779

Oberes Bild:

1: Zuluftanlage
2: Abluftanlage

Unteres Bild:

1: Zuluftanlage
2: Abluftanlage
3: Zuluft- und Abluftanlage

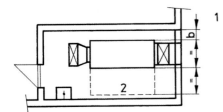

Abb. 2.6-3
Platzbedarf für RLT-Gerät in Zentrale nach DIN EN 13 779
1: b = 0,4 * Höhe des RLT-Ge-rätes, jedoch mindestens 0,5 m
2: Wartungsbereich, mindestens Breite des RLT-Gerätes

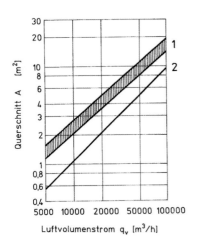

Abb. 2.6-4
Schachtquerschnitte für Lüftungsleitungen nach DIN EN 13 779

1: Schächte für Rohrleitungen und Kanäle
2: Schächte für direkten Lufttransport

Die Tabellen 2.6-2 bis 2.6-4 zeigen nach [2-10] weitere Orientierungswerte für den Flächenbedarf von RLT-Zentralen und Steigern. Tabelle 2.6-5 weist Mindesthöhen für die Unterbringung von RLT-Anlagenteilen aus.

Tab. 2.6-2 Flächenbedarf – Mindestraumhöhen – *raumlufttechnische Anlagen*
(kleiner Wert: 1 Filterstufe, großer Wert: 2 Filterstufen + Aktivkohlefilter)

	Luftvolumenstrom in m³/h bzw. m³/s						
	10.000 bis 15.000	15.000 bis 20.000	20.000 bis 35.000	35.000 bis 50.000	50.000 bis 75.000	75.000 bis 100.000	Verhältnis
	2,78 bis 4,17	4,17 bis 5,55	5,55 bis 9,72	9,72 bis 13,89	13,89 bis 20,83	20,83 bis 27,77	Länge zu Breite des Raums
Grundfläche	m²	m²	m²	m²	m²	m²	
Be- und Entlüftungsanlagen mit Umluft- u. Außenluftkammer							
	26 – 39	39 – 52	52 – 65	72 – 85	85 – 104	104 – 124	1,5 :1 bis 2,0 : 1
Be- und Entlüftungsanlagen mit Kühlung (ohne Raumansatz für Kältemaschine)							
	33 – 46	46 – 58	58 – 72	78 – 91	91 – 110	110 – 130	1,5 :1 bis 2,0 : 1
Klimaanlagen							
	39 – 52	52 – 65	65 – 85	85 – 104	98 – 150	117 – 200	2,6 :1 bis 3,0 : 1
Lichte Raumhöhe in m	3,0	3,2	3,5	3,5	3,5	4,0	

Anmerkung: Werte gelten auch für Zweikanal- und Hochgeschwindigkeitsanlagen inkl. Filterkammer und Wärmerückgewinnung

Tab. 2.6-3 Flächenbedarf – Mindestraumhöhen – *raumlufttechnische Geräte*
(kleiner Wert: 1 Filterstufe, großer Wert: 2 Filterstufen + Aktivkohlefilter)

RLT-Geräte	Luftvolumenstrom in m³/h bzw. m³/s					
	bis 5.000 bis 1,38		5.000 – 10.000 1,38 – 2,76		10.000–15.000 2,76 – 4,14	
	Grund-fläche in m²	Mindest-höhe in m	Grund-fläche in m²	Mindest-höhe in m	Grund-fläche in m²	Mindest-höhe in m
Kastengeräte						
Abluft	7–11		8–16		8–20	
Zuluft ohne Heizung	8–16	2,50	9–17	3,00	12–23	3,00
Zuluft m. Heizung u. Misch-kammer	9–17		12–20		18–30	
dgl., aber stehend	7–14		8–16		12–23	

Tab. 2.6-3 Flächenbedarf – Mindestraumhöhen – *raumlufttechnische Geräte*
(kleiner Wert: 1 Filterstufe, großer Wert: 2 Filterstufen + Aktivkohlefilter) (Forts.)

RLT-Geräte	Luftvolumenstrom in m³/h bzw. m³/s					
	bis 5.000 bis 1,38		5.000 – 10.000 1,38 – 2,76		10.000–15.000 2,76 – 4,14	
	Grund-fläche in m²	Mindest-höhe in m	Grund-fläche in m²	Mindest-höhe in m	Grund-fläche in m²	Mindest-höhe in m
Kombinationsgeräte für Zu- und Abluft						
liegende Ausführung	10–18		13–21		17–27	
übereinander ange-ordnet	9–17	2,50	12–20	3,00	14–26	3,00
stehende Ausführung	8–16		9–17		12–23	
Kombinationsgeräte für Zu- und Abluft						
mit Küh-lung in lie-gender Ausführung (ohne Rauman-satz für Kälte-maschinen.)	12–20	2,50	16–23	3,00	20–31	3,00
Klimaanlagen in Kasten oder Schrankform						
liegend	17–25	2,50	22–30	3,00	30–42	3,00
stehend	15–22		18–26		21–33	

Tab. 2.6-4 Flächenbedarf für RLT-Anlagen (Verwaltungsgebäude, Warenhäuser u.ä.)

	bezogen auf die Bruttogeschoss-fläche (BGF) in %	bezogen auf die Nettogeschoss-fläche (NGF) in %
Technikfläche	5.....8	8 13
Schachtfläche	1.....2	1,7....3,3

Tab. 2.6-5 Mindesthöhen für Räume und für die Unterbringung von RLT-Anlagenteilen

		Büro	Hotelzimmer	Warenhäuser
Lichte Raumhöhe	m	2,50	2,50	3,00
Geschossdecke	m	0,25	0,25	0,25
Hohlraumboden	m	0.15	0.12	0,15
Deckenhohlraum	m	0,50...0,60	0,25...0,35	0,30 ...0,40

2.6.2 Anordnung

Die Zentrale sollte schwerpunktorientiert den Versorgungsbereichen zugeordnet werden. Zum Zweck der Instandhaltung ist auf gute Zugänglichkeit aller relevanten Bauelemente zu achten.

Die Lage der RLT-Zentrale soll günstige Ver- und Entsorgungsbedingungen und kurze Entfernungen zum Medientransport gewährleisten. Sie sollte eine wirtschaftliche Energierückgewinnung ermöglichen und darüber hinaus noch den Betriebsbedingungen für verschmutzte und mit Geruchsstoffen belastete Luft Rechnung tragen. Durch die Zusammenlegung von Zu- und Abluftgeräten wird die Energierückgewinnung erleichtert.

Die Lage der Zentrale sowie die Systemwahl (s.a. Abbildungen 2.6-5 a-h) beeinflusst den Raumbedarf für die vertikale Luftleitungsführung sowie die Längen der Wege für die Außenluftansaugung und die Fortluftführung. Weiterhin sind die zugehörigen Ver- und Entsorgungsleitungen für weitere Medien (Wärmeversorgung, Kälteversorgung, Brennstoffversorgung, Kühlung, Trinkwasser, Entwässerung, Stromversorgung etc.) zu berücksichtigen. Über die in den Abbildungen 2.6-5 a-h gezeigten Lösungen hinaus sind weitere Systemkonfigurationen möglich, die auf den Platz- und Raumbedarf und die Investitions- und Betriebskosten entscheidenden Einfluss haben können.

Abb. 2.6-5 Systemlösungen für die Anordnung einer RLT-Zentrale im Gebäude nach [2-32]

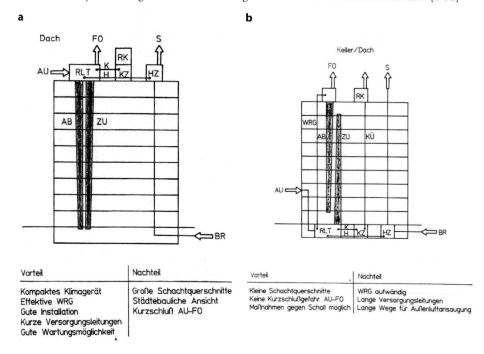

Vorteil	Nachteil
Kompaktes Klimagerät	Große Schachtquerschnitte
Effektive WRG	Städtebauliche Ansicht
Gute Installation	Kurzschluß AU-FO
Kurze Versorgungsleitungen	
Gute Wartungsmöglichkeit	

Vorteil	Nachteil
Kleine Schachtquerschnitte	WRG aufwändig
Keine Kurzschlußgefahr AU-FO	Lange Versorgungsleitungen
Maßnahmen gegen Schall möglich	Lange Wege für Außenluftansaugung

c

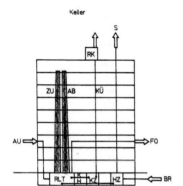

Vorteil	Nachteil
Gute WRG	Lange Wege für Außenluftansaugung
Kurze Versorgungsleitungen	Große Schachtquerschnitte
Maßnahmen gegen Schall möglich	

d

Vorteil	Nachteil
Gute WRG	Lange Wege für Außenluftansaugung
	Große Schachtquerschnitte

e

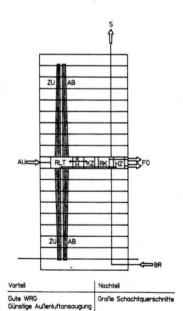

Vorteil	Nachteil
Gute WRG	Große Schachtquerschnitte
Günstige Außenluftansaugung	

f

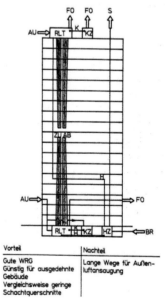

Vorteil	Nachteil
Gute WRG	Lange Wege für Außen-
Günstig für ausgedehnte Gebäude	luftansaugung
Vergleichsweise geringe Schachtquerschnitte	

g   h

Vorteil	Nachteil
Keine zus. senkr. KÜ-Leitung Möglich zus. WRG	Hoher Platzbedarf durch hohe Volumenströme Hohe Energiekosten für Luftführung

Vorteil	Nachteil
Kleine Schachtquerschnitte Geringe Energiekosten für Luftführung	Lange Kühlwasserleitungen

2.6.3 Kosten für RLT-Anlagen

Zur Orientierung und zur Kostenschätzung können nach [2-10] für die RLT-Anlagen folgende Kosten in Ansatz gebracht werden, wobei die Genauigkeit in der Größenordnung von $\pm$ 10 bis 15 % liegen kann (Tabellen 2.6-6 bis 2.6-8).

Tab. 2.6-6 Kostenkennzahlen für TGA (Nettowerte) für die Kostenschätzung bezogen auf die Nettogeschossfläche (Nutzfläche), Volumenstrom oder Bezugseinheiten von ausgewählten Gebäuden

Anlagen- / Objektbezeichnung		Kostenkennzahlen		
		€/m² (Nutzfläche)	€/ (m³/h)	€/ Bezugs- einheit
1.	Wohn- u. Geschäftshäuser			
	bis 90 % Läden und Büros, Rest Wohnungen einfach bis mittel gehoben	60 bis 80 95 bis 100		
	bis 65 % Läden und Büros, Rest Wohnungen einfach bis mittel gehoben	25 bis 30 35 bis 40		
	bis 35 % Läden und Büros, Rest Wohnungen einfach bis mittel gehoben	3,5 bis 4 4,5 bis 5		

Tab. 2.6-6 Kostenkennzahlen für TGA (Nettowerte) für die Kostenschätzung bezogen auf die Nettogeschossfläche (Nutzfläche), Volumenstrom oder Bezugseinheiten von ausgewählten Gebäuden (Forts.)

Anlagen- / Objektbezeichnung		Kostenkennzahlen		
		€/m² (Nutzfläche)	€/ (m³/h)	€/ Bezugseinheit
2.	Bankgebäude/Sparkassen			
	kl. Nebenstellen(EG; EG+OG)	50 bis 78		
	große Filialen	118 bis 140		
3.	Parkhäuser (Einheit = Stellplatz)			
	200 – 500 Stellplätze			35 bis 43
4.	Lagergebäude (beheizt)	7,5 bis 60		
5.	Bürogebäude (Einheit = Arbeitsplatz)			
	einfach bis mittel			52 bis 110
	gehoben			142 bis 165
6.	RLT-Anlagen			
	Lüftungsanlagen		3,0 bis 6,5	
	Klimaanlagen		6,5 bis 17,5	
7.	Anlagenteile			
	Zu- und Abluftgeräte bis 5 Tm³/h		6,3	
	Zu- und Abluftgeräte bis 10 Tm³/h		5,0	
	Luftkanal (Einheit = lfd. m)			
	rechteckig			73
	rund			36

Tab. 2.6-7 Spezifische Kosten – raumlufttechnische Anlagen – als Funktion des Luftvolumenstroms bzw. Luftwechsels – Genauigkeit: ± 10...15 %

Luftvolumenstrom in m³/h	Kosten in €/(m³/h)	Kosten in € /m² (Bodenfläche) als Funktion des Luftwechsels n in (1/h)			
		2	3	5	8
Abluftanlagen					
bis 10.000	3		36	60	
bis 20.000	3,5		31	52	
über 20.000	6		27	45	
Be- und Entlüftungsanlagen					
bis 10.000	6	36	54	90	144
bis 20.000	5,5	33	50	83	123
über 20.000	5	30	45	75	120

Tab. 2.6-7 Spezifische Kosten – raumlufttechnische Anlagen – als Funktion des Luftvolumenstroms bzw. Luftwechsels – Genauigkeit: ± 10...15 % (Forts.)

Luftvolumenstrom in m³/h	Kosten in €/(m³/h)	Kosten in € /m² (Bodenfläche) als Funktion des Luftwechsels *n* in (1/h)			
		2	3	5	8
Klimaanlagen (Niederdruckanlagen, Konstantvolumenstrom)					
bis 10.000	11	66	99	165	264
bis 20.000	10	60	90	150	240
über 20.000	9	54	81	135	216
Hochdruckanlagen (Konstantvolumenstrom)					
bis 10.000	12	72	108	180	288
bis 20.000	11	66	99	165	164
über 20.000	9	54	81	135	216
Hochdruckanlagen (VVS-Einkanalanlage)					
bis 10.000	17	105	158	262	420
bis 20.000	16	96	144	240	384
über 20.000	15	90	135	225	360

Tab. 2.6-8 Spezifische Kosten – raumlufttechnische Anlagen – als Funktion des Luftvolumenstroms und anderer Bezugsgrößen – Genauigkeit: ± 10 .. 15 %

WC-Abluftanlagen		
Luftvolumenstrom in m³/h	€/(m³/h)	€/Ablufterfasser
bis 1.000	5	250
bis 3.000	4	200
über 3.000	3,5	125
Garagenabluft (12 m³/h je m² Garagenfläche)		
Garagenfläche in m²	€/(m³/h)	€/m²
bis 1.000	2	24
Garagenbe- und -entlüftung (12 m³/h je m² Garagenfläche)		
Garagenfläche in m²	€/ (m³/h)	€/m²
bis 1.000	3	36

2.7 Planerische Hinweise für RLT-Anlagen nach DIN EN 13779

In den informativen Anhängen von DIN EN 13779 werden wesentliche Aussagen zur Planung von RLT-Anlagen ausgeführt, wie z.B.

- Berechnung und Anwendung der spezifischen Ventilatorleistung P_{SFP}
- Hinweise zur Auslegung und Nutzung von RLT-Anlagen mit niedrigem Energieverbrauch
- Hinweis zu Lebensdauer und Instandhaltungskosten
- Richtlinien für fachgerechte Planung

Teilweise wurde auf diese Hinweise in den vorangegangenen Abschnitten Bezug genommen.

Bei Anwendung der genannten Regelungen bzw. Grundsätze in anderen Bereichen, wie z.B. »freie« Lüftung (Kapitel 2.2), Hybride Lüftung (Kap. 6), Kontrollierte Lüftung (Kap. 5), Fassadenorientierte Lüftung (Kap. 4) sollten deren spezifische Erfordernisse in entsprechendem Maß berücksichtigt werden.

2.7.1 Spezifische Ventilatorleistung P_{SFP}

Die spezifische Ventilatorleistung P_{SFP} (spezific fan power) für die gesamte RLT-Anlage ist ein Maß für die Energieeffizienz der RLT-Anlage. Sie sollte möglichst gering gehalten werden, um den Verbrauch an elektrischer Antriebsenergie für die Luftförderung und somit die dominierenden Betriebskosten einer RLT-Anlage minimieren zu können.

$$P_{SFP} = \frac{P}{q_V} = \frac{\Delta p}{\eta_{tot}}$$

Dabei sind:

P_{SFP}	die spezifische Ventilatorleistung, in Ws/m³ ($\equiv$ Pa)
P	elektrische Wirkleistung des Ventilators, in W
q_V	Nennluftvolumenstrom durch den Ventilator, in m³/s
Δp	Gesamtdruckerhöhung des Ventilators, in Pa
η_{tot}	Gesamtwirkungsgrad von Ventilator, Motor und Antrieb

Voraussetzung: u.a. Luftdichte von $\rho = 1{,}2$ kg/m³

In [2-7] erfolgte folgende Klassifizierung (Tabelle 2.7-1). In Anlehnung daran werden für RLT-Anlagen in [2-33] die Richtwerte nach Tabelle 2.7-2 ausgewiesen.

Zur Reduzierung der externen Druckverluste im Kanalnetz werden nach [2-33] folgende maximale Luftgeschwindigkeiten empfohlen.

- Komfortbereich: 5 m/s
- Industriebereich: 8 m/s (Ausnahme: Abluftanlagen, bei denen Prozess- oder Sicherheitsaspekte entgegenstehen)

Bezüglich der Druckverluste in Luftkanälen sind die Angaben nach VDI 2087 [2-34] anzustreben.

Für die Luftgeschwindigkeiten in den RLT-Geräten werden in Anlehnung an [2-35] Luftgeschwindigkeiten bis maximal 3 m/s empfohlen (Tabelle 2.7-3).

Tab. 2.7-1   Klassifizierung der spezifischen Ventilatorleistung nach [2-7]

Kategorie	P_{SFP} in Ws/m³
SFP 1	< 500
SFP 2	500 – 750
SFP 3	750 – 1 250
SFP 4	1 250 – 2 000
SFP 5	2 000 – 3 000
SFP 6	3 000 – 4 500
SFP 7	> 4 500

Tab. 2.7-2   Richtwerte elektrischer Leistungsaufnahmen für RLT-Anlagen nach [2-33]

Luftvolumenstrom q_V		Anlagen ohne thermodynamische Luftbehandlung	Anlagen mit Lufterwärmung	Anlagen mit weiteren Luftbehandlungsfunktionen
m³/h	m³/s			
2.000 bis 10.000	0,56 bis 2,78	SFP 5	SFP 6	SFP 6
10.000 bis 25.000	2,78 bis 6,94	SFP 5	SFP 5	SFP 6
25.000 bis 50.000	6,94 bis 13,89	SFP 4	SFP 5	SFP 5
> 50.000	> 13,89	SFP 3	SFP 4	SFP 4

Tab. 2.7-3   Luftgeschwindigkeiten in Anlehnung an DIN EN 13053 [2-35]

Gerät	Empfehlung	Mindestanforderung
ohne thermodynamische Luftaufbereitung	max. 3 m/s (Klasse V4)	Keine Anforderungen (Klasse V5)
mit Lufterwärmung	max. 2,5 m/s (Klasse V3)	max. 3 m/s (Klasse V4)
mit weiteren Luftbehandlungsfunktionen	max. 2 m/s (Klasse V2)	max. 2,5 m/s (Klasse V3)

Ergänzend zu Tabelle 2.7-3 weist Tabelle 2.7-4 auf die Zuordnung der P_{SFP}-Werte zur RLT-Anlage, der Luftaufbereitung und Zu- und Abluftventilator hin.

Dass die hohen Kategorien immer schwierig im Bestand zu erreichen sind, zeigt das folgende Beispiel [2-36]. Würde man im Sanierungsfall in einem Bürogebäude die nach DIN 1946-2 geplante Lüftungsanlage austauschen und den alten Luftkanalquerschnitt ohne Anpassung weiter nutzen, ergeben sich für den Zuluftventilator die in Tabelle 2.7-5 ermittelten *SFP*-Werte. Dabei liegt die Annahme zugrunde, dass der Gesamtdruckverlust gleichmäßig auf das Luftkanalnetz und das Lüftungsgerät verteilt ist.

Um die *SFP*-Standardwerte einzuhalten, kann man ohne Anpassung des Kanalnetzes prinzipiell nur eine mittlere Raumluftqualität nach DIN EN 13779 erreichen (IDA 2) oder muss nach DIN EN 15251 das Bestandsgebäude, was in der Regel als nicht schadstoffarm einzustufen ist, mit hohem Sanierungsaufwand in ein sehr schadstoffarmes Gebäude überführen. Im Umkehrschluss bliebt festzustellen, dass es üblicherweise zweckmäßiger ist, das Kanalnetz anzupassen. Das bedeutet jedoch, dass der Technikflächenbedarf in jedem Fall steigt.

Tab. 2.7-4   SFP-Kategorien und Standardwerte nach [2-36]

Kategorie	P_{SFP} Ws/m³	Üblicher Bereich (farbig markiert) /Standardwert (x)			
		Zuluftventilator		Abluftventilator	
		Klimaanlage	Lüftungsanlage ohne WRG	Klimaanlage oder Lüftungsanlage mit WRG	Lüftungsanlage ohne WRG
SFP 1	< 500				
SFP 2	500 – 750				x
SFP 3	750 – 1.250		x	x	
SFP 4	1.250 – 2.000	x			
SFP 5	2.000 – 3.000				
SFP 6	3.000 – 4.500				
SFP 7	> 4.500				

Tab. 2.7-5 Vergleich von SFP-Kategorien nach DIN 1946, DIN EN 13779 und DIN EN 15251 nach [2-36]

Lüftungsanlage mit WRG		Volumen-strom q_V	P_{SFP}	Kategorie
		m³/(h, Person)	Ws/m³	
DIN 1946 (1.000 Pa, η = 0,6)		40	1670	*SFP 4*
DIN EN 13779 [2-7]	IDA 1	72	3530	*SFP 6*
	IDA 2	45	1890	*SFP 4*
	IDA 3	29	1270	*SFP 3*
DIN EN 15251 [2-31] (Kategorie II)	nicht schadstoff-armes Gebäude	75	3760	*SFP 6*
	schadstoffarmes Gebäude	50	2135	*SFP 5*
	sehr schadstoff-armes Gebäude	36	1510	*SFP 4*

Tab. 2.7-6 SFP-Kategorien nach EnEV 2007 [2-37]

Anlagenart	Zuluftventilator		Abluftventilator	
	P_{SFP} in Ws/m³	Kategorie	P_{SFP} in Ws/m³	Kategorie
Abluftanlage			1.250	*SFP 3*
Zu- und Abluftanlage ohne Nachheiz- und Kühlfunktion	1.600	*SFP 4*	1.250	*SFP 3*
Zu- und Abluftanlage mit geregelter Luftkonditonierung	1.600	*SFP 4*	1.250	*SFP 3*

Die EnEV 2007 [2-37] fordert eine Nichtüberschreitung der Kategorie *SFP* 4 (außer, wenn Luftfilter nutzungsbedingt erforderlich sind). Für das Referenzgebäude bei den energetischen Betrachtungen für Nichtwohngebäude gelten die Forderungen nach Anlage 2 in [2-37] für die Raumlufttechnik (Tabelle 2.7-6).

Zu beachten ist: mit der Tendenz zu geringeren P_{SFP} -Werten ergibt sich zwangsläufig die Forderung nach:

- Kleineren Luftgeschwindigkeiten und somit größere Kanalquerschnitte
- Kleineren Druckverlusten in den einzelnen Komponenten und somit größere Abmessungen
- Verringerung des notwendigen Luftvolumenstroms auf den hygienisch bzw. behaglich notwendigen Außenluftvolumenstrom $q_{V,ODA}$

Die ersten beiden Anstriche sind jedoch verbunden mit höheren Investitionskosten und einem größeren Platzbedarf.

Weiterhin wird unterschieden in

SFP_E Wert einzelner Luftbehandlungseinheiten bzw. Ventilatoren

und

SFP_V Wert zur Validierung

Der Wert SFP_V ist ein Richtwert, der sowohl bei der Planung festgelegt werden sollte als auch zur Inbetriebnahme und Überprüfung der RLT-Anlage verwendet werden kann. Validierungsbedingungen sind ein sauberer Filter und trockene Bauteile. [2-7] enthält Beispiele zur Ermittlung der SFP_E-Werte für Luftbehandlungseinheiten, Ventilatoren und für die gesamte RLT-Anlage.

Zur Überprüfung der SFP_V weist [2-7] im Rahmen der Inspektion für Lüftungs- und Klimaanlagen nach [2-38] bzw. [2-39] die aus Tabelle 2.7-7 zu entnehmenden Werte aus:

Tab. 2.7-7   Beispiele für SFP-Kategorien für die Inspektion [2-7]

Anwendung	SFP-Kategorie für jeden Ventilator	
	üblicher Bereich	Standardwert
Zuluftventilator		
Klimaanlage	SFP 1 bis SFP 5	SFP 4
Lüftungsanlage ohne WRG	SFP 1 bis SFP 4	SFP 3
Abluftanlage		
Klimaanlage oder Lüftungsanlage mit WRG	SFP 1 bis SFP 5	SFP 3
Lüftungsanlage ohne WRG	SFP 1 bis SFP 4	SFP 2

2.7.2 Hinweise zur fachgerechten Planung

Die Hinweise beziehen sich auf
- die Verwendung von Filtern (s.a. Tabelle 2.1-9];
- die Wärmerückgewinnung (z.B. Druckbedingungen zur Vermeidung einer Verunreinigungsübertragung);
- die Führung der Abluft (s.a. Tabelle 2.7-8) und Auslegungswerte für Abluftvolumenströme (s.a. Tabelle 2.7-9);
- die Wiederverwendung der Abluft und Verwendung von Überströmluft (s.a. Tabelle 2.7-10);
- die Luftdichtheit und Dichtheitsklassen (s.a. Abb. 2.7-1).

Zu beachten ist: Die Dichtheitsklasse ist so zu wählen, dass weder die Infiltration in eine bei Unterdruck betriebene Installation noch die Exfiltration aus einer bei Überdruck betriebenen Installation einen festgelegten Anteil des Luftvolumenstroms für die gesamte Anlage unter Betriebsbedingungen übersteigt. Dieser Anteil sollte üblicherweise geringer als 2 % sein, was einer Dichtheitsklasse B entspricht.);
- die Druckbedingungen innerhalb der Anlage und des Gebäudes;
- die bedarfsgeregelte Lüftung und
- einen niedrigen Energieverbrauch.

Tab. 2.7-8 Führung der Abluft nach [2-7]

Kategorie	Anforderung
ETA 1	die Abluft kann in einer gemeinsamen Leitung gesammelt werden
ETA 2	die Abluft kann in einer gemeinsamen Leitung gesammelt werden
ETA 3	die Abluft wird im Allgemeinen durch einzelne Leitungen oder durch gemeinsame Leitungen aus verschiedenen Räumen derselben Kategorie ins Freie oder in eine Sammelleitung bzw. Abluftkammer geführt
ETA 4	Die Abluft wird über separate Abluftleitungen ins Freie geführt

Tab. 2.7-9 Auslegungswerte für Abluftvolumenströme nach [2-7]

Nutzungsart	Anforderung	Einheit	Üblicher Bereich	Standardwert für die Auslegung
Küche	Einfache Nutzung (z. B. Küche zum Zubereiten von Heißgetränken	l/s m³/h	> 20 > 72	30 108
	professionelle Nutzung		a	a
Toiletten/ Waschraum (b)	je WC oder Urinal	l/s m³/h	> 6,7 > 24	15 54
	je Bodenfläche	l/(s m²) m³/(h m²)	> 1,4 > 5	3 10,8

a: Die Abluftvolumenströme für Küchen sind entsprechend der jeweiligen Situation auszulegen

b: Mindestens 50 % der Zeit in Benutzung. Bei kürzen Betriebszeiten sind höhere Volumenströme erforderlich. Bei Abführung direkt am WC sind niedrigere Werte möglich (3 bis 6 l/s)

Tab. 2.7-10 Wiederverwendung der Abluft und Verwendung von Überströmluft nach [2-7]

Kategorie[*]	Anforderung
ETA 1	geeignet als Umluft und Überströmluft
ETA 2	nicht geeignet als Umluft, kann jedoch als Überströmluft in Toiletten, Waschräumen, Garagen oder ähnlichen Bereichen verwendet werden
ETA 3	nicht als Umluft oder Überströmluft geeignet
ETA 4	nicht als Umluft oder Überströmluft geeignet

[*] siehe auch Tabelle 2.1-10

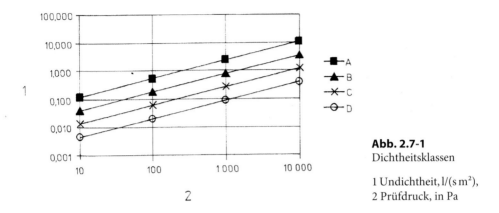

Abb. 2.7-1
Dichtheitsklassen

1 Undichtheit, l/(s m²),
2 Prüfdruck, in Pa

2.7.3 Checklisten für die Auslegung und Nutzung von Anlagen mit niedrigem Energieverbrauch

Neben den Checklisten für die Planung der Gebäude und die Nutzer der Gebäude (letztere im Zusammenhang mit Inspektion der RLT-Anlagen [2-38] und [2-39] (s. a. 2.9) sollten die folgenden Hinweise bei der Planung Berücksichtigung finden.

- Planung der Lüftungs- bzw. Klimaanlagen
  - Klare und schriftlich festgelegte Definitionen der Planungsgrundlagen (z. B. Raumbuch);
  - Bedarfsabhängige Außenluftzufuhr in Fällen wechselnder Nutzung;
  - Korrekte Berechnung der Heiz- und Kühllast als Grundlage für die Dimensionierung der Anlage;
  - Anwendung realistischer innerer Kühllasten;
  - Direktes Abführen von örtlichen Wärme-, Verunreinigungs- und Feuchtequellen;
  - Gute Lüftungseffektivität im Raum durch entsprechende Raumströmung (s. a. 2.5);
  - Nutzung der Möglichkeiten der freien Kühlung;
  - Wärmerückgewinnung und Abwärmenutzung;
  - Individueller Betrieb bei individueller Nutzung;
  - Nutzung alternativer Verfahren wie z. B. adiabate Kühlung, Erdsonden, Lufterdregister (Luftbrunnen, Thermolabyrinth;
  - Anwendung von Anlagen mit Wasser als Energieträger (z. B. Flächenkühlung und -heizung, Bauteilkühlung und -heizung (TABS), dezentrale Kühl- und Heizelemente (Kühlsegel));
  - Messkonzepte zur Überwachung des Energieverbrauchs;
  - Konzepte zur Kontrolle, Reinigung und Wartung der Anlage

- Auslegung einzelner Komponenten
  - Niedriger Energieverbrauch bei der Luftförderung (niedrige Geschwindigkeiten, kurze Wege, geringe Strömungswiderstände);
  - Gute Wirkungsgrade von Ventilatoren, Antrieben und Motoren unter allen Bedingungen;
  - Effektive Regelbarkeit bei Ventilatoren, Antrieben und Motoren (z.B. stufenlose Drehzahlregelung);
  - Optimierte Wärmerückgewinnung;
  - Geregelte Befeuchtung oder keine Befeuchtung;
  - Geregelte Kühlung oder keine Kühlung;
  - Kaltwassertemperatur so hoch wie möglich;
  - Dämmung von Kältemittel- und Kaltwasserleitungen gegen Energieverluste und Kondensation;
  - Möglichkeiten der Kontrolle, Reinigung und Wartung des Luftleitungssystems und der Bauteile;
  - Luftdichte Leitungen und Luftbehandlungseinheiten;
  - Optimierte Energieversorgung.

2.8 Planungsablauf RLT-Anlage

In Ergänzung zu Abbildung 1.5-1 ist für den Planungsablauf folgende Abfolge denkbar (Tabelle 2.8-1). Dabei sollten die Zielvorgaben der VDI 6026 [2-40] als auch die in [2-10] dokumentierten Aspekte zum Planungsablauf berücksichtigt werden.

Tab. 2.8-1 Planungsablauf

Lfd. Nr.	Beschreibung des Planungsschritts – Planungsphase	Daten (beispielsweise)	Norm/Richtlinie
1	Analyse der Raumkonditionen als Funktion der Nutzung entsprechend Vorgabe des Nutzers oder Bauherrn (Raumbuch) Grundlagenermittlung	Raumlufttemperatur θ_a operative Temperatur θ_O Rel. und absolute Raumluftfeuchte φ_D und x Luftgeschwindigkeiten Schadstoffkonzentration (z.B. CO_2, Wasserdampf) Beleuchtung (Tageslicht, Beleuchtungsstärke) Akustik (Schalldruckpegel)	DIN EN 15251
		Aufenthaltsbereich	DIN EN 13779

Tab. 2.8-1   Planungsablauf (Forts.)

Lfd. Nr.	Beschreibung des Planungs- schritts – Planungsphase	Daten (beispielsweise)	Norm/Richtlinie
2	Ermittlung der thermischen und stofflichen Belastungen des Raums	Schadstoffbelastung (z. B. Verschmutzung, Feuchte) Beleuchtungs- belastung	DIN EN 15251
	Grundlagenermittlung	Heizlast	DIN EN 12831
	Vorentwurf/Entwurf	Kühllast	DIN EN 15255 [2-41] VDI 2078
	Vorentwurf/Entwurf		
3	Festlegung Lüftungsform	Natürliche Lüftung Mechanische Lüftung Kombination: natürliche – mechanische Lüftung	
4	Festlegung an die Anforde- rungen der RLT-Anlage (Lüftungs- bzw. Klima- anlage)	Thermodynamische Aufbereitung Regelung ; Fahrweise (KVS, VVS), Außenluft-/Umluft- anteil	DIN V 18599 DIN EN 13779
	Vorentwurf/Entwurf	Filterung; Schalldämmung Wärmerückgewinnung zentral, dezentral Kombination mit anderen Systemen (s.a. Abb. 2.1-2 bzw. 2.1-3)	
5	Festlegung der Luft- volumenströme q_V	Außenluftvolumen- strom $q_{V,ODA}$ Mindestaußenluftwechsel $n_{ODA,min}$ Zuluftvolumenstrom $q_{V,SUP}$	DIN EN 15251
	Vorentwurf/Entwurf		
6	Festlegung der Raum- strömung	Quelllüftung Mischlüftung	EN ISO 7730 DIN (E) 1946 T4 VDI 2167 T1
	Vorentwurf/Entwurf		
7	Technische Auslegung	Technikzentralen (RLT, Heizung, Kälte, Rückkühler) Schächte (Steiger) Anordnung (Dach, Keller)	DIN EN 13779 VDI 2050 VDI 3803 (RLT) VDI 6026
	Entwurf/Ausführungs- planung		
8	Bewertung der energeti- schen Effizienz	Anlagengestaltung, Festlegung von Zonen	DIN V 18599
	Entwurf/Genehmigungs- planung		
9	Abnahme der Anlage		DIN EN 12599
10	Betreiben der Anlage	Wartung	VDI 6022
		Energetische Inspektion	DIN EN 15239 DIN EN 15240

2.9 Inspektion und Wartung

Sowohl die DIN EN 13779 [2-7] (Checkliste zur Nutzung der Anlage) als auch die EnEV 2007 [2-37] verweisen auf eine notwendige regelmäßige Inspektion der RLT-Anlagen.

Die Inspektion ist in den Normen DIN EN 15239 [2-38] und DIN EN 15240 [2-39] geregelt (s.a. 1.5). In [2-39] wird darauf hingewiesen, dass zwischen der Inspektion durch einen unabhängigen Prüfer, der die Anlage in Bezug auf den Energieverbrauch bewertet, und der Wartung, die zur Aufrechterhaltung einer optimalen Leistung der Anlage entsprechend der Forderungen des Betreibers durchzuführen ist, zu unterscheiden ist. Inspektion und Wartung sind Teilaufgaben der Instandhaltung [2-42], zu der auch die Instandsetzung und eine Verbesserung gehören.

Dies wird in der Praxis oft anders gesehen und die Wartung oft aus Kostengründen vernachlässigt.

 Zu beachten ist: die Wartung ist einzig und allein Aufgabe des Nutzers. Eine ordnungsgemäße Wartung kann erheblich zu einer Minimierung des Energieverbrauchs beitragen.

Der umfangreiche informative Anhang in [2-38] gibt Beispiele für Inspektionshäufigkeit, Inspektionsumfang, Beispiele für Verbesserungsvorschläge und Hauptauswirkungen auf den Energieverbrauch sowie Formblätter für Beschreibung der Installation, der Berichterstattung und Hinweise zu vorzunehmenden Messungen des Luftvolumenstroms.

Für die Inspektion der Klimaanlagen (s.a. 1.5) werden nach [2-39] sowohl neue Begriffe, Definitionen und Klassifikationen eingeführt.

Der informative Anhang A in [2-39] gibt Beispiele für die Bezeichnung der Teilsysteme von Klimaanlagen und der Klassifizierung von vollständigen Klimaanlagen. Danach sind Klimaanlagen verteilte Systeme, die zu Festlegungszwecken in die einzelnen Teilsysteme unterteilt werden sollten (Tabelle 2.9-1). Die vollständige Klimaanlage ergibt sich aus der Summe der Teilsysteme. So kann danach eine Klimaanlage, wie in Tabelle 2.9-2 dargestellt, beschrieben werden.

Die Anmerkungen zur Tabelle 2.9-1 weisen daraufhin, dass die ausführliche Auflistung der Hauptbestandteile durch Aufnahme weiterer Nummern möglich ist und dass fehlende Hauptbestandteile optional hinzugefügt werden können. Warum nur auf Kühlsysteme Bezug genommen wird, könnte nur mit der Festlegung aus der EPBD bzw. der darauf Bezug nehmenden umgesetzten EnEV interpretiert werden.

Die Befeuchtungsproblematik wird sowohl seitens der Hygiene (VDI 6022 [2-26]) und des Energieverbrauchs (Dampfbefeuchtung) überhaupt nicht in Erwägung gezogen.

Hauptaugenmerk ist die ordnungsgemäße Bewertung der Funktionsfähigkeit und der Hauptauswirkung auf den Energieverbrauch und die sich daraus ergebende Festlegung von Empfehlungen zur Verbesserung.

Weiterhin wird darauf hingewiesen, dass zwischen der Inspektion durch einen unabhängigen Prüfer, der die Anlage in Bezug auf den Energieverbrauch bewertet, und der Wartung, die zur Aufrechterhaltung einer optimalen Leistung der Anlage entsprechend der Forderungen des Betreibers durchzuführen ist, zu unterscheiden ist.

Beispiele für die drei Inspektionsklassen enthält informativ Anhang B. Die Häufigkeit der Inspektion und Dauer sind national festzulegen (informativ in Anhang C).

Empfehlungen zum Inspektionsumfang weist für die einzelnen Anlagesysteme Anhang E aus.

Anhang F gibt Beispiele für Checklisten mit möglichen Ratschlägen bzw. Vermerken.

Im Zusammenhang mit der energetischen Bewertung nach DIN V 18599 werden für die Klimatisierung mögliche Vorschläge zur Verbesserung der Energieeffizienz im Anhang H vorgestellt.

Tab. 2.9-1   Bezeichnung der Teilsysteme nach [2-39] (Anhang A – informativ)

Teilsystem	Hauptbestandteil	Bezeichnung	Bemerkung
CEE-System	Luftaustrittsöffnungen	E.1	
	Gebläsekonvektoren	E.2	
	Kühldeckensystem	E.3	
	Oberflächenkühlsystem	E.4	
	Wärmeaustauscher für Lüftungssystem	E.5	
	Luftfilter	E.6	
	Splitverdampfer	E.7	
	optional	E.xx	
CED-System	Luftleitungsnetz	D.1	
	Wasserleitungsnetz	D.2	
	Kältemittelleitungsnetz	D.3	
	optional	D.xx	
CEG-System	Kühler, luftgekühlt	G.1	
	Kühler, wassergekühlt	G.2	
	Split-Verdampfer	G.3	
	Luft-Wasser-Wärmepumpe	G.4	
	Wasser-Wasser-Wärmepumpe	G.5	
	Absorptionssystem	G.6	

Tab. 2.9-1 Bezeichnung der Teilsysteme nach [2-39] (Anhang A – informativ) (Forts.)

Teilsystem	Hauptbestandteil	Bezeichnung	Bemerkung
	Einkomponentensystem	G.7	
	Luft-Luft-Wärmepumpen	G.8	
	Wasser-Luft-Wärmepumpen	G.9	
	optional	G.xx	
ES-System	Stromversorgungssystem	S.1	
	Gasversorgungssystem	S.2	
	Solarenergieversorgungssystem	S.3	
	Fernwärmesystem	S.4	
	optional	S.xx	

Tab. 2.9-2 Beispiele für die Klassifizierung vollständiger Klimaanlagen nach [2-39] (Anhang A – informativ)

Eine über mehrere Räume verteilte Anlage wird klassifiziert als	E.7 + D.3 + G.3 + S.1
Eine Anlage mit luftgekühltem Kühler und Gebläse-konvektoren wird klassifiziert als	E.2 + D.2 + G.1 + S.1
Eine Anlage mit gasmotorbetriebener Wärmepumpe mit Oberflächenkühler wird klassifiziert als	E.4 + D.2 + G.5 + S.2

Beide Normen haben den Vorteil, dass sie als allgemein anerkannte Regel die Inspektion und deren Umfang eindeutig und nachvollziehbar beschreiben und die Form der Dokumentation definiert wird. Sie sind eine wertvolle Ergänzung zu der nationalen AMEV-Regelung [2-43], die jedoch nur für öffentliche Gebäude verbindlich ist.

Mit den Normen können somit auch die Forderungen den EnEV 2007 umgesetzt werden, da zumindest die Inspektion eine wirkungsvolle Maßnahme sein kann, die energetische Effizienz zu kontrollieren und zu beeinflussen.

Ergänzende und übersichtliche Informationen hinsichtlich der Inspektion von RLT-Anlagen und Kälteanlagen sind in den FGK-Statusreports [2-44], [2-45] dokumentiert.

In den Normen wird jedoch der Aspekt der Wartung nicht explizit betrachtet und definiert. Unzureichende Wartung führt im Allgemeinen zu erhöhten Druckverlusten bzw. zur Verschlechterung des SFP-Werts (s. a. 2.8.1).

Anwendungsspektrum thermisch aktiver Bauteile

Autoren:
Professor Dr.-Ing. Achim Trogisch lehrt an der Hochschule für Technik und Wirtschaft (HTW) in Dresden Technische Gebäudeausrüstung.

Dr.-Ing. Michael Günther ist seit vielen Jahren im Seminarbereich tätig und arbeitet für die Firma Uponor GmbH, deren Kernkompetenz die Flächenheizung und -kühlung ist.

Trogisch/Günther
Planungshilfen bauteilintegrierte Heizung und Kühlung
Für Ingenieure und Bauingenieure

2008.
XXI, 318 Seiten. Kartoniert.
€ 48,- (D)
ISBN 978-3-7880-7808-9

Inhalt

Die Energieeinsparverordnung (EnEV) fordert eine Minimierung des jährlichen Primärenergie- bzw. Grundenergiebedarfs eines Gebäudes und eine Optimierung der Anlagentechnik. Durch eine Integration von Heiz- bzw. Kühlsystemen in die Gebäudekonstruktion (Fußboden, Decke, Wände) kann eine Speicherwirkung in den noch vorhandenen Bauwerksmassen erreicht werden, die zu einer Grundtemperierung und Dämpfung von Lastspitzen beiträgt.

Diese neuen Systeme erfordern sowohl spezifische Kenntnisse der Gebäudetechnik, der Baukonstruktion, der Regelung als auch deren Zusammenwirken.

Mit dem vorliegenden Buch werden dem Leser und Planer in anschaulicher Weise die bauteilintegrierten Systeme hinsichtlich der Randbedingungen für Heizung und/oder Kühlung mit den Medien Flüssigkeit oder Luft als Energieträger, einschließlich der baukonstruktiven Grundlagen, der erforderlichen Komponenten und des Planungsablaufes vorgestellt.

In den einzelnen Abschnitten zu den möglichen Systemen werden theoretische, praktische und planerische Aspekte vermittelt, um u. a. Vor- und Nachteile sowie Anwendungsgrenzen ableiten zu können. Beispielhaft wird ein Ablauf der Auslegung der Systeme vorgestellt, um dem Anwender und Planer den Einstieg in die komplexe Planung zu ermöglichen.

Die Darstellungen sollen dem Leser ermöglichen, gebäude-, anlagen- und planungstechnisches Hintergrundwissen zu erwerben, um den für die Anwendung der Systeme notwendigen Planungsprozess realisieren zu können.

Internetshop
Weitere Titel, Informationen und Leseproben finden Sie unter: **www.huethig-jehle-rehm.de/technik**

Kundenbetreuung
Telefon: 089/2183-7928
Telefax: 089/2183-7620
E-Mail: kundenbetreuung@hjr-verlag.de

C.F. Müller Verlag
Verlagsgruppe Hüthig Jehle Rehm GmbH
Im Weiher 10
69121 Heidelberg

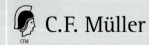
C.F. Müller

3 Dezentrale Klimatisierung mittels VRF-Multisplittechnologie[1]

3.1 Allgemeine Vorbemerkungen

Die VRF[2]-Multisplitanlagen, bedeutendster Vertreter der Luft-Kältemittel-Anlagen (s.a. Kapitel 2.1), haben sich seit Mitte der 90er Jahre als dezentrale Klimasysteme auch in Europa durchgesetzt [3-1]. Mit der VRF-Technologie ist es gelungen, analog zur Massenstromregelung der Pumpen-Warmwasser-Heizung bzw. der Volumenstromregelung in der Lüftung, den Massenstrom des Kältemittels energetisch effektiv an die jeweiligen Heiz- und Kühllasten des Gebäudes anzupassen. Die VRF-Multisplittechnik setzt dort an, wo die Grenzen der „normalen" Splitklimatechnik erreicht sind. Sie erschließt der sogenannten „anderen Klimatechnik" neue Anwendungsfelder. Komplexe Klimatisierungslösungen, wie in Abbildung 3-1 schematisch dargestellt, sind äußerst wirtschaftlich realisierbar. Die technisch-technologischen Defizite der Mono- und kleinen Multisplitanlagen bezüglich Rohrleitungsführung und -länge, Ölrückführung, Kompaktheit der Anlagenkomponenten und Regelungsmöglichkeiten, um nur einige zu nennen, wurden beseitigt. Zum besseren Verständnis sei an dieser Stelle in Erinnerung gebracht, dass die Verfahrensbasis der Splitklimatechnik die einstufige, luftgekühlte Kompressionskältemaschine ist, wodurch die **direkte Luftkühlung bzw. Luftheizung** (Luft-/Luft-Wärmepumpe) realisiert wird. Weitere Ausführungen zu den Grundlagen der Splitklimatechnik finden sich in [3-2] und [3-3]. Nicht zuletzt durch die optimale Ausschöpfung nachfolgender Entwicklungsfaktoren haben sich Luft-Kältemittel-Anlagen, neben den anderen RLT-Anlagen, auch am deutschen Klimamarkt fest etabliert.

- Einflussfaktor Maschinen- und Anlagenbau:
  - leistungsgeregelte Kältemittelverdichter verfügbar,
  - umfangreiche Rohrnetze für Direktverdampfung durch VRF-Multisplittechnik möglich,

---

1 in Anlehnung an [3-2]
2 VRF = Variable Refrigerant Flow = Variabler Kältemittelstrom; fabrikatsbezogen auch VRV = Variable Refrigerant Volume = Variables Kältemittelvolumen

– drehzahlgeregelte Ventilatoren mit hoher Luft- und niedriger Schallleistung verfügbar
– elektronische Einspritzorgane und
– HFCKW-freie Kältemittel verfügbar.

■ Einflussfaktor Mikroelektronik:
– Optimierung des Kälteprozesses,
– hohe Jahresarbeitszahlen im Teillastbetrieb und
– Einzelraumregelung, DDC, Gebäudemanagement.

■ Einflussfaktor Architektur und Bauwesen:
– bauphysikalische Veränderungen der Gebäude,
– Energieeinsparverordnung EnEV 2007 in Kraft,
– Luft-Kühl- und Heizsysteme gewährleisten auch bei extremer Gebäudedichtheit optimale Bedingungen, denn Lufterneuerung und Entfeuchtung benötigen das Medium Luft!

Abb. 3-1 Anwendungsprinzip für VRF-Multisplitsysteme *(Werkbild Kaut/SANYO)*

Um die Vorzüge der VRF-Systeme ausschöpfen zu können, sind die exakte Planung und Berechnung sowie die kompetente kälte- und klimatechnische Installation unabdingbar. Da die Wärmeübertrager der Inneneinheiten direkt mit Kältemittel beaufschlagt werden, ist die Einhaltung der EN 378 Teil 1-4:2000 abzusichern. Das wiederum kann aber nur durch den Kälte-Klima-Fachmann geschehen. Jeder Auftraggeber ist daher gut beraten, hierbei keine Kompromisse einzugehen.

Ausdruck der Vielseitigkeit dieser Anlagentechnik ist das hohe Maß der Anpassungsfähigkeit an alle, auch komplizierteste Gebäudestrukturen. Die geringen Abmessungen und der damit verbundene niedrige Raum- und Grundflächenbedarf ermöglichen die äußerst wirtschaftliche Lösung unterschiedlicher Klimatisierungsprobleme. Die große Vielfalt der Komponenten, Einzelraumregelung und Gebäude-Klimamanagement erfüllen die Anforderungen an Komfort-Klimaanlagen (s.a. [3-4], [3-5] und [3-6]).

Bedingt durch den modularen Aufbau dieser Anlagentechnik sind Auslegungsleistungen bis in den MW-Bereich durchaus realistisch und auch bereits realisiert. Auch in Deutschland wurden inzwischen Großgebäude und Gebäudekomplexe mit VRF-Klimaanlagen ausgerüstet.

Die guten Erfahrungen werden in den *Thesen zur Dezentralen Klimatisierung mittels Luft-Kältemittel-Anlagen* überschaubar widergespiegelt.

1. Heiz- und Kühllasten werden direkt (über umweltfreundliche, ungiftige und nichtbrennbare Kältemittel, Ozonschädigungspotential ODP = 0) durch im zu klimatisierenden Raum installierte lufttechnische Geräte (Inneneinheiten) abgeführt.
2. Dezentrale Lastabführung **und** Dezentrale Heiz- und Kühlenergiebereitstellung.
3. **Eine** Anlage – **3** Luftbehandlungsfunktionen: Heizen, Kühlen, Entfeuchten.
4. Nutzung der Luft-/Luft-Wärmepumpe als Heizkomponente führt zu signifikanter Primärenergieeinsparung und Reduzierung der Schadstoffemission.
5. Hohe Energieeffizienz, da Energietransport und –übertragung nur mit **einem** Wärmeträger erfolgen.
6. Hohe Betriebssicherheit durch modularen Aufbau, optimierte Baugruppen und Komponenten sowie einen spezialisierten Anlagenbau.
7. Die Anlagen bestehen aus Inneneinheiten (Wärmeübertragereinheiten) und elektrisch oder gasmotorisch angetriebenen Außeneinheiten (Wärmeübertrager/Kompressoreinheiten).
8. Eine Außeneinheit kann bis zu 64 Inneneinheiten versorgen.
9. Energietransport zwischen Innen- und Außeneinheiten über Kältemittelleitungen kleinen Durchmessers; keine großdimensionierten Luftkanäle erforderlich.
10. Ausführung als 2- und 3-Rohrsysteme (zeitgleiche Bereitstellung von Heiz- und Kühlleistung) mit Gesamtrohrnetzen von 300 bis 1100 m je Außeneinheit.
11. Durchgängige dezentrale Bauweise (nicht nur dezentrale Anordnung der Inneneinheiten, sondern auch dezentrale Leistungsbereitstellung durch die Außeneinheiten) garantiert maximale Flexibilität bei Umnutzung der klimatisierten Flächen.

12. Große Versorgungsleistungen werden durch regelungstechnische Verknüpfung einzelner, schnellreagierender Kältekreise bzw. Außeneinheiten problemlos erreicht.
13. Dezentrale Anordnung der Außeneinheiten (dezentrale Bereitstellung der Heiz- und Kühlleistung) führt zur Optimierung und Minimierung der Leitungswege zu den Inneneinheiten.
14. Außenluftzufuhr entweder dezentral oder zentral aufbereitet über kleine Luftkanalquerschnitte.
15. Komfortable Bedienungs- und Gebäudeklima-Managementsysteme gehören zum Anlagen-Know-How. Einzelraumregelung und Energie-Einzelraumabrechnung für jede Inneneinheit sind Standardausrüstung.

Nicht zuletzt ist die Energieeffizienz der VRF-Systeme ein entscheidender Beitrag zur Durchsetzung von Energiesparkonzepten in der Technischen Gebäudeausrüstung (TGA).

3.2 Anlagenkonzeption und Komponenten

Die Grundstruktur einer VRF-Anlage (kältetechnisches Anlagenschema s. Abbildung 3-2) beinhaltet folgende Baugruppen:

a) Außeneinheit(en)
Hier werden 2 unterschiedliche Antriebssysteme eingesetzt, die das VRF-Prinzip *„Energetisch effektive Anpassung des Kältemittelmassenstroms an die jeweilige Heiz- bzw Kühlleistung"* verwirklichen.

1. Elektro-VRF: Die Kältemittelverdichter in den Außeneinheiten werden elektrisch, überwiegend mittels Frequenzumrichter (Inverter), angetrieben.
2. Gas-VRF: Die Kältemittelverdichter in den Außeneinheiten werden mittels Gasmotor angetrieben. Sonderausführung mit Generator.

Je Kältekreis wird eine *Außeneinheit* eingesetzt, an die bis zu 64 einzeln geregelte *Inneneinheiten* angeschlossen werden können. Jede Außeneinheit besteht je nach Leistungsanforderung aus 1 bis 3 Modulen (s. Abbildung 3-3), wobei bei Ausführungen der neuesten Generation alle Module stetig regelbar sind. Die möglichen Nennleistungsbereiche liegen im Heizbetrieb zwischen 12 und 200 kW und im Kühlbetrieb zwischen 11 und 180 kW. Die Leistungsangaben verstehen sich hierbei je Kältekreis. Bei Anforderung größerer Leistungen werden mehrere Kältekreise über BUS-Systeme regelungstechnisch zu einer Gesamt-Versorgungseinheit zusammengeschaltet. Leistungen > 500 kW sind gegenwärtig kein Problem und wurden weltweit, auch in Deutschland, bereits realisiert (s. Abbildung 3-8). Angesichts der kompakten Bauweise der Module (Grundfläche ca. 0,3 bis 1,9 m^2, Höhe ca. 1,2 bis 2,25 m) wird deutlich, welch geringer Platzbedarf erforderlich ist.

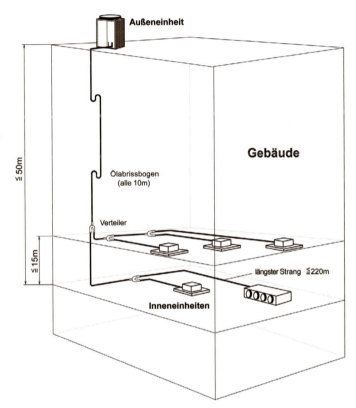

Abb. 3-2 Kältetechnische Grundstruktur einer VRF-Multisplitanlage [3-2]

Abb. 3-3 Außeneinheiten unterschiedlicher Bauart; rechts gasbetrieben: Kühlleistung 142 kW, links elektrisch betrieben: Kühlleistung 135 kW *(Werkbild /SANYO)*

Da die Außeneinheiten grundsätzlich für die Aufstellung im Freien ausgeführt sind, entsteht auch keinerlei Aufwand für die Einrichtung einer herkömmlichen Klima-Zentrale, wie etwa bei Nur-Luft- oder Luft-Wasser-Anlagen mitunter erforderlich. Die Außeneinheiten sind mit Kältemittel vorgefüllt. In Abhängigkeit des anzu-schließenden Rohrleitungsnetzes muss eine entsprechende Kältemittelmasse bei Inbetriebnahme nachgefüllt werden.

b) Rohrleitungsnetz (Grundstruktur gemäß Abbildung 3-2)
Die Verrohrung erfolgt, wie in der Splitklimatechnik üblich, mittels Kupferrohr nach DIN 8905, einschließlich der erforderlichen Wärmedämmmaßnahmen. Der Anschluss an die Außen- bzw. Inneneinheiten wird über Bördel- oder Hartlötver-bindungen hergestellt. Alle anderen Verbindungen werden unter Stickstoff hartge-lötet. Für eine möglichst verlustarme Strömungsführung werden spezielle, vorge-fertigte Kältemittelverteiler unterschiedlicher Bauart eingesetzt.

Im Falle großer Höhenunterschiede und oberer Aufstellung der Außeneinheit(en) (siehe Abbildung 3-2) unterstützen Ölabrissbögen die Ölrückführung[3] zum Kälte-mittelverdichter. In Abhängigkeit von Kühl- bzw. Heizleistung können bei Elektro-VRF bis ca. 1000 m und bei Gas-VRF bis ca. 1100 m Rohrleitungen je Außeneinheit bzw. Kältekreis verlegt werden. Die größte realisierbare Entfernung zwischen Außen- und Inneneinheit (ungünstigster Strang, in Abbildung 3-2 z.B. bis zu der bezeichneten Inneneinheit) liegt bei ca. 220 m.

c) Inneneinheiten
Die Bauform der einsetzbaren Standard-Inneneinheiten kann der Tabelle 3-1 ent-nommen werden. Im Vergleich zur „normalen" Splittechnik gibt es Ausrüstungsun-terschiede. So sind VRF-Inneneinheiten immer mit elektronischen Einspritzventilen und vielfach auch mit variabler Volumenstromregelung (VVS-System) ausgestattet. Außerdem bieten sie in der Regel bessere Möglichkeiten für die Außenluftzufuhr, die luftseitige Einbindung in Lüftungsanlagen und die Wärme- und Feuchterückge-winnung aus der Fortluft (siehe z.B. Abbildungen 3-5 und 3-6).

Wenn höchste Anforderungen bezüglich Luftverteilung, niedriger Luftgeschwin-digkeiten und Schalldruckpegel bestehen, sind Zwischendeckengeräte in Verbin-dung mit Deckenluftdurchlässen (z.B. Drall- oder Schlitzauslässe) besonders gut geeignet (siehe Abbildung 3-7). Auch die Einbindung von Wärmeübertragern bauseitiger Lüftungsgeräte (s. Abbildung 3-4) ist möglich [3-7].

---

3 Außerdem besitzt jede VRF-Außeneinheit ein Ölabscheidesystem

Tabelle 3-1 Bauartenüberblick der gebräuchlichsten Inneneinheiten im Kälteleistungsbereich von 2 bis 28 kW[4]

Bauart	Kälteleistungs-bereich in kW	Abbildung
Wandmodell	2 ... 10	
Standmodell	2 ... 14	
Deckenmodell	2 ... 14	
Kassetten-modell	2 ... 16	
Zwischen-deckenmodell	2 ... 16	
Kanaleinbau-modell	2... 28	

---

4 Alle aufgeführten Bauarten sind von den namhaften Herstellern für Kühl- und Heizbetrieb lieferbar, hinzu kommen Systemkomponenten der Wärme- und Feuchterückgewinnung sowie Türluftschleier

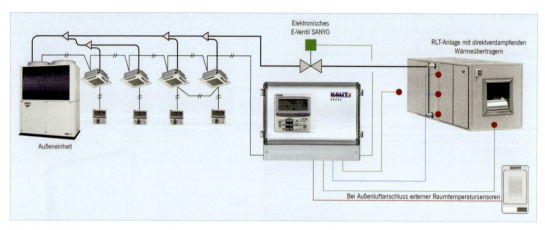

Abb. 3-4 Einbindung externer Wärmeübertrager in das VRF-Multisplit-Konzept
(Werkbild Kaut)

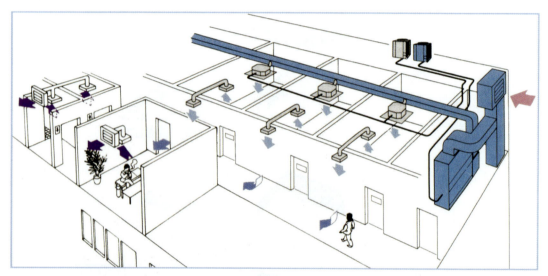

Abb. 3-5 VRF-Multisplitanlage mit eingekoppelter, zentraler Außenluftaufbereitung
(Werkbild SANYO)

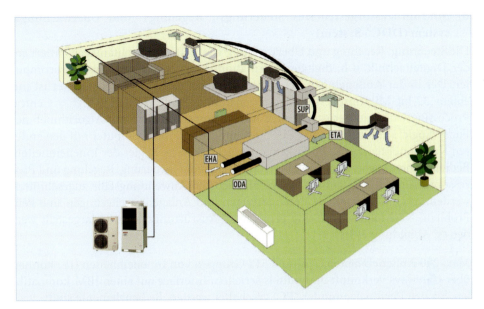

ODA – Außenluft SUP – Zuluft
EHA – Fortluft ETA – Abluft

Abb. 3-6 VRF-Multisplitanlage mit WRG-Komponente *(Werkbild SANYO)*

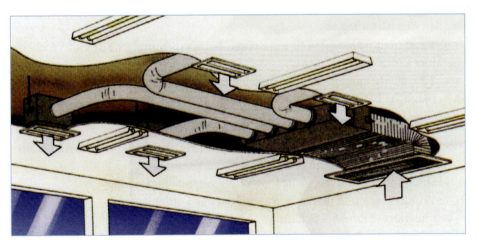

Abb. 3-7 Zwischendeckengerät mit flexibler Luftführung über Deckenluftdurchlässe
(Werkbild SANYO)

d) Mikroprozessorgesteuertes Steuerungs-, Regelungs- und Überwachungssystem (DDC[5]-System)

Die Steuerung, Regelung und Überwachung von VRF-Multisplitanlagen basiert auf der Digitaltechnik, d.h. digitale Informationsverarbeitung[6] mittels Mikrocomputer. Der in der Außeneinheit der VRF-Anlage eingebaute Mikrocomputer ist mit einem 32-bit-Mikroprozessor, der sogenannten Zentraleinheit (CPU = Central Processing Unit), ausgerüstet. Einige Ausführungen arbeiten mit Algorithmen der Fuzzy-Logic[7]. Ein Installations-BUS[8] verbindet den Mikrocomputer mit den anderen Komponenten des DDC-Systems wie elektronische Regler der Inneneinheiten, Bedienelemente usw. Dieses intelligente Konzept der Steuerung, Regelung und Prozessoptimierung kann auf die unterschiedlichsten Anwendungsfälle zugeschnitten werden. Auch nachträgliche Veränderungen und Anlagenerweiterungen sind kein Problem. Nachfolgend soll eine prinzipielle Ausrüstungsvariante dargestellt werden (s. Abbildung 3-8).

Max. 240 Außeneinheiten (AE) und 512 Gruppen von Inneneinheiten (IE) können über Gateways verknüpft und mittels seriellem Interface auf einen IBM-kompatiblen, lokalen Personalcomputer (PC) geschaltet werden. Bedienelemente sind:

- die Fernbedienung (FB) für jeweils eine Inneneinheit (IE) oder als Gruppen-Fernbedienung für den simultanen Betrieb von Gruppen mit bis zu max. 16 Inneneinheiten je Gruppe;

mit den Eigenschaften
  - Kombinationsmöglichkeit mit System-Fernbedienung[9] (S-FB) und Wochentimer (WT)
  - 2 Fernbedienungen je Inneneinheit anschließbar (Haupt- und Unter-FB)
  - mögliche Länge der Verbindungsleitung zur Inneneinheit ca. 1000 m

und den Standardfunktionen
  - Wahl der Betriebsmodifikationen: Kühlen, Heizen, Entfeuchten und Lüften
  - Temperatur-Einstellung und Anzeige
  - automatische und manuelle Luftvolumenstrom-Einstellung
  - automatische und manuelle Einstellung der Luftleitlamellen
  - integrierte EIN/AUS-Schaltuhr
  - Filterüberwachungssignal
  - automatische Wiedereinschaltung nach Spannungsausfall
  - Selbstdiagnose-Funktion

---

5 DDC – Direkt Digital Control, s.a. [3-8] und [3-9]
6 digitale Information = Binär-Information (ja/nein oder 0/1) = bit (Binary Digit)
7 „Unscharfe Logik", s.a. [3-10]
8 BUS = Sammelleitung
9 auch Zentral-Fernbedienung

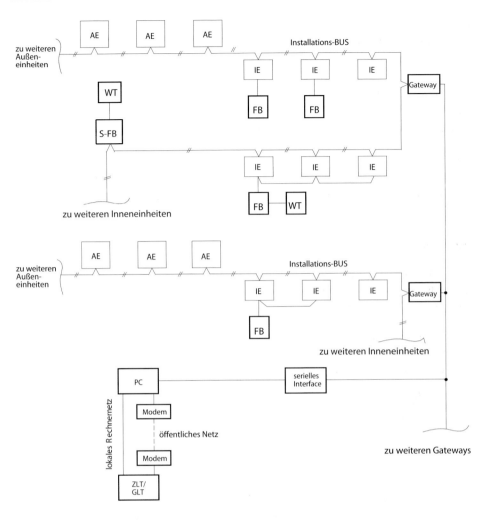

AE	– Außeneinheit
IE	– Inneneinheit
FB	– Fernbedienung für Einzel- oder Gruppenbedienung
S-FB	– Systemfernbedienung
WT	– Wochen-Timer
ZLT/GLT	– Zentrale Leittechnik/Gebäudeleittechnik
Installations-Bus	– 2adriges, unipolares Sammelleitungssystem zur Kommunikation zwischen einzelnen Komponenten, Ausführung und Umsetzung sind herstellerspezifisch
Gateway	– Übergang vom herstellerspezifischen Installations-BUS zu einer anderen (übergeordneten) Kommunikationsebene
serielles Interface	– Kopplung der Gateways an serielle Schnittstelle des Personalcomputers (PC)
PC	– IBM-compatibler Personalcomputer (z.B. PII-Computer)
Modem	– Baustein für Datenfernübertragung (ISDN-Karte)
REM-PC	– Remote Control-Personalcomputer = Fernbedienungs-PC

Abb. 3-8 Steuerung, Regelung und Überwachung komplexer VRF-Multisplitsysteme (erweitertes Gebäudeklima-Management-System) [3-2]

- die System-Fernbedienung (S-FB) für bis zu 64 Gruppen [bei Simultan-Betrieb max. 1024 Inneneinheiten (IE)] in Verbindung mit max. 30 Außeneinheiten (AE);

mit den Eigenschaften

- Regelung des Gesamtsystems sowie Gruppen- und Zonenregelung
- Bedienung aller Inneneinheiten (IE) unabhängig davon, ob eine Einzel-Fernbedienung (FB) angeschlossen ist.
- Schnittstelle zur Zentralen Leittechnik bzw. Gebäudeleittechnik (ZLT/GLT) für
- EIN/AUS-Signal, Betriebs- und Störungsanzeige
- Kombinationsmöglichkeit mit Wochentimer (WT)
- 2 System-Fernbedienungen je Installations-BUS anschließbar (Haupt- und Unter-S-FB)
- mögliche Länge der Verbindungsleitung ca. 1000 m

und den Standardfunktionen, siehe Beschreibung Fernbedienung (FB).

- der Wochentimer (WT)

mit den Eigenschaften

- Kombinationsmöglichkeit mit System-Fernbedienung (S-FB) und/oder Fernbedienung (FB)
- Anschluss über Steckverbinder und ca. 1,2 m lange Leitung an S-FB bzw. FB

und den Standardfunktionen

- EIN/AUS-Wochenprogramm mit mehreren EIN/AUS-Zeiten für jeden Wochentag programmierbar (Standard sind 3 EIN/AUS-Zeiten)
- bei Kombination mit System-Fernbedienung (S-FB) werden alle im Installations-BUS verknüpften Inneneinheiten simultan angesteuert
- Programmumgehungsfunktion
- Datensicherung bei Spannungsausfall durch Programmspeicher

- der Personalcomputer (PC)

mit den Eigenschaften

- Einzel- und Zentralalarmmeldung für jede Inneneinheit (IE) mit Speicher- und Historiefunktion.
- Grafische Filterüberwachung für jede Inneneinheit (IE) mit frei wählbarer Zeit für den Verschmutzungsgrad, Erinnerungs- und Alarmfunktion.
- Freie Zuordnungsmöglichkeit der Kundennamen, Raumbezeichnungen, Zonenzuordnung und tabellarische Bildschirmdarstellung.

– Bildschirmdarstellung der Betriebszustände für jede Inneneinheit (IE) mit sämtlichen Bedienfunktionen.

– Anschlussmöglichkeit von LON-BUS[10]-kWh-Zählern für die automatische Erfassung des Energieverbrauchs der VRF-Anlage zum Zwecke der Einzelraumabrechnung.

Eine besonders innovative Lösung ist die Bedienung über einen Touch-SCREEN-Bildschirm, der die Bedienelemente FB, S-FB und WT in Original-Format abbildet.

– Hinterlegung von Grundrisszeichnungen für die Bildschirmdarstellung.
– Vernetzung mehrerer Gebäudemanagement-Systeme über TCP-IP[11] Server.
– Anschlussmöglichkeit externer Schalt- und Regeleinrichtungen über LON-BUS-Netzwerk.
– außentemperaturgeführte Regelung
– Programmbedienung und kundenspezifische Sprachwahl
– Modemunterstützte Fernüberwachung über TCP/IP Protokoll oder über Internet mittels externem Personalcomputer (REM-PC $\hat{=}$ Fernbedienungs-PC).

• die Zentrale Leittechnik bzw. Gebäudeleittechnik (ZLT/GLT)

mit den Eigenschaften
   – Schnittstelle für die wichtigsten GLT-Systeme

---

10 LON-BUS = Local Operating Network = Installations-BUS mit bestimmten Übertragungseigenschaften
11 TCP-IP = Übertragungsprotokoll für die Kommunikation unterschiedlicher Rechnersysteme

3.3   Zur Auslegung von VRF-Multisplitanlagen

3.3.1   Grundlagen der Leistungsregelung

Das Grundprinzip der VRF-Technik beruht auf der lastabhängigen Variierbarkeit des Kältemittelstroms. Die Umsetzung dieses Verfahrens erfolgt durch das mikrocomputerunterstützte Zusammenspiel von geregelter Verdichtertechnik in der Außeneinheit und elektronischen Einspritzventilen in den Inneneinheiten. Dadurch wird immer gerade soviel verdichtetes Kältemittel bereitgestellt und den jeweiligen Inneneinheiten zugeordnet und eingespritzt, wie es die Einhaltung der mittels Einzelraumregelung eingestellten Soll-Temperatur erfordert.

a) Elektro-VRFg

Hier kommen ausschließlich hermetische Umlaufkolbenverdichter, Bauart Rollkolben und/oder Scroll, zur Anwendung. Im Bereich von 10 bis 16 kW Nennkühlleistung besitzen die Außeneinheiten nur einen Verdichter. Dieser regelt die Leistung der Kältemaschine über den gesamten Arbeitsbereich. Für größere Leistungen werden i. d. Regel 2 Verdichter gleicher bzw. 3...9 Verdichter unterschiedlicher Nennleistung eingesetzt, von denen entweder nur einer, mehrere oder alle Verdichter leistungsgeregelt arbeiten. Dieses Konzept wird prinzipiell von allen Elektro-VRF-Geräteherstellern umgesetzt.

Ausgehend von der lastabhängigen, erforderlichen Klemmleistung (Antriebsleistung) eines Hermetikverdichters

$$P_{Kl} \sim \underbrace{n \cdot M}_{Last}$$

n – lastabhängige Drehzahl
M – lastabhängiges Drehmoment

ist es naheliegend, eine Teillast-Anpassung entweder über die Änderung der Motordrehzahl oder des Motordrehmoments vorzunehmen. In beiden Fällen erreicht man einen lastabhängigen Gang der Klemmleistung – also die Verwirklichung des VRF-Prinzips. Auf dieser Grundlage wurden unterschiedliche Technologien entwickelt: die dominierende *Drehzahlregelung* mittels Frequenzumrichter (FU) und die auf Rollkolbenverdichter zugeschnittene *Drehmomentregelung*. Weitere Verfahren *ohne Frequenzumrichter* sind unter dem Namen „Power Accumulation Technologie" bzw. „DVM" mit Digital-Scrollverdichter bekannt geworden.

Eine detaillierte Betrachtung und Erläuterung dieser unterschiedlichen Regelungsprinzipien und deren Grundlagen ist aus [3-2], [3-11], [3-12], [3-13], [3-29] und Herstellerunterlagen zu entnehmen.

b) Gas-VRF

Als Antriebsaggregate werden Otto-Motoren mit einem Drehzahlbereich zwischen 800 und 2200 1/min eingesetzt. Sie treiben offene Drehkolben- oder Scrollverdichter an. Je Außeneinheiten-Modul werden 1 bis 4 Verdichter über Riementrieb von der Kurbelwelle angetrieben. Die Leistungsanpassung erfolgt also immer mittels *Drehzahlregelung* und bei mehreren Verdichtern zusätzlich durch Verdichterabschaltung (Leistungsstufung). Für Gas-VRF-Systeme ist kennzeichnend, dass im Heizbetrieb neben der Energiequelle Außenluft bei niedrigen Temperaturen die Motor- und Abgasabwärme genutzt wird. Daher kann man selbst bei Außentemperaturen bis –20°C immer noch die Nennheizleistung (bezogen auf +7°C) abrufen. Weitergehende Ausführungen findet man in [3-14], [3-15], [3-16], [3-17], [3-18], [3-19] und Herstellerunterlagen.

3.3.2 VRF-Verbund-Multisplitsysteme für große Leistungen

Arbeiten mehrere Außeneinheiten-Module in einem kältetechnischen Verbund auf ein Rohrnetz, dann handelt es sich um VRF-Verbundsysteme. Hiermit reagieren die Hersteller auf die große Nachfrage nach immer kompakteren, leistungsstärkeren VRF-Multisplitanlagen. Je Außeneinheit werden so bei Elektro-VRF Nennleistungen bis 180 kW (Kühlen) und 200 kW (Heizen) bzw. bei Gas-VRF bis 142 kW (Kühlen) und 160 kW (Heizen) bereitgestellt. Die Anzahl der anschließbaren Inneneinheiten liegt zwischen 23 und 64. Des Weiteren kann der Installationsaufwand im Vergleich zu mehreren Einzelanlagen deutlich verringert werden (s. Abbildung 3-9).

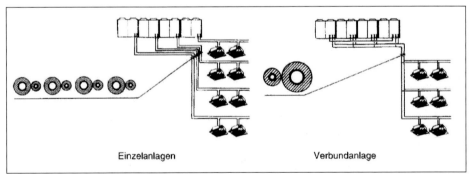

Einzelanlagen   Verbundanlage

Abb. 3-9 Kältetechnische Verrohrung der VRF-Verbundanlage im Vergleich zu Einzelanlagen (*Werkbild SANYO*)

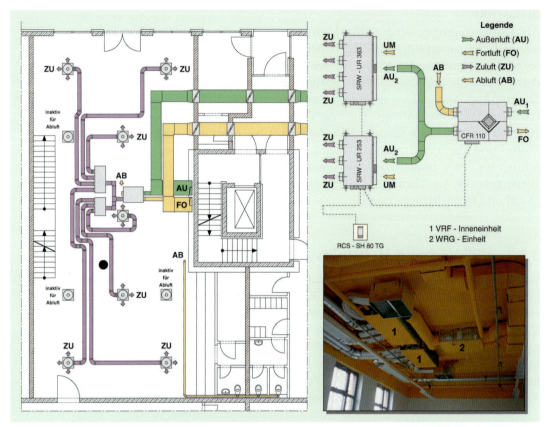

Abb. 3-10 Luftführung in einem Großobjekt (Auszug) mit VRF-Inneneinheiten, WRG-Komponenten und Deckenluftdurchlässen *(Werkbild Biermeier + Partner)*

Mit dieser Technologie lassen sich Großobjekte mit einem Kühlbedarf/Heizbedarf von ≥ 1 MW kostengünstig klimatisieren. Um hierbei auch den Anforderungen an Luftwechsel und integrierter Außenluftaufbereitung adäquat gerecht zu werden, stehen Inneneinheiten für Kanalanschluss mit Nennleistungen bis 28 kW (Kühlen) und 31 kW (Heizen) zur Verfügung. Über diese kompakten Zwischendeckenmodelle (Luftvolumenstrom ca. 4300 m³/h, externe statische Pressung bis 240 Pa) kann in Verbindung mit Wärmerückgewinnungs-Einheiten und konventionellen Deckenluftdurchlässen die komplette lufttechnische Versorgung der Gebäude erfolgen (s. Abbildung 3-10). Natürlich ist auch die Einbindung in vorhandene bzw. unter- oder übergeordnete RLT-Anlagen möglich (s. Abbildung 3-4).

3.3.3 Anlagenkonfigurationen

3.3.3.1 Kühlen und Heizen im Alternativbetrieb (Zwei-Rohr-System)

Diese Anlagenausführung stellt die Standard-Betriebsversion von VRF-Multisplit-Teilklimaanlagen dar. Kennzeichnend ist die **Umschaltung** des Gesamtsystems vom Kühl- auf den Heizmodus durch ein 4-Wege-Ventil **in der Außeneinheit.** Das bedeutet, entweder arbeiten alle Inneneinheiten im Kühl- oder im Heizbetrieb (daher Alternativbetrieb). Die Verrohrung zwischen Außen- und Inneneinheiten erfolgt analog den Mono-Splitanlagen als Zwei-Rohr-System (s. Abbildung 3-11).

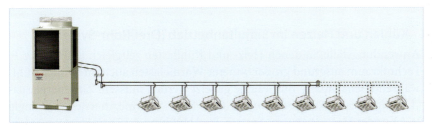

Abb. 3-11 Anlagenschema des Zwei-Rohr-Systems *(Werkbild Kaut/SANYO)*

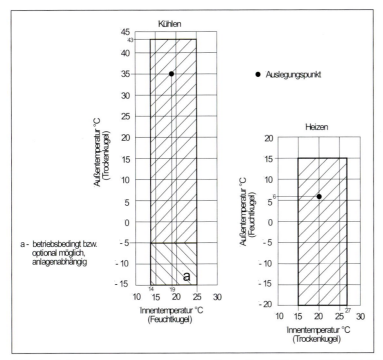

Abb. 3-12 Einsatztemperaturen für den alternativen Kühl- und Heizbetrieb mittels Zwei-Rohr-System

Zu beachten ist hierbei, dass strömungstechnisch optimierte Verteiler (keine normalen T-Stücke) eingesetzt werden. Nur dann wird die systemtypische Energieeffizienz der VRF-Technologie in vollem Umfang wirksam! Außerdem werden Strömungsgeräusche vermieden.

Die bisherigen Erfahrungen in Deutschland zeigen, dass ca. 90 % aller VRF-Multisplit-Anwendungsfälle mit dem Zwei-Rohr-System ausgerüstet werden. Es erlaubt eine sehr flexible und variantenreiche Ausbildung des Rohrnetzes und den Anschluss von bis zu 64 Inneneinheiten je Außeneinheit. Der in Abbildung 3-12 angegebene Einsatzbereich ist uneingeschränkt nutzbar. VRF-Anlagen für den reinen Kühlbetrieb werden ebenfalls als Zwei-Rohr-Systeme ausgeführt.

3.3.3.2 Kühlen und Heizen im Simultanbetrieb (Drei-Rohr-System)

Es gibt Anwendungsfälle, in denen Heiz- und Kühllasten zeitgleich auftreten, z. B. hat ein Technikraum aufgrund großer, innerer Wärmelasten auch im Winter Kühlbedarf, während benachbarte Büroräume geheizt werden müssen. Zur energiesparenden Lösung dieser Aufgabe können Drei-Rohr-Systeme, herstellerabhängig auch 3-WAY- oder Heat–Recovery-System, (s. Abbildung 3-13) eingesetzt werden. Durch Umschalten zwischen der Flüssigkeits- und der Heißdampfleitung ist an den Inneneinheiten wahlweise Kühl- oder Heizkapazität verfügbar.

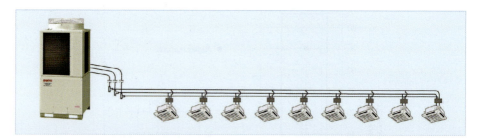

Abb. 3-13 Funktionsprinzip des Drei-Rohr-Systems für simultanen Kühl- und Heizbetrieb (*Werkbild Kaut/SANYO*)

Eine interessante Anlagenkombination zeigt Abbildung 3-14. Während die Inneneinheiten A, B, C und D simultan heizen und kühlen, können die Inneneinheiten E und F nur parallel betrieben werden.

Bei einem anderen Verfahren führt man Kältemittelflüssigkeit und -dampf in einer Rohrleitung (Zwei-Phasen-Strömung), so dass ein Zwei-Rohr-System verwendet werden kann. Allerdings benötigt man aufwendigere Umschalteinheiten, in denen das Zwei-Phasen-Gemisch wieder getrennt werden muss.

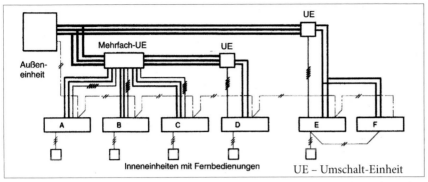

Abb. 3-14 Anlagenkombination von simultanem und parallelem Kühl- und Heizbetrieb
(Werkbild SANYO)

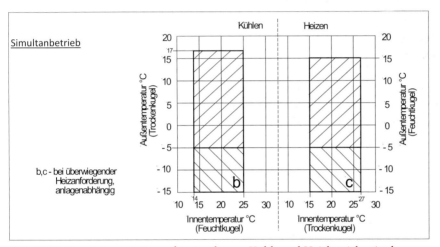

Abb. 3-15 Einsatztemperaturen für simultanen Kühl- und Heizbetrieb mittels
Drei-Rohr-System

Die günstige Energieausnutzung des simultanen Kühl- und Heizbetriebs erreicht
die besten Werte bei der sogenannten totalen Wärmerückgewinnung, d.h. die im
Kühlprozess frei werdende Verflüssigungswärme deckt den Heizbedarf zu 100 %.
Richtwerte der erreichbaren Leistungszahlen für diesen Sonderfall und andere,
sich im Normalfall einstellende Betriebszustände[12] liegen im Bereich von 4,5 bis 6
(s.a. [3-20]).

Die zulässigen Einsatztemperatur-Bereiche können Abbildung 3-15 entnommen
werden. Für Wirtschaftlichkeitsbetrachtungen sind aber auch die erhöhten Investi-
tionsaufwendungen (Umschalteinheiten, Installation usw.) zu beachten. Trotzdem
kann davon ausgegangen werden, dass diese Systeme mit steigenden Energieprei-
sen und wachsendem Energiespar-Bewusstsein an Bedeutung gewinnen.

---

12 Diese Anlagen arbeiten natürlich auch im Alternativ-Betrieb!

3.3.3.3 Besondere Einsatzmöglichkeiten für gasbetriebene Außeneinheiten

Durch die Kopplung einer gasbetriebenen Außeneinheit mit einem Wasser-Wärmeübertrager können eine Luft-Kältemittel- (VRF) und eine Luft-Wasser-Anlage parallel betrieben werden (s. Abbildung 3-16). Mit diesem „Mischsystem" sind vor allem bei Modernisierungsmaßnahmen vielfältige Lösungen denkbar.

Mittels Wasser-Wärmeübertrager ist aber auch eine reine Luft-Wasser-Anlage realisierbar, also ein Kaltwassersatz zum Kühlen und Heizen (u. a. für Sole-Betrieb bis −15°C). Der Nennleistungsbereich der verfügbaren Wasser-Wärmeübertrager liegt bei 25 bis 50 kW (Kühlen) und 30 bis 60 kW (Heizen).

Eine weitere, spezielle Ausrüstungsvariante der Außeneinheiten erlaubt darüber hinaus die Brauchwasserbereitung parallel zum Kühl- und Heizbetrieb. Durch einen zusätzlichen Wärmeübertrager in der Außeneinheit wird in diesem Fall die im Kühl- bzw. Heizprozess nicht nutzbare Motor- und Abgasabwärme einer bauseitigen Warmwasserbereitung zugeführt und nicht als Energieverlust über den luftgekühlten Verflüssiger der Außeneinheit an die Umgebung abgegeben. Darüber hinaus gibt es Außeneinheiten, die mit einem 4-kW-Generator für die zusätzliche Stromerzeugung ausgestattet sind. Mit den letztgenannten Maßnahmen wird die naturgemäß gute Primärenergie-Ausnutzungsbilanz gasbetriebener VRF-Systeme nochmals deutlich verbessert.

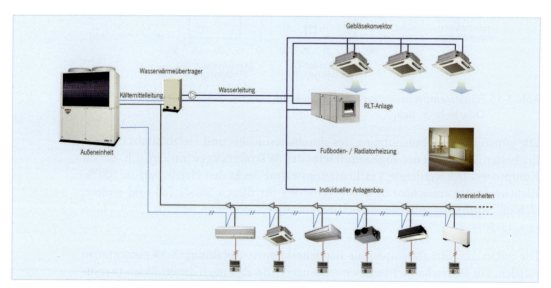

Abb. 3-16 Multivalente Nutzung gasbetriebener Außeneinheiten *(Werkbild SANYO)*

3.4 Betriebsverhalten und Wirtschaftlichkeit [3-21]

3.4.1 Allgemeine Betriebseigenschaften

Luftbehandlungsfunktionen

- Kühlen,
- Heizen: Heizwärmebedarf kann monovalent abgedeckt werden. Bei –15 °C Außenluft-Ansaugtemperatur sind noch ca. 70 % (Elektro-VRF) bzw. 100% (Gas-VRF) der Nennheizleistung verfügbar
- Entfeuchten,
- Filtern und
- Außenluftzufuhr: Außenluftrate je nach Bauart der Inneneinheiten.

DDC-Regelung

- Einzelraum-Temperaturregelung,
- bedarfsgerechte Anpassung der Kühl- bzw. Heizleistung an die Last durch leistungsgeregelte Verdichter, elektronische Einspritzventile und variablen Luftvolumenstrom an den Inneneinheiten,
- ausgefeilte Sensorik und optimales Abtauregime.

Bedienkomfort

- Kabel- oder Infrarot-Fernbedienung,
- System-Fernbedienung für Gesamtanlage,
- Schnittstelle für Einbindung in zentrale Leittechnik und
- Gebäudeklima-Management-System.

Installation

- flexibel,
- geringer bauseitiger Aufwand und Platzbedarf (keine Klimazentrale erforderlich usw.),
- für Neubau und Rekonstruktion gleichermaßen vorteilhaft.

Wartungsaufwand

- vergleichsweise niedrig

Umweltaspekt

- elektrisch oder gasbetriebene Luft-/Luft- bzw. Luft-/Wasser-Wärmepumpe: Geringerer Energieverbrauch im Vergleich zum elektrisch angetriebenen Kaltwassersatz bzw. der PWW-Heizung aufgrund höherer Leistungszahlen,
- Primärenergieeinsparung,
- Reduzierung der CO_2-Emission,
- günstiges Masse-Leistungs-Verhältnis und
- HFCKW-freie Arbeitsstoffe.

3.4.2 Teillastverhalten und Jahresenergieverbrauch

Es ist bekannt, dass Kälteanlagen in der Klimatechnik besonders großen Lastschwankungen ausgesetzt sind. Die max. Kühl- bzw. Heizlast, nach der die Anlagen ausgelegt werden, tritt in Deutschland nur stundenweise an wenigen Tagen auf. Die Anlagen laufen also überwiegend im Teillastbetrieb (s. Abbildung 3-17).

Die richtige Beurteilung des Teillastverhaltens der VRF-Multisplitanlage ist somit für die Findung seriöser Aussagen zur Jahresarbeitszahl und damit zur Wirtschaftlichkeit (Jahresenergieverbrauch) von entscheidender Bedeutung.

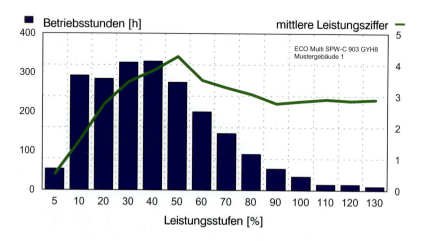

Jahresarbeitszahl	max. Leistungsziffer
3.2	5.4

Abb. 3-17 Lastbezogene Betriebsstundenanteile im Kühlbetrieb für ein Leichtbau-Gebäude nach [3-22]

Das Teillastverhalten der VRF-Multisplitsysteme kann durch folgende Faktoren beeinflusst werden:

Anlagenbezogene Faktoren

a) *Leistungsregelung der Außeneinheiten*
   Hier dominieren z. Zt. die Systeme mit 1 bis 9 Verdichtern und den bereits oben erwähnten VRF-Verfahren den Markt.

b) *Elektronische Einspritzventile in den Inneneinheiten*
   Mikroprozessorgeregelte elektronische Einspritzventile (EEV) mit Schrittmotor sorgen für eine exakte, raumlastabhängige Dosierung der erforderlichen Kältemittelmasse.

c) *Variabler Luftvolumenstrom an den Inneneinheiten*
Drehzahlgeregelte Ventilatoren an den Inneneinheiten passen den Luftvolumen-strom bedarfsgerecht an.

d) *Einfluss des tatsächlichen Jahresgangs von Verflüssigungs- und Verdampfungs-temperatur*
Bekanntermaßen steigt die Nutzkälteleistung einer Kälteanlage mit abnehmen-der Verflüssigungs- und zunehmender Verdampfungstemperatur. Allein durch diesen Einfluss ergibt sich selbst bei einfachster Leistungsregelung, z.B. durch Zylinderabschaltung, eine Verbesserung der Leistungszahl im Teillastgebiet.

e) *Einfluss der Wärmeübertragungsflächen*
Die für den Volllastfall ausgelegten Wärmeübertragungsflächen werden im Teillastbetrieb nur mit den anteiligen Massenströmen beaufschlagt. Dadurch verändern sich die Temperaturdifferenzen am Verflüssiger und am Verdampfer, was wiederum zu einer Erhöhung der Teillast-Leistungszahl führen kann.

f) *Thermodynamische Eigenschaften des Kältemittels*

Gebäude- und nutzungsabhängige Faktoren
Hierbei spielen bauphysikalische Eigenschaften des Gebäudes (Speichervermögen etc.), Anlagenauslastung, wirkliche Betriebsstunden usw. eine entscheidende Rolle.

Es wird deutlich, dass die Erfassung des tatsächlichen Teillastverhaltens einer VRF-Multisplitanlage ein sehr komplexes Problem darstellt und bezogen auf den kon-kreten Anwendungsfall selbst durch dynamische Simulationsrechnungen (Anlage und Gebäude) nur angenähert vorausberechnet werden kann. Die Leistungsrege-lung des Verdichters ist zwar eine wichtige Komponente, aber durchaus nicht allein ausschlaggebend für den wirtschaftlichen Betrieb einer Kälteanlage, respektive einer VRF-Multisplit-Klimaanlage.

Nach obigen Ausführungen reichen aber punktuelle Leistungszahlen offenbar nicht aus, um gesicherte Aussagen zur Jahresarbeitszahl, also zum Teillastverhalten, ablei-ten zu können. So wurde beispielsweise bereits 1997 die Teilklimatisierung mittels SANYO-Elektro-VRF-Multisplitanlagen für unterschiedliche Gebäudetypen an Hand von Modellrechnungen, begleitet durch Experimente, simuliert [3-20], [3-22] und [3-23]. Auf dieser Basis wurden auch die nachfolgenden Wirtschaftlichkeitsbe-trachtungen durchgeführt (s.a. [3-24] und [3-25]).

3.4.3   Kostenvergleich mit Nur-Luft- und Luft-Wasser-Anlagen

Die Entscheidungen für oder gegen eine Klimaanlagen-Technik sollten verschiedene Bewertungskriterien berücksichtigen, so z. B.:

- **Wirtschaftlichkeit**
  - Investitionskosten einschließlich Kapitalkosten
  - Betriebskosten: Energiekosten, Wartungskosten, sonstige Kosten

- **Qualität der Klimatisierung**
  - Teil-/Vollklimaanlage
  - Regelgenauigkeit (beeinflusst Wirtschaftlichkeit), sehr gute Regelung verringert die Energieverbrauchskosten um bis zu 30 %
  - Bedienkomfort
  - Wartungsaufwand (beeinflusst Wirtschaftlichkeit; schwankt zwischen 0,5 bis 5 % der Investitionskosten)
  - Außenluftzufuhr

- **Weitere Kriterien**
  - Schadstoffausstoß
  - Herstellungsverfahren und Materialeinsatz, Masse-Leistungs-Verhältnis
  - Wärmerückgewinnung
  - Entsorgung usw.

Die Bewertung einer VRF-Multisplitanlage (Luft-Kältemittel-Anlage) kann auf dieser Grundlage nur im Vergleich mit anderen, modernen RLT-Anlagen herkömmlicher Bauart erfolgen (siehe Tabellen 3-2 und 3-3). Der Vergleich mit einer konventionellen Nur-Heizungsanlage muss immer auf die Energieverbrauchs-Kosten beschränkt bleiben. Unzutreffend sind Gegenüberstellungen zu Mono-Splitanlagen. Die in Tabelle 3-2 angegebenen Energiekosten gelten für den ganzjährigen, monovalenten Kühl- und Heizbetrieb für ein Nichtwohngebäude, das die Anforderungen der Energieeinsparverordnung EnEV 2007 erfüllt. Alle Aussagen beziehen sich auf ca. 3.500 Betriebsstunden, 3 bis 5-fachen Luftwechsel und eine lichte Raumhöhe von 2,75 m. Tabelle 3-3 zeigt den Gesamtvergleich an Hand der angesprochenen Bewertungskriterien. Die Kostenrelationen gelten für Kühl- bzw. Heizleistungen von etwa 50 bis 150 kW. Für andere Leistungsbereiche können Abweichungen auftreten.

Die Energiekostenermittlung für die Elektro-VRF-Multisplitanlage ergibt sich aus

$$K_E = \frac{Q_a \cdot K_{ELT}}{\varepsilon_{W/K}}$$

mit den Jahresarbeitszahlen [3-26]: $\varepsilon_W \approx 3{,}3 \dots 3{,}6$ (Heizen) und $\varepsilon_K \approx 5 \dots 6$ (Kühlen).

Tabelle 3-2 Energiekostenvergleich RLT-Anlagen, Klimatisierung ohne Befeuchtung, Stand 08.08 nach [3-21]

Energieart	Raumlufttechnische (RLT)-Anlagen						
	Nur-Luft-Anlage z.B. mit VVS		Luft-Wasser-Anlage z.B. mit Kühldecke		Luft-Kältemittel-Anlage VRF-Multisplitanlage		
						Elektro-VRF	Gas-VRF
	Q_a	K_e	Q_a	K_e	Q_a	K_e	K_e
Wärme (Transmission)	40	2,3	Zwischenwerte entsprechend Nur-Luft-Anlage		36	1,4	1,3
Wärme (Lüftung)	40	2,3			36	1,8	1,7
Kälte	60	3,1			54	1,4	1,3
Hilfsenergie (ELT)	35	5,8			28	3,2	3,2
Normaltarif	175	13,5	156	12,0	154	9,7	9,7
WP-Sondertarif						7,4	

Q_a[kWh/m²a] Energieverbrauch, K_e[€/m²a] Energiekosten. Energie-Richtpreise (Verbrauch + Fixkosten, ohne Mwst.) für Wärme: Erdgas/HK 0,057 €/kWh , Erdgas/WP 0,043 €/kWh; für Kälte: Strom/KWS 0,052 €/kWh, Erdgas/WP 0,043 €/kWh; Strom: Normaltarif 0,165 €/kWh, WP-Sondertarif 0,113 €/kWh.

Für die Gas-VRF gilt entsprechend

$$K_E = \frac{Q_a \cdot K_{Gas/HK}}{\zeta_{Gas-WP}}$$ Index HK- Brennwertkessel, Heizzahl $\zeta \approx 1$

mit den Jahresheizzahlen: $\zeta_{Gas-WP/Heizen} \approx 1{,}1 \ldots 1{,}3$ und $\zeta_{Gas-WP/Kühlen} \approx 1{,}3 \ldots 1{,}5$ (ohne Abwärme-Auskopplung, ohne Generator).

Tabelle 3-3 Kostenübersicht RLT-Anlagen , Klimatisierung ohne Befeuchtung, Stand 08.08 nach [3-21]

Kosten	Raumlufttechnische (RLT)-Anlagen			
	Nur-Luft-Anlage z.B. mit VVS	Luft-Wasser-Anlage z.B. mit Kühldecke	Luft-Kältemittel-Anlage VRF-Multisplittechnik	
			Elektro-VRF	Gas-VRF
Investkosten €/m²	190 ... 200	140 ... 280	140 ... 150	150 ... 200
T€/kW	1,45 ... 1,55	1,1 ... 2,2	1,1 ... 1,15	1,15 ... 1,55
Energiekosten €/m²·a	13,5	12	7,4 ... 9,7	9,7
Sonstige Kosten €/m²·a	5	4	1,5	2,5

Anmerkungen:
- Investkosten/kW beziehen sich auf eine installierte Kühlleistung von max. 130 W/m²
- weitere Bedingungen analog Tabelle 3-2

Im direkten Vergleich mit einer Nur-Luft-Anlage zeigt sich, dass selbst bei Ansetzung von Normaltarifen mit VRF-Multisplitanlagen bis 30 % der Betriebskosten eingespart werden können, bei Wärmepumpen-Sondertarif sogar bis 40 %! Diese Aussage ist leicht nachvollziehbar, wenn man die Zusammenhänge der unterschiedlichen, thermodynamischen Prozessverläufe analysiert [3-27]. Aus Abbildung 3-18 lässt sich ableiten: Je mehr zwischengeschaltete Wärmeübertrager eingesetzt werden, desto niedriger muss -bei gleicher Lufttemperatur- die Verdampfungstemperatur gewählt werden. Damit nehmen die Übertragungsverluste und die Querschnitte für den Energietransport zu. Die Energieeffizienz der Klimaanlage nimmt ab.

Auch im Falle der Nachrüstung für ein Objekt mit bereits vorhandener Pumpen-Warmwasser-Heizung (PWW-Heizung) können sich deutliche Energiespareffekte ergeben. Die Luft-/Luft-Wärmepumpen-Heizkomponente der Elektro-VRF-Anlage arbeitet dann im bivalenten Heizbetrieb z.B. mit dem Einsatzpunkt +3 °C Außenlufttemperatur (s. auch [3-28]). Bei Abschluss eines Sondervertrages mit dem Energieversorgungsunternehmen gilt dann für die Energiekosten der Wärmepumpe:

$$K_E = \frac{K_{ELT}}{\varepsilon_W} = \frac{0{,}013 \ \text{€/kWh}}{3{,}4} = 0{,}033 \ \text{€/kWh}$$

Gegenüber dem monovalenten Betrieb mit der Pumpen-Warmwasser-Heizung ist der bivalente Betrieb – Elektro-VRF-Multisplitanlage bis +3 °C, PWW-Heizung unter +3 °C – wirtschaftlicher, denn

$$K_E = 0{,}033 \ \text{€/kWh} < K_{Gas/Öl} \approx 0{,}057 \ \text{€/kWh}.$$

Darüber hinaus sind für diesen Einsatzfall zu beachten:
- Grundheizung (PWW-Heizung) fährt überwiegend im Vollastgebiet Æ Verbesserung des Jahresnutzungsgrades,
- Verbesserung der raumklimatischen Verhältnisse und Senkung des Wärmeverbrauchs durch die Möglichkeit der kontrollierten Außenluftzuführung,
- 2-Komponenten- oder Kombinationsheizung wird der zunehmenden Forderung nach „Bedarfsheizung" (gegenüber traditioneller Bereitschaftsheizung) gerecht und führt generell zur Reduzierung des Wärmebedarfs und
- die globalen Vorzüge der Wärmepumpen-Heizung.

Raum   Kältemaschine

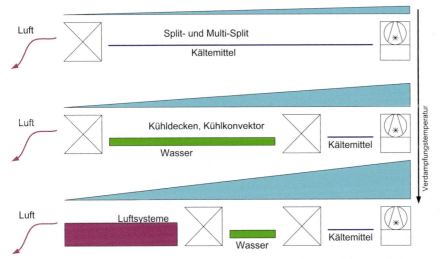

Abb. 3-18 Veränderung der Verdampfungstemperatur durch zwischengeschaltete
Kälteträger [3-27]

4 Dezentrale Fassadenlüftungssysteme

4.1 Systembeschreibung

Die dezentralen Fassadenlüftungssysteme bestehen aus Lüftungsgeräten, die im Fassadenbereich angeordnet sind oder eine direkte lufttechnische Anbindung an die Fassade aufweisen.

Der Transport der Zu- und Abluft erfolgt durch die Fassade. Von einfachen, schallgedämmten Überströmöffnungen (ADL, s.a. 5.3) bis zu komplexen Zu- und Abluftsystemen mit Ventilatoren, Volumenstromreglern, Wärmerückgewinnungssystemen (WRG), Luft-Wasser-Wärmeübertragern zum Heizen und Kühlen sowie mit der Anbindung an eine zentrale Gebäudeleittechnik sind eine Vielzahl funktional unterschiedlicher Geräte und Systeme realisierbar ([4-1], [4-2] und [4-3]).

Dezentrale Lüftungssysteme können mit einer zentralen Lüftungsanlage kombiniert werden. Die Zuluft wird vom dezentralen Zuluftgerät durch die Fassade angesaugt und thermisch aufbereitet, während die Abluft im Gebäudeinneren über eine zentrale Abluftanlage abgesaugt wird.

4.2 Systemvorteile und -nachteile

Die dezentralen Systeme bieten gegenüber zentralen Lüftungs- und Klimaanlagen folgende *Vorteile*:
- Reduzierung des Bauvolumens (Lüftungszentralen und Luftkanäle entfallen),
- Reduzierung der Geschosshöhe (Luftkanäle in der Zwischendecke entfallen),
- kurze Luftwege zum Gerät – einfache Reinigung gegenüber den langen Luftkanälen der Zentralanlagen,
- Variabilität bei Nutzungsänderung (Leergehäuse zur Aufnahme weiterer Geräte sowie Wechselboxen zum Austausch von Außenluft- und Umluftgeräten),

- große Redundanz, da beim Ausfall einzelner Geräte nicht das Gesamtsystem ausfällt,
- eine Kombination mit öffenbaren Fenstern ist einfach realisierbar, da eine Geräteabschaltung direkt über Fensterkontakte möglich ist,
- eine große Akzeptanz beim Nutzer, da er „sein" Raumklima selbst bestimmen kann,
- eine einfache individuelle Betriebskostenabrechnung und
- eine ideale Anpassung zur Teilnutzung von Gebäuden, da nur die genutzten Räume belüftet werden.

Dem stehen im Vergleich zu zentralen Systemen folgende *Nachteile* gegenüber:
- die große Anzahl von im Gebäude verteilten Kleinventilatoren, Filtern, Wärmeübertragern und Wärmerückgewinnungssystemen,
- Wartungsarbeiten direkt in den Nutzerräumen,
- die für dezentrale Lüftungsgeräte notwendigen Fassadenöffnungen müssen gegen das Eindringen von Wasser und Insekten geschützt werden und gleichzeitig eine möglichst druckverlustarme Luftansaugung gewährleisten,
- eine kontrollierte Be- und Entfeuchtung zur Regelung der Raumluftfeuchte ist nur mit unvertretbar hohem Aufwand möglich und
- unflexibler Ansaugort für die Zu- und Abluft (Außenluftqualität; Maßnahmen gegen direkten Lüftungskurzschluss).

4.3 Anwendungsgebiete und Einsatzgrenzen

Bei der Planung dezentraler Anlagen ist es wichtig, schon im Vorfeld Informationen bezüglich des Fassadenaufbaus und der Windverhältnisse auch in Wechselwirkung mit umliegenden Gebäuden zu berücksichtigen. Die Außenluftqualität im Bereich der Ansaugöffnungen muss ebenfalls in die Planung einfließen, denn im Gegensatz zu zentralen Systemen kann man hier den Ansaugort für die Außenluft s.a. 2.3) nicht frei wählen.

Dezentrale Lüftungssysteme eignen sich für den Einsatz in Einzelbüros, Wohngebäuden, Patientenzimmern in Krankenhäusern, kleineren Besprechungsräumen, Arztpraxen und Hotelzimmern. Nicht geeignet sind diese Systeme für den Betrieb in OP-Räumen, Sportstätten, großen Besprechungsräumen mit hohem Außenluftbedarf und innen liegenden Räumen.

Der Einsatz der dezentralen Technologie ist nur bei außen liegenden Räumen möglich. Eine maximale Raumtiefe von 6 m sollte nicht überschritten werden. Mit dem System sind spezifische Kühllasten bis 50 W/m² und ein 6-facher Luftwechsel problemlos zu realisieren. Bei höheren Kühllasten empfiehlt sich eine unterstützende Kühlung zum Beispiel durch Kühldecken oder Kühlkonvektoren. Jedoch ist zu beachten, dass die Raumluftfeuchte mit diesen Geräten nicht ohne weiteres kontrollierbar ist, sodass eine Taupunktüberwachung der Luft und eine Abschaltung der Kühldecke bei Taupunktunterschreitungen zwingend erforderlich ist.

4.4 Bauformen dezentraler Lüftungsgeräte

Die Einteilung der Geräte in verschiedene Bauarten erfolgt nach ihrer Funktionalität in Zuluftgeräte, Abluftgeräte, kombinierte Zu- und Abluftgeräte sowie Umluftgeräte. Zuluftgeräte können zur Steigerung der Kühlleistung zusätzlich mit einem Umluftanteil betrieben werden. Je nach Einbauort unterscheidet man darüber hinaus in Brüstungs-, Unterflur-, Unterdecken- und Wandgeräte (Abbildungen 4-1 bis 4-6).

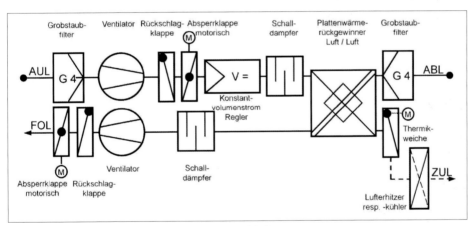

Abb. 4-1 Schema eines kombinierten Zu-und Abluftgeräts

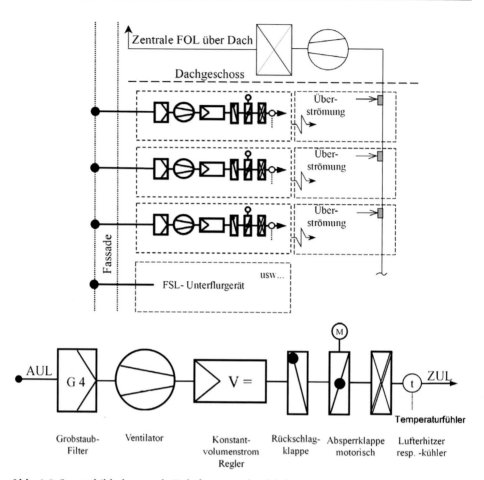

Abb. 4-2 Systembild: dezentrale Zuluft – zentrale Abluft

Abb. 4-3 (links)   Zuluftgerät *(Werkbild, Fa. TROX)*
Abb. 4-4 (rechts)   Zu- und Abluftbrüstungsgerät *(Werkbild, Fa. TROX)*

Abb. 4-5 (links) Zu- und Abluftbrüstungsgerät mit integriertem Wärmetauscher *(Werkbild, Fa. TROX)*

Abb. 4-6 (rechts) Zuluftunterflurgerät *(Werkbild, Fa. TROX)*

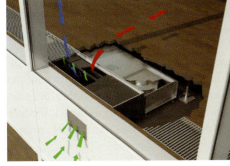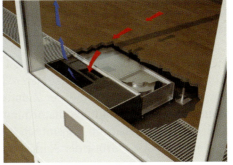

Abb. 4-7

a (oben links) Zuluftunterflurgerät *(Werkbild, Fa. EMCO)*

b (oben rechts) Zuluftunterflurgerät *(Werkbild, Fa. EMCO) – Außenluftbetrieb*

c (unten links) Zuluftunterflurgerät *(Werkbild, Fa. EMCO) – Mischluftbetrieb*

d (unten rechts) Zuluftunterflurgerät *(Werkbild, Fa. EMCO) – Umluftluftbetrieb*

Abb. 4-8
a (links) Zu- und Umluftbrüstungsgerät mit PCM *(Werkbild, Fa. EMCO)*
b (rechts) Zu- und Umluftbrüstungsgerät mit PCM *(Werkbild, Fa. EMCO)*

4.5 Anforderungen an dezentrale Lüftungsgeräte

4.5.1 Einfluss von Druckdifferenzen

Druckdifferenzen zwischen dem Gebäudeinneren und der Umgebung entstehen durch Temperaturunterschiede und Windeinflüsse, wobei die durch Wind erzeugten Druckdifferenzen bei höheren Gebäuden dominieren können (s.a. 2.2.1).

Da die Windgeschwindigkeit auch höhenabhängig ist, resultieren daraus unterschiedliche Druckverhältnisse in den verschiedenen Geschossen eines Gebäudes. Eine Windgeschwindigkeit von ca. 8 m/s (Windstärke 5, frische Brise) erzeugt bei dichter Gebäudehülle auf der Luv- und Leeseite einen Druckunterschied von 30 bis 40 Pa gegenüber dem Gebäudeinneren. Dadurch wird der Zuluftventilator auf der Luvseite „angeschoben" und der Zuluftvolumenstrom nimmt gegenüber dem bei Windstille zu. Der Abluftventilator hingegen muss gegen den Winddruck fördern und der Volumenstrom nimmt ab (Abbildung 4-9). Die Ventilatorkennlinie bestimmt dabei die Größe der Änderung.

Dies gilt unmittelbar nach Entstehen des Winddrucks. Ist ein Raum dicht, so wird er durch die Differenz zwischen Zu- und Abluftvolumenstrom „aufgepumpt", bis im Raum der gleiche Druck wie auf der Fassade herrscht. Zu- und Abluftventilator fördern dann wieder den Auslegungsvolumenstrom, im Raum herrscht aber der Fassadenüberdruck gegenüber den angrenzenden Gebäudeteilen. Ab 50 Pa wird das Öffnen von Türen deutlich behindert.

Daher sollten Räume nicht luftdicht gegenüber den Flurbereichen ausgeführt werden.

Es entstehen dann innerhalb des Gebäudes Querströmungen von der Luv- zur Lee-seite. Dabei wird auf der Luvseite der Zuluftvolumenstrom größer als der Ausle-gungsvolumenstrom, was unter Umständen zu Zugerscheinungen führen kann (höherer Volumenstrom = höhere Austrittsgeschwindigkeit). Demgegenüber steigt auf der Leeseite der Abluftvolumenstrom und der Zuluftvolumenstrom sinkt, sodass hier aus dieser Wind- und Drucksituation eine Minderversorgung der Räume mit Außenluft resultieren kann.

4.5.2 Kompensation von Windeinflüssen

Solche Winddruckeinflüsse können zum Beispiel durch volumenstromgeregelte Ventilatoren oder durch selbsttätige Volumenstromregler ausgeglichen werden.

Selbsttätige Volumenstromregler ohne Hilfsenergie sind preiswerter und zeichnen sich dadurch aus, dass sie bis ca. 1.000 Pa den Volumenstrom unabhängig von der Druckdifferenz konstant halten können. Mit solchen Reglern kann man allerdings nur den maximalen Volumenstrom begrenzen: Soll der Zuluftvolumenstrom auf der Lee-Seite konstant gehalten werden, so muss der Zuluftventilator überdimensioniert werden (zum Beispiel für einen Unterdruck von 100 Pa, wie in Abbildung 4-9 darge-stellt). Der Regler hält den Volumenstrom konstant auf dem Auslegungswert selbst dann, wenn der Unterdruck abnimmt oder sich bei Änderung der Windrichtung ein Überdruck einstellt. Bei Unterdrücken > 100 Pa sinkt natürlich der Volumenstrom. Eine Rückschlagklappe verhindert eine Umkehr der Strömungsrichtung.

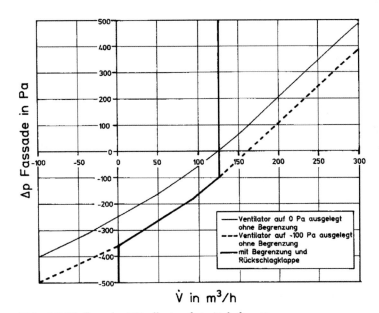

Abb. 4-9 Einfluss der Windlast auf ein Zuluftgerät

Im ausgeschalteten Zustand müssen die Ansaug- und Ausblasöffnungen der Geräte verschlossen werden, um einen unkontrollierten Luftaustausch und damit z. B. eine ungewollte Nachtauskühlung zu verhindern. Dies wird häufig durch einen Feder-rücklaufmotor realisiert, der eine Absperrklappe beim Einschalten des Gerätes öff-net und sie im stromlosen Zustand durch Federkraft schließt.

4.5.3 Akustische Anforderungen

In Büroräumen werden Schalldruckpegel von ca. 35 dB(A) gefordert [4-4]. Das bedeutet bei einer im Allgemeinen üblichen Raumdämpfung von 7 dB, dass die Geräte einen Schallleistungspegel von 42 dB(A) nicht überschreiten dürfen (Geräuschaddition mehrerer Geräte ist dabei nicht berücksichtigt). Betrachtet man die Platzverhältnisse für Unterflur- und Brüstungsgeräte, in die Ventilatoren, WRG, Volumenstromregler, Filter, Rückschlagklappen, Absperrklappen und Wärmeüber-trager mit Regelventilen integriert werden müssen, so werden die hohen Anforde-rungen an die kompakten Geräte deutlich. Anders als bei zentralen Anlagen ist der Einbau von Schalldämpfern bei dezentralen Geräten zwischen das Zentralgerät und den Luftdurchlass kaum möglich, sondern die geforderten Akustikwerte müssen durch die Auswahl geeigneter Ventilatoren, eine geschickte Luftführung mit mög-lichst wenig Druckverlusten und entsprechende akustische Auskleidungen erreichen werden. Abbildung 4-10 zeigt die Platzverhältnisse am Beispiel der Funktionseinheit (Zu- und Abluft) eines Brüstungsgeräts der Länge von 800 mm.

Weiterhin müssen die Geräte über ein ausreichendes Schalldämmmaß verfügen, um den störenden Einfluss von Außengeräuschen zu minimieren. Für den Nach-weis dieser Eigenschaften wird auf die DIN EN ISO 20140-10 (Messung der Norm-schallpegeldifferenz im Labor) [4-5] verwiesen.

Abb. 4-10 Geöffnete Funktionseinheit eines Zu- und Abluftgeräts *(Werkbild, Fa. TROX)*

4.5.4 Kondensatanfall

Im Sommer kann je nach Wasservorlauftemperatur im Kühler des Geräts Wasser aus der Luft ausgeschieden werden, im Winter fällt das Kondensat auf der Abluftseite des WRG-Systems an. Daher müssen beide Wärmeübertrager mit Kondensatwannen und Kondensatleitungen ausgestattet werden. Das WRG-System muss trotz luftdichtem Einbau (um einen Kurzschluss zwischen Zu- und Abluft zu verhindern) leicht herausnehmbar sein, um bei der Wartung eine ggf. erforderliche Reinigung des WRG-Systems und der Kondensatwannen durchführen zu können.

4.5.5 Einsatz der Wärmerückgewinnung

Wenn aus energetischen Gründen ein System mit Wärmerückgewinnung eingesetzt werden soll und daraus resultierende höhere Investitionskosten sowie die leicht erhöhte Leistungsaufnahme und Geräuschentwicklung der Ventilatoren akzeptiert werden, so erfordern verschiedene Gründe zwingend die Möglichkeit des Umgehens des Wärmerückgewinnungs-Wärmeaustauschers (WRG-Systems)(s.a. 2.4).

4.5.5.1 Bypass für das WRG-System aus energetischen Gründen

Im Sommer bei hohen und im Winter bei niedrigen Außentemperaturen lässt sich durch den Einsatz eines WRG-Systems eine Energieeinsparung erzielen.

Da jedoch aufgrund der guten Wärmedämmung und der hohen inneren Lasten in den Übergangszeiten Bürogebäude vorwiegend Kühlung benötigen, macht es wenig Sinn, die kühle Aussenluft im WRG-System vorzuwärmen, um sie anschließend wieder kühlen zu müssen. Daher wird dringend empfohlen, die Geräte mit einer motorisch betriebenen Bypassklappe zur Umgehung des WRG-Systems auszustatten. Diese sollte eine Außen- und Raumlufttemperatur geführte Steuerung aufweisen, um eine optimalen Energieeinsparung zu ermöglichen.

4.5.5.2 Bypass für das WRG-System zum Schutz vor Vereisung

Je nach Art der Luftführung (Gleich-, Gegen- oder Kreuzstrom) und in Abhängigkeit vom Wärmerückgewinnungsgrades sowie vom Wassergehalt der Raumluft ist bei Außentemperaturen unter −5 °C eine Vereisung des WRG-Systems möglich. Dadurch steigt der Druckverlust auf der Abluftseite des Geräts und die Bilanz zwischen Zu- und Abluft ist unausgeglichen.

Es bieten sich die folgenden Möglichkeiten:

1. Selbsttätiges Bypassventil
    realisierbar z.B. durch eine federbelastete Klappe, die bei steigendem Unterdruck aufgrund der einsetzenden Vereisung selbsttätig öffnet (Abbildung 4-11).
2. Motorische Bypassklappensteuerung
    temperaturgeführte Klappensteuerung: Für diese Variante spricht der energetische Vorteil in der Übergangszeit wie in 4.5.5.1 beschrieben.

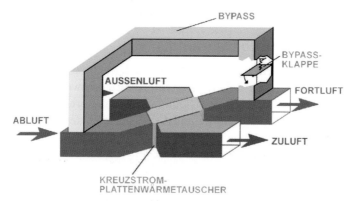

Abb. 4-11 Bypass des WRG-Systems

4.6 Luftführung im Raum

Prinzipiell sind mit Fassadengeräten Mischluft- und Quellluftsysteme realisierbar. Berücksichtigt man jedoch die damit erzielbaren relativ geringen Kühllasten von unter 50 W/m² Fußbodenfläche, so bieten sich Quellluftsysteme an (s.a. 2.5.4).

Mischluftsysteme mit einer Anordnung der Luftdurchlässe an der Fassade erzeugen tangentiale Raumluftströmungen. Aufgrund der niedrigen Volumenströme und den daraus resultierenden kleinen Austrittsgeschwindigkeiten sind solche Luftführungen nicht für größerer Raumtiefen geeignet, da die kalte Zuluft sich aufgrund der Dichteunterschiede zur Raumluft bereits nach relativ kurzem Strömungsweg von der Decke ablöst und in den Aufenthaltsbereich hinabfällt. Dies gilt für Geräte mit mehreren Ventilatorstufen, insbesondere bei kleinen Zuluftvolumenströmen.

Bei kombinierten Zu- und Abluftgeräten muss im Heizbetrieb ein Lüftungskurzschluss verhindert werden. Daher sollte man bei Brüstungsgeräten die Abluft möglichst in Fensternähe mit einer verdeckten Luftführung unterhalb der Fensterbank und nicht im Bereich im vorderen Bereich der Geräteverkleidung absaugen, da sonst die warme Zuluft am Gerät aufsteigt und teilweise wieder angesaugt werden kann (Abbildung 4-12).

Die Geräte sollten die Möglichkeit der statischen Heizung über freie Konvektion, d.h., ohne Ventilatorunterstützung. zur Raumheizung außerhalb der Raumbelegungszeiten bieten. Idealerweise sind die Geräte mit einer so genannten Thermikweiche ausgestattet, die im Ventilatorbetrieb den Spalt unter der Fensterbank oder im oberen Bereich der Verkleidung verschließt, diesen bei ausgeschaltetem Ventilator freigibt und so eine Heizung über den Konvektorschacht ermöglicht (Abbildung 4-12).

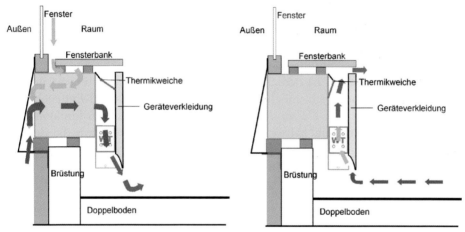

Abb. 4-12 Funktionsweise Thermikweiche *(Werkbild, Fa. TROX)*

4.7 Brand- und Rauchschutz

In Hochhäusern darf gemäß der Hochhausrichtlinie in einigen Bundesländern nur nichtbrennbares Material (A-Material) zur thermischen und akustischen Auskleidung in luftführenden Systemen verwendet werden. Mit einer zentralen Brandfrüherkennung oder mit Rauchmeldern in der Ansaugstrecke der Geräte wird durch Abschalten der Geräte (und damit automatischem Schließen der Absperrklappen) die Rauchübertragung von außen oder aus dem Fassadenzwischenraum wirkungsvoll verhindert.

4.8 Wartung

Dezentrale Lüftungsgeräte müssen wartungsfreundlich aufgebaut sein, denn zu jedem kombinierten Zu-/Abluftgerät gehören zwei Filter, die regelmäßig gewechselt werden müssen. Da in Hochhäusern eine Vielzahl von Geräten eingebaut werden, sollte der Filterwechsel möglichst schnell und ohne Werkzeug durchzuführen sein. Ebenso müssen die Wärmeübertrager und deren Kondensatwannen leicht zugänglich sein, um die Reinigung zu erleichtern.

4.9 Schlussfolgerungen

Dezentrale Lüftungssysteme sind eine sinnvolle Erweiterung der Palette von Möglichkeiten zur Be- und Entlüftung von Gebäuden. Bei der Planung sind die Einsatzgrenzen dieser Systeme zu berücksichtigen. Eine Vollklimatisierung ist mit den dezentralen Systemen nicht möglich (keine kontrollierte Be- und Entfeuchtung). Die Systeme bieten dem Nutzer die Möglichkeit der individuellen Einflussnahme auf „sein" Raumklima und haben weitere entscheidende Vorteile wie die Gewährleistung einer hohen Variabilität bei Nutzungsänderungen und den geringen Platzbedarf der Geräte im Vergleich zu anderen Systemen. Bei Sanierungen sind dezentrale Lüftungssysteme häufig die einzige Möglichkeit, eine mechanische Be- und Entlüftung zu realisieren.

5 Kontrollierte Wohnungslüftung

5.1 Allgemeines

Wohnungen sind aus gesundheitstechnischen und bauphysikalischen Gründen und wegen der Zuführung der u.U. notwendigen Verbrennungsluft zu lüften.

Zu den gesundheitstechnischen Gründen gehören u.a. die Gewährleistung der thermischen Behaglichkeit (Kompensation von Wärme- und Feuchtelasten, die bei der Nutzung der Wohnung auftreten) und der hygienische Behaglichkeit (Kompensation von Schadgasen (wie z.B. CO_2), Gerüchen, Ausdünstungen, Schadstoffen (wie z.B. Staub, Bakterien, Pollen, Tabakrauch).

Zu den bauphysikalischen Gründen gehört die Abführung von in der Wohnung anfallender Feuchte, um Taupunktunterschreitung und daraus folgend Schimmelbefall zu vermeiden.

Die bisherige DIN 1946 T6 [5-1] legt die Mindestanforderungen an die Lüftung in Abhängigkeit von der Nutzung (Wohnungsgröße, Personenzahl) fest. Dabei wird in Grundlüftung (erforderlicher Mindestaußenluftvolumenstrom $q_{V,ODA,min}$) und Gesamtlüftung (erforderlicher Außenluftvolumenstrom bei normaler Belegung und Nutzung $q_{V,ODA}$) unterschieden (Tabelle 5-1).

Tabelle 5-1 Außenluftvolumenstrom für einzelne Wohnungsgruppen ohne Berücksichtigung fensterloser Räume

Wohnungs-gruppe	Wohnungs-größe	Geplante Belegung	Grundlüftung $q_{V,ODA,min}$	Gesamtlüftung $q_{V,ODA}$
	m²	Personen	m³/h	m³/h
I	≤ 50	bis 2	60	60
II	> 50 ≤ 80	bis 4	90	120
III	> 80	bis 6	120	180

Aus energetischen Gesichtspunkten wird gesetzlich (EnEV) [5-2] darauf orientiert, den Lüftungswärmebedarf (Lüftungsheizlast) (s.a. 1.4.1.2) [5-3] so weit zu minimieren, dass die in [5-1] geforderten Werte eingehalten werden. Dabei sollte ein Außenluftwechsel von $n_{AUL,min} = n_{ODA,min} \approx 0,35$ 1/h nicht unterschritten werden (s.a. 2.1). Mit der zusätzlichen Forderung nach der Dichtheit des Gebäudes [5-4], d.h. auch der Fensterfugen, können über eine Fugenlüftung (Fugendurchlasskoeffizient a < 0,3 m³/(h m Pa$^{2/3}$) die in Tabelle 5-1 genannten Werte kaum erreicht werden.

Nach [5-5] der Mindestaußenluftwechsel $n_{AUL,max} = n_{ODA,max}$ zweckmäßigerweise in Abhängigkeit der Wohnraumnutzung und des Gebäudetyps determiniert. (Tabelle 5-2 und 5-3).

Dies bedeutet, dass die Wohnungen entweder natürlich oder mechanisch gelüftet werden müssen. Die Möglichkeiten der Wohnungslüftung zeigt Abb. 5-5. In den skandinavischen Ländern ist deshalb eine kontrollierte Wohnungslüftung mit Wärmerückgewinnung bei Neubauten zwingend vorgeschrieben und in den Niederlanden seit über 15 Jahren gängige Praxis.

Tabelle 5-2 Vorschlag für schimmelpilzvermeidende Mindestlüftung in EFH- Mindestaußenluftwechsel $n_{ODA,min}$ nach [5-5]

	Wohn-zimmer	Schlaf-zimmer	Kinder-zimmer	Küche	Bad	Wohnung
Sanierung	0,20	0,40	0,45	0,35	0,45	0,30
Neubau	0,15	0,20	0,25	0,20	0,30	0,15

Tabelle 5-3 Vorschlag für schimmelpilzvermeidende Mindestlüftung in MFH- Mindestaußenluftwechsel nach [5-5]

	Wohn-zimmer	Schlaf-zimmer	Kinder-zimmer	Küche	Bad	Wohnung
Sanierung	0,25	0,60	0,70	0,40	0,60	0,40
Neubau	0,15	0,30	0,35	0,25	0,40	0,20

Der Entwurf der DIN 1946 T6 [5-6] weist vier Grundlüftungsprinzipien aus.

- Lüftung zum Feuchteschutz (FL)
- Mindestlüftung (ML)
- Grundlüftung (GL)
- Intensivlüftung(IL)

Positiv ist zu werten, dass die Lüftung als Feuchteschutz eindeutig ausgewiesen wird.

Der Bezug auf einen Mindestaußenluftvolumenstrom je Raum (Index: R) $q_{V, ges, R} = q_{V, ODA, ges, R}$ in Abhängigkeit der Raumnutzung ist im Gegensatz zur der allgemeinen Aussage in der EnEV 2002 [5-2], [5-7] ebenfalls positiv zu werten (Tabelle 5-4).

Die aus [5-6] abgeleiteten Lüftungskonzepte in [5-8] weisen sowohl eine die Infiltration (ohne diese näher zu definieren) als auch bei der Lüftung ein Öffnen des Fensters durch den Nutzer in bestimmten Zeitintervallen aus (Tabelle 5-5).

Für die ventilatorgestützte Lüftung sind zur Ermittlung und Festlegung der nutzungsunabhängigen Gesamt-Außenluftvolumenströme für die Lüftung der vier oben genannten Systeme die Werte nach Tabelle 5-5 bezogen auf Wohnung bzw. Nutzungseinheit in m² anzuwenden. Die Werte für die Grundlüftung (GL) sind Bezugswerte für die Bemessung der Lüftungskomponenten der freien Lüftung. Als Grundgleichung gilt die zugeschnittene Größengleichung für die Grundlüftung:

$$q_{V,ges,NE,GL} = -0,001 * A_{NE}^2 + 1,15 * A_{NE} + 20$$

Somit ist neben den Tabellenwerten eine Interpolation über die Fläche A_{NE} möglich. Der Bezug zur Nutzfläche ist eine planerische Möglichkeit, wobei sie, wie bei der Ermittlung des Heizenergiebedarfs bei der EnEV, kaum die Tendenzen der tatsächlichen und sich ändernden Wohnraumbelegung widerspiegelt.

Tabelle 5-4 Außenluftvolumenstrom $q_{V,ges,R}$ bei freier Lüftung für einzelne Räume mit Fenstern nach [5-6]

	Außenluftvolumenstrom $q_{V,ges,R}$ ($q_{V,ODA,ges,R}$) in m³/h				
	Lüftung zum Feuchteschutz (FL)		Mindest-lüftung (ML)	Grundlüftung (GL)	Intensiv-lüftung (IL)
Raum	Wärme-schutz hoch[1]	Wärme-schutz gering[2]	ohne lüftungs-technische Maßnahmen, teilweise durch Nutzer-unterstützung (Fenster-lüftung)	teilweise durch Nutzer-unterstützung (Fenster-lüftung)	durch Nutzer-unterstützung (Fenster-lüftung)
Küche, Kochnische Bad mit/ohne WC Duschraum WC Hausarbeits-raum Kellerraum (z. B. Hobby-raum) Arbeitszimmer Gästezimmer	10	15			
Wohnzimmer Esszimmer Kinderzimmer Schlafzimmer	15	20			

1 Mindestens WSVO 95
2 unsanierte und teilsanierte Gebäude

Tabelle 5-5 Lüftungskonzepte nach [5-8]

Realisierung durch	Feuchteschutzluftstufe	Mindestluftstufe	Grundluftstufe	Intensivluftstufe
Freie Lüftung	Infiltration und ALD	Infiltration und Fenster öffnen	Infiltration und Fenster öffnen	Infiltration und Fenster öffnen
Fensteröffnungs-intervalle		z.B. alle 4 Stunden je 12 Minuten öffnen	z.B. alle 4 Stunden je 22 Minuten öffnen	bedarfsabhängig
ventilatorgestütztes Abluftsystem	Infiltration und Abluft-system	Infiltration und Abluftsystem	Infiltration und Abluftsystem	Infiltration, Abluft-system und Fenster öffnen
ventilatorgestütztes Zu- und Abluftsystem	Infiltration, Zu- und Abluftsystem	Infiltration, Zu- und Abluftsystem	Infiltration, Zu- und Abluftsystem	Infiltration, Zu- und Abluftsystem

Tabelle 5-6 Gesamt-Außenluftvolumenstrom $q_{V,ges,NE}$ für Nutzungseinheiten nach [5-6]

Fläche der Nutzungseinheit A_{NE} [1), 2)]		m²	30	50	70	90	110	130	150	170	190	210
Lüftung zum Feuchte-schutz (FL)	Wärmeschutz hoch $q_{V,ges,NE,FLH}$ [3)]	m³/h	15	25	30	35	40	45	50	55	60	65
	Wärmeschutz gering $q_{V,ges,NE,FLG}$ [4)]	m³/h	20	30	40	45	55	60	70	75	80	85
Mindestlüftung (ML) [5)] $q_{V,ges,NE,ML}$		m³/h	40	55	65	80	95	105	120	130	140	150
Grundlüftung (GL) [6)] $q_{V,ges,NE,GL}$		*m³/h*	*55*	*75*	*95*	*115*	*135*	*155*	*170*	*185*	*200*	*215*
Intensivlüftung (IL) [7)] $q_{V,ges,NE,IL}$		m³/h	70	100	125	150	175	200	220	245	265	285

1)	Fläche innerhalb einer Gebäudehülle, die im Rahmen des Lüftungskonzepts ist, Berechnung nach DIN EN 12 831. • Bei Wohnflächen A_{NE} < 30 m² (pro Wohnung bzw. Nutzungseinheit) wird A_{NE} = 30 m² gesetzt. • Bei Wohnflächen A_{NE} >210 m² (pro Wohnung bzw. Nutzungseinheit) sind die planmäßigen Außen-luftvolumenströme in geeigneter Weise anzupassen (s.a. Gleichung unter [6)])
2)	Die für die Grundlüftung angegebenen Gesamt-Außenluftvolumenströme gelten für den Fall, dass pro Person mindesten 30 m³/h zu Verfügung stehen. Dies ist auch bei geplanten höheren Belegungsdichten sicher zu stellen. Für die Grundlüftung ist der Gesamt-Außenluftvolumenstrom dann mit der Personen-anzahl und q_V = 30 m³/(h Person) zu ermitteln • Bei besonderen bauphysikalischen oder hygienischen Anforderungen können die Außenluftvolumen-ströme erhöht werden (z.B. bei hohen Schadstofflasten) • Bei höherer als wohnungsüblicher Personenbelegung müssen mindestens q_V = 20 m³/(h Person) zur Verfügung stehen.
3)	$q_{V,ges,NE,FLH} = 0{,}3 * q_{V,ges,NE,GL}$: Wärmeschutz hoch, Neubau nach 1995 oder Komplettsanierung
4)	$q_{V,ges,NE,FLH} = 0{,}4 * q_{V,ges,NE,GL}$: Wärmeschutz gering, Gebäude vor 1995 erreichtet, unsanierte oder teilsanierte Gebäude (z.B. Fensterwechsel)
5)	$q_{V,ges,NE,FLH} = 0{,}7 * q_{V,ges,NE,GL}$
6)	$q_{V,ges,NE,GL} = -0{,}001 * A_{NE}^2 + 1{,}15 * A_{NE} + 20$
7)	$q_{V,ges,NE,FLH} = 1{,}3 * q_{V,ges,NE,GL}$

Unabhängig von energetischen Maßnahmen, die sich aus der EnEV 2002 bzw. EnEV 2007 ergeben, muss die Priorität bei der **Nutzung** von Räumen und Gebäuden liegen. Die Nutzung von Räumen, deren bautechnische Ausgestaltung und die Lüftungsmöglichkeiten haben sich in den letzten Jahrzehnten entscheidend verändert. Nach [5-9] sollten einige Beispiele dies untermauern, um zu verdeutlichen, dass einige oft gebrauchte Argumente bezüglich ihrer Wertigkeit hinterfragt werden sollten.

a) Bautechnische Ausgestaltung

- Feuchte speichernde Bauteile: Baukonstruktionen von Wohnungen weisen größtenteils in Einfamilienhäusern, ökologisch gestalteten Gebäuden und Gebäuden älterer Bauzeit einen Innenputz (früher Kalkputz, später Kalk-Zement-Putz) auf. Dieser kann Feuchtigkeit aufnehmen. Zu beachten ist, dass die Feuchtigkeitsaufnahme nur in den oberen Schichten stattfindet. Die „Speicherung" erfolgt relativ schnell, während die „Entspeicherung" ein Vielfaches der Zeit beträgt.

  Die Abbildungen 5-1, 5-2 und 5-3 zeigen die Probleme der Feuchtespeicherung und der Feuchteaufnahme von unterschiedlichen Materialien.

  In der Mehrzahl der in den letzten zwanzig bis dreißig Jahren gebauten Wohnungen, insbesondere bei mehrgeschossigen Gebäuden, handelt es sich oft um Raumumschliessungsflächen (z.B. Beton, Wand- und Fußbodenfliesen), die nur ein sehr eingeschränktes Feuchtespeicheraufnahmevermögen haben. Die Oberflächen werden im Allgemeinen mit Tapeten versehen, die nur in Abhängigkeit ihres Materials Feuchte aufnehmen können. Zusätzlich werden oft abwischbare und diffusionshemmende Farbanstriche aufgebracht. Bei Fußböden findet man häufig versiegeltes Parkett, Fliesen oder Kunststoffbeläge und diese stellen kaum ein Speicherpotenzial dar. Einzig und allein können textile Fußbodenbeläge Feuchte speichern, was unter Umständen in Sommermonaten zu Wellungen führen kann.

- Fußbodenabschlussleisten (Scheuerleisten): Neben ihrer Funktion als Abschlusskanten und Reinigungsschutz für die Wände gewährleisten sie einen Abstand zwischen dem aufzustellenden Mobiliar und der Wandkonstruktion. Diese sind kaum vorhanden bzw. nur sehr schmaler Form als hochgezogener Fußbodenbelag.

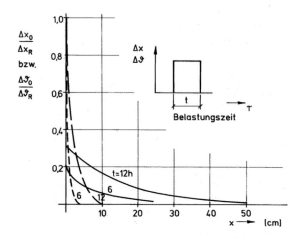

Abb. 5-1
Relative Wasseraufnahme und
relative Temperaturdifferenz-
änderung in Abhängigkeit der
Belastungszeit *t*

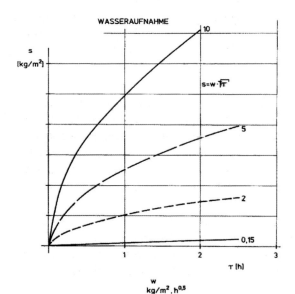

Abb. 5-2
Wasseraufnahme verschiedener
Baustoffe in Abhängigkeit der
Einwirkzeit τ

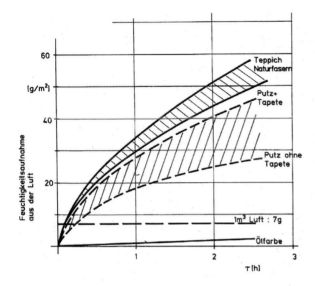

Abb. 5-3
Feuchtigkeitsaufnahme aus der Luft bei Erhöhung der relativen Feuchte von 40% auf 80%

- Luftdichtheit der Wohnungen: Wohnungstüren werden im Allgemeinen auch aus akustischen Gründen dicht gestaltet, so dass man nur noch entsprechend der alten Heizlastnorm (DIN 4107) [5-10] von einem Geschosstyp sprechen kann.
- Raumanordnung: bei bestehenden Gebäuden kann davon ausgegangen werden, dass einerseits die Raumnutzung wenigsten bei der Küche und dem Bad/WC vorgegeben war, aber andererseits die Nutzung dem Nutzer freigestellt ist und sein sollte.
- Innenliegende WC/Bäder und Küchen erfordern nach DIN 18 017 (T1 und T3) [5-11] eine Absauganlage und einen Abluftschornstein, wobei wie bei der früher üblichen Einzelraumheizung Luft in die Wohnung nachströmen muss. Luft-Abgas-Schornsteine in unterschiedlichster Form sind autark von der Lage des Wärmeerzeugers.
- Übergang von der Einzelraumheizung zur Sammelheizung mit der vom Nutzer zu beeinflussenden Einzelraumregelung (Thermostatventil).
- Heute übliche große Glasflächen an z.B. an Balkonen oder Fassaden, meist nach Süden orientiert, sind nicht speicherfähig.
- Das Fehlen von Trockenräumen für die Wäsche. Früher wurde der Bodenraum eines Gebäudes dafür genutzt oder in manchen Bundesländern verstärkt Freiflächen.
- Schnelle Nutzung des Gebäudes nach der Fertigstellung, d.h. die Bauteile verfügen über eine erhöhte Materialfeuchte, die wiederum eine erhöhte Wärmeleitfähigkeit verursacht (früher wurden die Wohnungen entweder trocken gewohnt oder während der Winterzeit ruhte der Rohbau).

b) Ausstattung der Wohnung

- Die Möbel werden heute oft als komplettierbare Elemente direkt an die Wand angeordnet und besitzen kaum noch „Füße" die ein Zuströmen von Luft zwischen Möbelhinterwand und Wand ermöglicht (bei Heizkörpern orientiert man für die Zuströmung auf einen Abstand von 65 bis 70 mm zur Oberkante (OK) Fußboden).

- Die Küchengestaltung orientiert ebenfalls auf festeingebaute Unterteile und wandhängende Teile, deren Anordnung von der sanitärtechnischen Erschließung abhängig ist und sich an einer zweckmäßigen Nutzung orientiert.

- Die Möbel bestehen oft aus versiegelten Holzwerkstoffen, die kaum eine Feuchtespeicherung zulassen und unter Umständen zu Ausdünstungen (Formaldehyd, organische Weichmacher) neigen. Bei den Polstermöbeln kann in Abhängigkeit der eingesetzten Stoffe mit einer Feuchtespeicherung gerechnet werden.

- Pflanzen unterschiedlichster Art, Form und Größe sind heute in den meisten Fällen Bestandteil der Wohnkultur. Das Gieswasser wird nahezu vollständig dem Raum in Form von Wasserdampf zugeführt. Die Feuchtebelastung kann dabei ein Mehrfaches von dem eines Menschen ausgeatmeten Wasserdampf (50 bis 70 g/h) betragen.

- Technische Geräte, wie Waschmaschine, Trockner, Spülmaschine oder auch das Wäschetrocknen können Feuchtequellen darstellen. Die Feuchtebelastung durch die Nutzung der Küchen zur Speisezubereitung wird heute zu geringen Werten hin tendieren.

- Die Heizkörper werden z.T. noch unter dem Fenster angebracht, sind aber oft in ihrer Längenausdehnung kleiner als die Fensterbreite, so dass z.B. der Kaltlufteinfall an den Fensterrändern (Fenstergewand), insbesondere bei gekippten Fenstern, nicht aufgefangen werden kann.

c) Nutzung der Wohnung

- Während noch in den siebziger Jahren davon ausgegangen werden, dass zumindest eine Person sich nahezu ständig in der Wohnung aufhielt, so kann heute nur noch sehr eingeschränkt von diesem Ansatz ausgegangen werden.

- Das Öffnen eines Fensters ist im Allgemeinen mit der Anwesenheit von Personen verbunden: Das kontrollierte und bewusste Öffnen kann und darf nicht aus unterschiedlichen Gründen (Außenlärm, Außenschadstoffe, Versicherungsschutz) bei der Nutzung einer Wohnung vorausgesetzt werden. Längere Abwesenheiten (z.B. Tätigkeit, Urlaub, Wochenende) von Wohnungsnutzern sind heute nicht mehr die Ausnahme.

- Verständnis der Zusammenhänge der Problematik „feuchte" Luft: Wenn es oft schon schwierig ist, in der Ausbildung die grundlegenden Zusammenhänge der „feuchten" Luft zu vermitteln, so kann man von einem Wohnungsnutzer nicht verlangen, dass er weiß, dass warme Luft leichter als kalte Luft ist (ehestens plausibel), feuchte Luft bei konstanter Temperatur leichter ist als trockene Luft und die absolute Feuchte beim Erwärmen von Luft konstant bleibt, aber die Luft in der Lage ist mehr Feuchtigkeit aufzunehmen. Auch das Messen der relativen Luftfeuchte hilft hier nicht weiter, denn wenn die Raumtemperatur erhöht wird, sinkt die relative Feuchte und sichtbare Feuchte (im Allgemeinen am Fenster zu erkennen) verschwindet.

- Die Ansprüche an die Behaglichkeit, die Variabilität der Nutzung der Räume und deren Ausgestaltung sind Qualitätskriterien für die Vermietung, aber auch für die Eigennutzung einer Wohnimmobilie.

Die aufgezeigten Aspekte sollten verdeutlichen, dass das Problem der Nutzung und Nutzbarkeit von Wohnungen einem zeitlichen Wandel unterlegen ist und man sehr differenziert an die Beurteilung von Feuchteschäden herangehen sollte und sie nur auf den Mieter bzw. Nutzer (kaum für diesen nachvollziehbar) und sein Lüftungsverhalten oder gar die Reduzierung der Transmissionsheizlast durch Wärmedämmmaßnahmen beschränken darf.

Da im Winterfall die „trockene" Außenluft (s. a. 2.4.2) mengenmäßig minimiert werden soll und durch sehr gute Fensterkonstruktionen nur ein geringer Fugendurchlasskoeffizient vorhanden ist, kann die Außenluft bei der Mischung mit der Raumluft nur noch ungenügend zu einer Absenkung der Raumluftfeuchte beitragen. Deshalb ist und sollte die *„Feuchte"* heute und zukünftig die *entscheidende Regelgröße* für die *Lüftung* sein.

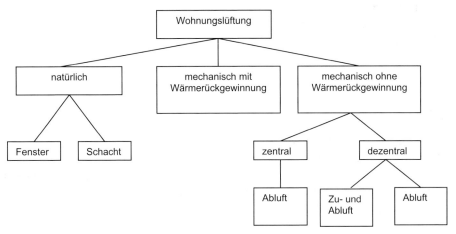

Abb. 5-4 Systemübersicht Wohnungslüftung [5-13]

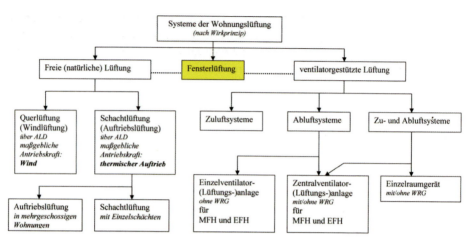

Abb. 5-5 Systeme der Wohnungslüftung nach [5-6]

Ausführliche Darlegungen zur kontrollierten Wohnungslüftung (KWL) sind [5-12] zu entnehmen. Es sollte jedoch auf einige positive bzw. negative Argumente der KWL auf Grund längerer Erfahrungen hingewiesen werden.

Wohnungsnutzer wollen auch bei der Fensterlüftung im Allgemeinen Heizenergie sparen, aber sie kennen oft kaum die Zusammenhänge einerseits zwischen richtigem Lüften und Energieeinsparung und den thermodynamischen Aspekt der „feuchten Luft" dem Auftreten von Taupunktunterschreitungen andererseits, in deren Folge im Allgemeinen Schimmel auftritt. Deshalb gibt es heute umfangreiche, auch allgemein verständliche Publikationen zum „richtigen Lüften und Heizen" wie z.B. [5-14] und [5-15] oder Fachpublikationen bzw. Regeln der Technik wie z.B. [5-6], [5-11], [5-10].

Schon vor mehr als zwanzig Jahren wurde in den nordischen Ländern und auch in den Niederlanden diese Problematik des Lüftens bei Energieeinsparmaßnahmen und der Gewährleistung der Behaglichkeit erkannt und als eine Alternative die kontrollierte zentrale bzw. dezentrale Wohnungslüftung (KWL) favorisiert.

Zu den Vorteilen und Nachteilen der KWL gibt es divergierende Aussagen, die hier keiner Wertung unterzogen werden sollen. Untersuchungen von [5-16] weisen unabhängig von der technischen Lösung einen jährlichen Heizenergiebedarf im Mittel von 60 kWh/(a m²) (zwischen knapp 50 bis etwas über 70 kWh/(a m²)) bei 204 untersuchten Wohnungen aus. Zusammenfassend kommt [5-15] plausibel zum Schluss, dass die KWL vom Nutzer verstanden und akzeptiert werden.

Dazu gehören u.a. die Kenntnis über die einzelnen Elemente und deren notwendige Wartung, die Regelung und Fahrweise des Systems, den energetischen und hygienischen Nutzen und die zu erwartenden Betriebskosten für die Wartung zumindest der Filter, Ventilatoren und Zu- bzw. Abluftkanäle. Dies bedeutet, dass dem Nutzer

mit dem Mietvertrag oder mit dem Kauf eine detaillierte Betriebs- und Nutzungs-
anweisung zur KWL übergeben und von diesem verstanden werden sollte. Beispiel
für einen verschmutzten und sauberem Filter nach einmonatiger Wohnungsnut-
zung zeigt Abbildung 5-6.

Abb. 5-6 Filtervergleich in Bad/WC-Absaugung einer Wohnung

Die Wartungs- und Reinigungspflichten für Anlagen der KWL (Geräte und Leitungen) aber auch der Außenluftdurchlässe (ALD) und der Filter in den Ablufterfasern
sind in entsprechenden hygienischen Standards zusammengefasst worden. In den
nordischen Länder, den Niederlanden, Österreich und z.T. in Deutschland liegen
unterschiedliche Standards und unterschiedliche Erfahrungen mit der Realisierung
und Einhaltung vor. Gegenwärtig wird für die Anlagen der KWL der gleiche hygienische Mindeststandard wie für die RLT-Anlagen gefordert [5-17] Dies führt z.B.
zu erhöhten Vorgaben für die Filterstufe (jetzt F7), höheren Leistungen der Ventilatoren, Einsatz hygienegerechter Materialien und insbesondere zu erhöhtem War-
tungs- und Inspektionsaufwand durch entsprechend geschultes Personal.

Die Frage, nach dem Einsatz und dere Effektivität von Fensterlüftung, dezentraler
oder zentrale Wohnungslüftung kann und sollte zweckmäßigerweise durch praktische Erfahrungen von Nutzern beantwortet werden. Selbstverständlich sind diese
Erfahrungen zum Teil subjektiv geprägt und beruhen. z.B. auf mangelnder Planung, Realisierung, Wartung der KWL-Anlagen oder auch Unkenntnis der Nutzer
über die Anlagen selbst.

In einer Studie in Österreich über Wohnungslüftungsanlagen [5-16] werden eine
Reihe von Fehlern dargelegt, die einerseits nur teilweise auf die KWL zutreffen und
anderseits als typische Planungs- und Ausführungsfehler bei RLT-Anlagen gewertet werden sollten.

Wichtig erscheinen solche Mängel, wie z.B.
- Akustische Belästigungen durch Strömungsgeräusche,
- ungenügende und ineffiziente Raumströmung bzw. Raumdurchspülung,

- zu geringe, der Raumnutzung (z.B. Schlafzimmer, Küche, Wohnzimmer, Bad) nicht angepassten Außenluft- bzw. Zuluftvolumenströme,
- zu gering oder falsch dimensionierte Überströmöffnungen,
- falsche Ventilatorauswahl,
- keine Filterwechselanzeige und zu geringe Filterqualität,
- mangelnde Reinigungsmöglichkeit auf Grund der Zugänglichkeit und
- unzureichende Steuerung in Anhängigkeit der Luftqualität in Abhängigkeit der Raumnutzung.

Im Ergebnis von [5-16] wird der Schluss gezogen, dass für eine kontrollierte Wohnungslüftung eine bedarfsgerechte, raumweise Zuluftvolumensteuerung in Abhängigkeit der Luftqualität (dies sollte sich nicht nur auf die Raumlufttemperatur und Raumluftfeuchte, sondern auch auf zumindest den CO_2-Gehalt beziehen) erforderlich ist.

In Auswertung der aircontec 2005 verweist [5-18] darauf, dass die individuellen, d.h. dezentralen Lösungen zukünftig im Gebäudebestand gefragt sind, da diese von der Wohnungswirtschaft als „konfliktärmer" und eindeutiger abrechnungstechnisch (Strom- und Servicekosten) eingeschätzt werden.

5.2 Natürliche Lüftung

Die Fensterlüftung (s.a. 2.2.2) – entweder durch Öffnen der Fenster oder über die Fugen des Fensters – oder die Schachtlüftung (s.a. 2.2.3) mit entsprechenden Luftdurchlasselementen (Außenwandluftdurchlasselement – ALD) bewirken sehr unterschiedliche, kaum eindeutig definierbare, unkontrollierbare und oft vom Nutzer und von der Art der Fensteröffnung abhängige Außenluftwechsel $n_{AUL} = n_{ODA}$. Dies führt zwangsläufig zu einem erhöhten Lüftungswärmebedarf.

Die Wohnungslüftung über Schachtlüftung ist öfters in Mehrfamilienhäusern zur Entlüftung von innen liegenden Bädern und Toiletten zu finden. Um geruchs- und Schallübertragungen zu verhindern, erfolgt die Ausführung im Allgemeinen als Einzelschachtanlage.

Eine Systematisierung und Kennzeichnung der Lüftungssysteme wird im Anhang A von [5-6] vorgenommen (Abbildung 5-7a bis 5-7c), wobei bei [5-6] Aspekte der Lüftung von innenliegender Räume (früher [5-11] eingeflossen sind.

Abb. 5-7
a Querlüftung mit ALD

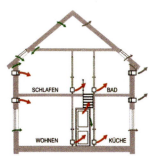

b Auftriebs- und Querlüftung in mehrgeschossigen NE
(Nutzeinheiten) mit ALD

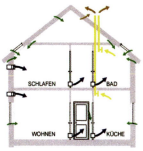

c Schachtlüftung (thermische Auftriebslüftung) mit ALD

Zu beachten ist: Ein Indikator für die Notwendigkeit des Lüftens stellte und stellt die Fensterkonstruktion dar. Da der Wärmedurchgangskoeffizient U des Fensters – insbesondere der Fensterscheibe – im größer war als der der anderen Baukonstruktionen, war und ist ein Beschlagen der Fensterscheibe (Taupunktunterschreitung) ein untrügliches Maß für die Notwendigkeit des Lüftens mit der kalten „trockenen" Außenluft.

5.3 Mechanische Wohnungslüftung

Während bei der Fensterlüftung der Luftaustausch im Allgemeinen für den Raum durch eine einseitige oder Querlüftung (s.a. 2.2.2) vorgenommen wird, ist sowohl bei der Schachtlüftung als auch der mechanischen Wohnungslüftung ein lüftungstechnischer Verbund zwischen den Räumen notwendig. Dieser sollte durch Überström-Luftdurchlässe realisiert werden. Bei deren Bemessung sollte darauf geachtet werden, dass der Druckverlust möglichst gering und eine Dämpfung der Luftschallübertragung gegeben ist.

5.3.1 Mechanische Wohnungslüftung ohne WRG

Die mechanische Wohnungslüftung erfolgt in der Regel in Verbindung mit der Belüftung innen liegender Bäder, WC und Küchen nach DIN 18017, T 3 [5-11]. Die bedarfsgerechte und witterungsbedingte Steuerung der Abluftventilatoren kann z.B. erfolgen durch

- separate Schalter,
- Lichtschalter oder
- Feuchtefühler.

Die Abluftventilatoren können separat für die Wohnungen installiert werden oder zentral für mehrere übereinander angeordnete Wohnungen. Zu beachten sind vor allem die jeweiligen

- Landesbauordnungen,
- Brandschutzvorschriften,
- Schallschutzvorschriften.

Die Absaugung erfolgt sowohl in den Bädern, WC oder den Küchen. Bei der dezentralen Absaugung sind im Allgemeinen der Abluftdurchlass, die Filterung, der Abluftventilator, Fühler für die Feuchteregelung und u.U. der Brandschutzklappe und die Telefonieschalldämpfer in einer konstruktiven Einheit zusammengefasst. Besonderes Augenmerk ist auf die Wartung der Filter zu legen. Durch erhöhten Druckverlust (Verschmutzung, Verklebung durch Taupunktunterschreitung) kann es vor allem zur Verringerung des Absaugvolumens und zu einem instabilen Arbeitsbereich des Ventilators kommen (erhöhte Schallemission).

Weiterhin sollte unter dem Aspekt der Luftvolumenstrombilanz und des Vermeidens von Falschluft nur ein Einsatz von „Umluft"-Dunstabzugshauben realisiert werden.

Für die Zuführung der Außenluft müssen entsprechende Nachströmöffnungen in der Wohnung vorhanden sein, im Allgemeinen sind dies Außenwandluftdurchlasselemente (ALD). Die Bemessung erfolgt nach DIN 1946, T 6 [5-6].

Für die Anordnung der ALD gibt es unterschiedliche technische Lösungen, wie z. B. in der Außenwand über dem Heizkörper, in der Fensterkonstruktion, im Bereich von Jalousiekästen. Beispiele sind in den Abbildungen 5-8 bis 5-10 dargestellt. Die Lage des Luftdurchlass kann u.U. erheblichen Einfluss auf das Zugluftrisiko bei Fußbodenheizungen haben. Nach [5-20] sollte der Zuluftdurchlass möglichst nahe über der Heizquelle angeordnet werden. Die Anforderungen an die ALD nach [5-6] sind u.a.:

- Schutz gegen Schlagregen,
- Minimierung von Zugbelästigungen im Raum,
- ausreichende Schalldämmung,
- Schutz gegen Insekten und Staub,
- leichte Wartung und Reinigung,
- Regelbarkeit hinsichtlich Außenluftstrom (Luftvolumenstrombegrenzung),
- Vermeidung von Kältebrücken,
- Schutz gegen Winddruck.

Für die ALD werden unterschiedliche technische Lösungen angeboten. Fraglich erscheint dabei die Nutzerakzeptanz, insbesondere hinsichtlich Wartung, Reinigung und Regelung. Vergleicht man die Anforderungen an die ALD, so können diese ebenso durch bewährte Fensterkonstruktionen (z.B. Kastenfenster, Holzverbundfenster) mit definiertem Fugendurchlasskoeffizienten erfüllt werden.

Eine mögliche Anordnung der Außenluftdurchlässe für eine Wohnung mit der Abluftführung über Küche/WC/Bad zeigt Abbildung 5-11. Hier ist besonders darauf zu achten, dass eine ausreichende Schalldämmung gewährleistet wird.

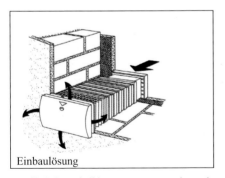

Einbaulösung

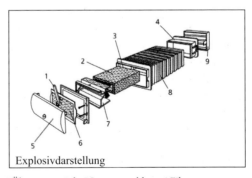

Explosivdarstellung

1 Stellhebel; 2 Schalldämmeinsatz; 3 Insektenschutz; 4 Übergangsstück; 5 Innenverschluss; 6 Filter; 7 Regelteil mit Winddrucksicherung; 8 Wandeinbaugehäuse; 9 Außengitter

Abb. 5-8 Außenluftdurchlass (ALD), eckig, in einer Außenwand nach [5-21]

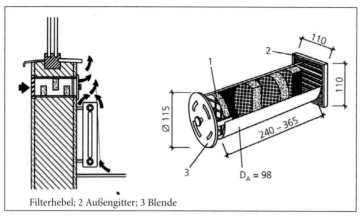

Filterhebel; 2 Außengitter; 3 Blende

Abb. 5-9 Außenluftdurchlass (ALD), rund, in einer Außenwand nach [5-21]

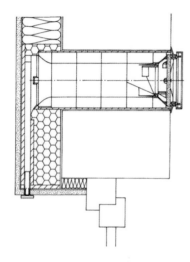

Abb. 5-10
Außenluftdurchlass (ALD), oberhalb Fenster
in einer Außenwand nach [5-22]]

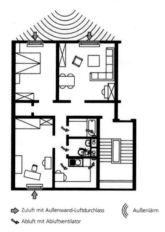

Abb. 5-11
Beispiel für die Anordnung von ALD
in einer Wohnung

Eine Systematisierung und Kennzeichnung dieser Lüftungssysteme wird im Anhang A von [5-6] dargestellt (Abbildung 5-12a bis 5-12b), wobei Aspekte der Lüftung von innenliegender Räume (früher [5-11] eingeflossen sind.

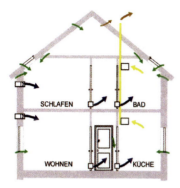

Abb. 5-12
a Abluftsystem Einzelventilator-Lüftungsanlage mit ALD im EFH

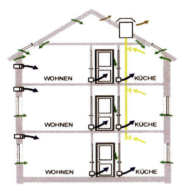

b Abluftsystem Zentralventilator-Lüftungsanlage mit ALD im MFH

5.3.2   Mechanische Wohnungslüftung mit WRG

Die mechanische Wohnungslüftung mit Wärmerückgewinnung (WRG) (s. a. 2.4.2 und 2.4.3) bietet neben einer definierten Grund-, Bedarfs- und Gesamtlüftung den Vorteil der Energierückgewinnung aus der Abluft zur Aufbereitung der notwendigen Außenluft und einer definierten Zuluftzuführung, wobei Aspekte der Raumströmung werden sollten. (Abbildung 5-13).

Eine mögliche Systematisierung unter dem Aspekt der Wärmerückgewinnung zeigt Abbildung 5-14.

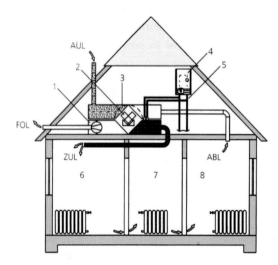

1 Ventilator;
2 Wärmerückgewinnung;
3 Filter;
4 Gaskesseltherme;
5 Heizungsvor- und -rücklaufleitungen;
6 Zuluftbereich (Schlaf-, Kinder- und Wohnzimmer);
7 Überströmbereich (Diele Flur);
8 Abluftbereich (Bad, WC, Küche)

Abb. 5-13 Prinzipdarstellung einer mechanischen Wohnungslüftung mit WRG nach [5-19]

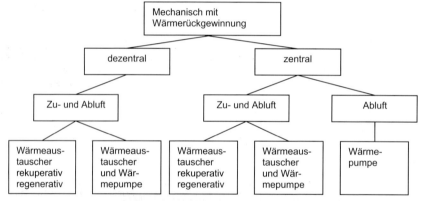

Abb. 5-14 Systemübersicht Wohnungslüftung mit Wärmerückgewinnung [5-13]

Unter dem Aspekt der Luftvolumenstrombilanz und des Vermeidens von Falschluft sollte nur ein Einsatz von „Umluft"-Dunstabzugshauben realisiert werden.

Für die Zuführung der Außenluft müssen entsprechende Nachströmöffnungen in der Wohnung vorhanden sein (s.a. Abb. 5-11). Für das Nachströmen der Luft aus Räumen in die Räume, in denen abgesaugt wird, sind Überströmöffnungen oder weniger dicht schließende Türen, wie sie bei raumluftabhängiger Betriebsweise von Festbrennstofffeuerung und Gasfeuerstätten gefordert werden, notwendig.

Bei der raumluftabhängigen Betriebsweise von Feuerstätten, wie z.B. Öfen Kamine, Gasfeuerstätten, mit der Wohnungslüftung und unter Umständen einer Dunstabzugshaube wurden von [5-23] die in Tabelle 5-7 einzuhaltenden Maßnahmen in Verbindung mit den Abbildungen 5-15a bis 5-15c definiert.

Tabelle 5-7 Einzuhaltende Maßnahmen bei der Kombination Feuerstätte – Wohnungslüftung – Dunstabzugshaube nach [5-23]

	Anlagensystem	Maßnahme	Abb.
Feuerstätte	raumluft-abhängig	▪ Berechnung der gesamten Feuerungsanlage auf 4 Pa Unterdruck im Aufstellungsraum ▪ Separate Verbrennungsluftzuführung in den Brennraum, Querschnitt nach Angaben des Feuerstättenherstellers. ▪ Einfach belegter Schornstein oder Luft-Abgas-Schornstein mit Berechnungsnachweis ▪ Verbindungsstück möglichst dicht ausführen	5-15a
Wohnungs-lüftungs-anlage	Zentrale Abluft, dezentrale Zuluft, ohne Wärmerückge-winnung (WRG)	Außenwandventile bzw. ALD sind bei maximalem Luftvolumen-strom des Abluftventilators aus 4 Pa auszulegen	
Dunstab-zugshaube		Umluftbetrieb	
Feuerstätte	raumluft-abhängig	▪ separate Verbrennungsluftzuführung in den Brennraum, Querschnitt nach Angaben des Feuerstättenherstellers. ▪ Einfachbelegter Schornstein oder Luft-Abgas-Schornstein mit Berechnungsnachweis ▪ Verbindungsstück möglichst dicht ausführen	5-15b
Wohnungs-lüftungs-anlage	Zentrale Zu- und Abluft, mit Wärmerück-gewinnung (WRG)	Frostschutzschaltung des Lüftungsgeräts darf nicht durch eine Zuluftventilatorabschaltung erfolgen, sondern z.B. durch ▪ eine Außenluftvorwärmung, Elektro- oder Wasserheizregister ▪ einen Erdrohrwärmetauscher ▪ oder gleichwertige Maßnahmen Abluftventilator schaltet bei Störung des Zuluftventilators automatisch ab	
Dunstab-zugshaube		Umluftbetrieb	
Feuerstätte	raumluft-abhängig	▪ separate Verbrennungsluftzuführung in den Brennraum, Querschnitt nach Angaben des Feuerstättenherstellers ▪ Einfachbelegter Schornstein oder Luft-Abgas-Schornstein mit Berechnungsnachweis ▪ Verbindungsstück möglichst dicht ausführen	5-15c
Wohnungs-lüftungs-anlage	Zentrale Abluft, dezentrale Zuluft, ohne Wärmerückge-winnung (WRG)	Die Maßnahmen gelten bei Einsatz von einem oder mehreren Geräten Abluftventilator schaltet bei Störung des Zuluftventilators automatisch ab Sofern eine Frostschutzschaltung für den Wärmerückgewinner installiert ist, darf diese nicht durch eine Zuluftventilatorabschaltung erfolgen, sondern z.B. durch ▪ eine Außenluftvorwärmung, Elektro- oder Wasserheizregister ▪ oder gleichwertige Maßnahmen	
Dunstab-zugshaube		Umluftbetrieb	

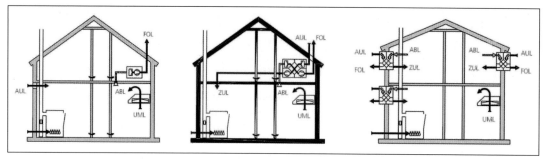

Abb. 5-15 a-c

Die Luftaufbereitung und -verteilung kann über zentrale Geräte (z.B. Abbildungen 5-16 und 5-19) mit einem Luftverteilsystem im Gebäude bzw. in der Wohnung oder über dezentrale Geräte (z.B. Abbildung 5-11) für einzelne Räume erfolgen.

Eine sehr interessante Lösung eines dezentralen Geräts stellt das in den Niederlanden entwickelte und erfolgreich eingesetzte Gerät ClimaRad mit folgenden positiven Eigenschaften dar:

- Das Gerät wird mit einem Flachheizkörper kombiniert und befindet sich zwischen dem Heizkörper, der üblicherweise unter dem Fenster angeordnet wird, und der Außenwand. Dieser über flexible Leitungen angeschlossene Heizkörper kann über ein Gasdruckfedersystem einfach nach vorn geklappt werden, um zur Wartung an das Lüftungsgerät zu kommen (Abb. 5-20a).

Abb. 5-16 (links) Zentrales Luftaufbereitungsgerät nach [5-5]
Abb. 5-17 (rechts) Wärmerückgewinnungsgerät maxi 2000 D
(Werkbild, Fa. Paul Wärmerückgewinnung, Mülsen St. Jacob)

Abb. 5-18 (links)   Wärmerückgewinnungsgerät für die kontrollierte Wohnungslüftung „compakt 360 D"
(Werkbild, Fa. Paul Wärmerückgewinnung Mülsen St. Jacob)

Abb. 5-19 (rechts) Wärmerückgewinnungsgerät multi stehend;
(Werkbild, Fa. Paul Wärmerückgewinnung, Mülsen St. Jacob)

- Das Lüftungsgerät besitzt einen leistungsfähigen und leicht zu reinigenden Partikelfilter (F7), eine Wärmerückgewinnung, zwei stufenlos regelbare Gleichstromventilatoren für die Zu- und Abluft (Abb.5-20b).
- Für die Außenluftansaugung und die Fortluftführung sind Anschlussquerschnitte von ca. jeweils 75 cm² notwendig, die unscheinbar unter der Fensterbank angebracht werden können. Da die Ansaug- und Fortluftöffnung (i.A. Gitter) auf der gleichen Seite angeordnet ist, haben die äußeren Druckverhältnisse nur untergeordneten Einfluss auf die Funktion des Geräts.

Abb. 5-20
a (links)   ClimaRad mit abgeklappten Plattenheizkörper *(Foto: ClimaRad B.V.)*
b (rechts) ClimaRad als Demonstrationsmodell *(Foto: Trogisch)*

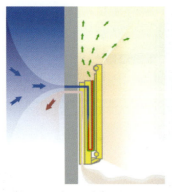

Abb. 5-20 (Forts.)
c (links) Schema der Luftführung im ClimaRad *(Fa. ClimaRad B.V.)*
d (rechts) Bedientableau *(Foto: ClimaRad B.V.)*

- Der Luftauslass am Gerät ist so angeordnet, dass die Konvektion des Heizkörpers (u.a. zu Schnellaufheizung) unterstützt wird und somit ein ausreichender Zuluftimpuls für eine gute Raumströmung vorhanden ist (Abb.5-20c).
- Der maximale Zuluftvolumenstrom beträgt 125 m³/h je Gerät. Damit kann der hygienische Mindestaußenluftvolumenstrom von 2 bis 4 Personen gewährleistet werden. Die Leistungsaufnahme der Lüftermotoren bei 230V/50 Hz liegt zwischen 20 W (kleinste Lüfterstufe) und 37 W (größte Lüfterstufe) (Standby-Leistungsaufnahme: <1,5 W):
- Der notwendige Filterwechsel wird durch eine Kontrollleuchte angezeigt. Er ist ohne große Mühe ebenso wie die Reinigung der Anschlussrohre und der Ansaugöffnung für die Abluft durchführbar.
- Die Steuerung des Geräts erfolgt im Allgemeinen automatisch über Sensoren.
  - Über einen Infrarot-CO_2-Sensor, sich selbst kalibrierend, wird die Qualität der Raumluft erfasst und somit eine personenabhängige Außenluftvolumenstromregelung ermöglicht.
  - Über einen Feuchtesensor wird die relative Luftfeuchtigkeit als weitere Regelgröße eingeführt, die bei Überschreitung eines vorgegebenen Grenzwerts Vorrang vor der CO_2-Regelung hat.
  - Über zwei Temperaturfühler in der Außenluft und der Raumluft kann insbesondere unter sommerlichen Bedingungen über ca. 6 Stunden eine „intensive Nachtkühlung" im Vorrang gefahren werden.
  - Ein einfaches Bedientableau (Abb.5-20d) am Gerät lässt auch eine individuelle Anpassung zu, wie z.B. Ausschalten der Lüftung, wenn sie nicht notwendig ist (Pause) oder maximaler Luftvolumenstrom für schnelle Lufterneuerung oder Lufterwärmung.

Grundsätzlich sind bei der Planung und Auslegung alle Aspekte der mechanischen Lüftung (s.a. Kapitel 2.3) zu berücksichtigen.

Bei der Außenluftansaugung kann auf konventionelle Lösungen (s. a. 2.3) zurückgegriffen werden oder auch das Prinzip „Luftbrunnen" (2.3.4) genutzt werden (Abbildung 5-21).

Weitere Hinweise zur Planung von KWL sowohl für den Neubau als auch bei der Sanierung von Wohnungen sind in den Präsentationen vorgestellt auf der aircontec 2005.

5.3.3 Bewertung

Unter dem Aspekt der kontrollierten Außenluftzufuhr, der Gewährleistung der thermischen und hygienischen Behaglichkeit und der Minimierung des Heizenergieverbrauches sollte die kontrollierte Wohnungslüftung (KWL) vor allem im Bereich der Ein- und Zweifamilienhäuser zum Einsatz kommen.

Betrachtet man die KWL unter wirtschaftlichen Gesichtspunkten, d.h. unter der Einbeziehung von Investitionskosten und Betriebskosten, so weisen Untersuchungen unterschiedliche Ergebnisse hinsichtlich der Wirtschaftlichkeit aus, wobei sich eine unwirtschaftliche Tendenz abzeichnen kann [5-24], [5-25]. Besonders sei darauf aufmerksam gemacht, dass die Wohnungslüftungsgeräte den strengen Anforderungen der VDI 6022 [5-17] unterliegen und einen nicht zu unterschätzenden Wartungsaufwand benötigen.

Bei Mehrfamilienhäusern mit innen liegenden WC, Küchen und Bädern sollte nach [5-24] die KWL ohne Wärmerückgewinnung, d.h. mit ALD und dezentraler Absaugung, als wirtschaftliche Lösung zum Einsatz kommen.

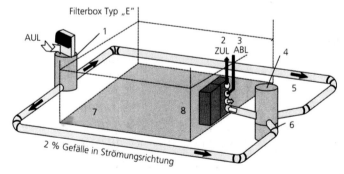

Abb. 5-21 Prinzipschema: Erdwärmetauscher (EWT) im Zusammenhang mit einem
Wärmerückgewinner (WRG) für die kontrollierte Wohnungslüftung
(Werkbild, Fa. Paul Wärmerückgewinnung, Mülsen St. Jacob)

6 Alternative Kühlprozesse und -verfahren

6.1 Kühlprozesse

Mit der Verdunstung beim „Befeuchten von Luft" ergibt sich ein Kühleffekt, der auch als **adiabate Befeuchtung** oder als **adiabate Kühlung** bezeichnet wird (s.a. 2.4.2).

Dieser Prozess wird vor allem bei der Aufbereitung der Zuluft angewendet, wobei es dafür verschiedene technische Verfahren gibt wie z.B. Rieselbefeuchtung, Sprühbefeuchtung, Druckluftdüsenzerstäubung, Ultraschallbefeuchtung (Kaltdampfgenerator).

Auch außerhalb des Klimaprozesses ist dieser Prozess anzutreffen (s.a. 2.2.6, Abbildung 2-20). In wärmeren Klimazonen wird die Druckluftdüsenzerstäubung genutzt, um z.B. vor Eingangsbereichen von Supermärkten oder in Ausstellungsgebäuden (z.B. Expo in Sevilla) lokal eine Kühlung der Luft zu erzeugen.

Zu bedenken ist, dass die Luft Feuchtigkeit aufnimmt, die Taupunkttemperatur θ_τ ansteigt und es u.U. an Bauteilen oder Einrichtungsgegenständen zu Tauwasserbildung und möglichen baulichen Schäden kommen kann.

Durch eine sinnvolle Kopplung der in 2.4 beschriebenen Luftaufbereitungsverfahren kann mit der Nutzung von externer Wärme (z.B. Abwärme, Solarenergie) die Luft gekühlt werden und somit auf eine traditionelle Kälteerzeugung und vor allem auf den Rückkühler weitestgehend verzichtet werden.

Bei dem **DEC-Verfahren** (Desicative and Evaporative Cooling; auch als **sorptionsgestützte Klimatisierung** (SGK) bezeichnet) [6-1] werden die Verfahren

- sorptive Luftentfeuchtung,
- Verdunstungskühlung und
- Wärmerückgewinnung

miteinander kombiniert. Abbildung 6-1 zeigt die Anordnung der Verfahrenseinheiten einer einstufigen DEC-Anlage. Zur Verdeutlichung dieses Prozesses ist der Zustandsverlauf der Außenluft in Abbildung 6-2 und der der Abluft in Abbildung 6-3 dargestellt.

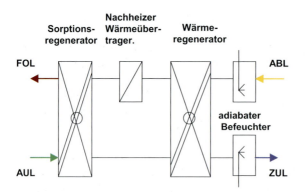

Abb. 6-1
Schaltschema einer
einstufigen DEC-Anlage

Die Energie für den Nachheizer-Wärmeübertrager kann z.B. über eine thermische Solaranlage, einen Fernwärmeanschluss, einen Kondensator einer Kälteerzeugung bereitgestellt werden. Die Vorlauftemperaturen des Heizmediums sollten dabei im Bereich zwischen 50 ... 90 °C liegen.

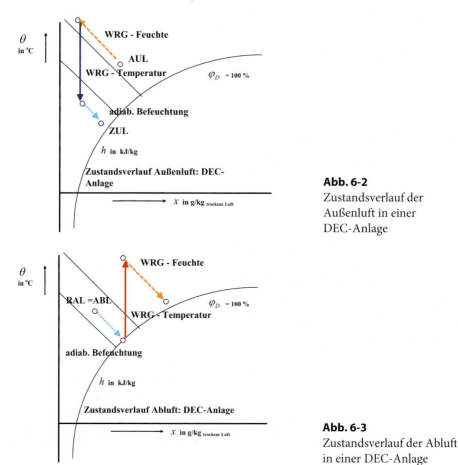

Abb. 6-2
Zustandsverlauf der
Außenluft in einer
DEC-Anlage

Abb. 6-3
Zustandsverlauf der Abluft
in einer DEC-Anlage

6.2 Kühlverfahren

In Analogie zur Flächenheizung (Fußboden-, Decken- oder Wandheizung) werden diese baulichen bzw. technischen Lösungen zur „Strahlungskühlung" genutzt.

Bei dieser **Flächenkühlung** werden vorrangig flächenmäßig geschlossene und offene Systeme unterschieden, wobei durch den zusätzlichen konvektiven Anteil bei den offenen die spezifische Kühlleistung größer ist.

Abbildung 6-4 gibt eine Übersicht über die möglichen Anordnungen der Kühlwasser führenden Leitungen und gekühlten Flächen im Deckenbereich. Die spezifische Kühlleistung kann herstellerabhängig zwischen 70 W/m² und 110 W/m² (offene Kühlflächen) liegen.

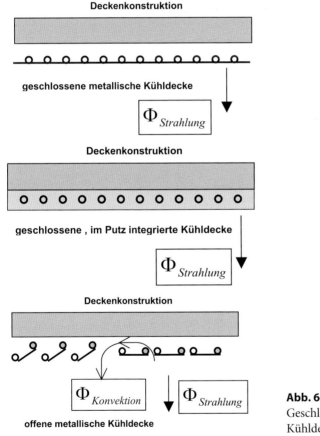

Abb. 6-4
Geschlossene und offene Kühldeckenkonstruktionen

Bewährt hat sich auch die Nutzung des Fußbodenheizsystems zur Kühlung des Fußbodens, besonders in thermisch höher belasteten Räumen zur Grundkühlung (s. a. Beispiel in 2.2.6).

Zu beachten ist bei der Flächenkühlung, dass Oberflächentemperaturen $\theta_{O,i}$ von ca. 18 °C nicht unterschritten werden sollten, um eine Tauwasserbildung besonders im Sommer auf der Oberfläche zu verhindern. Daraus ergibt sich, dass die Kühlwasservorlauftemperaturen bei ca. 16 ... 17 °C liegen sollen.

Die Nutzung von senkrechten Flächen zur Kühlung ist als äußerst sensibel zu betrachten, da es bereits bei einer Temperaturdifferenz $(\theta_a - \theta_{O,i}) \geq 4...5K$ zu unkontrollierten Kaltluftfallströmungen kommen kann [6-2].

Zur Temperierung von Bauteilen, d.h. der Kompensation einer thermischen Grundbelastung, findet die **Bauteilkühlung** eine Reihe von interessanten Anwendungen ([6-3], [6-4], [6-8] [6-9]). Als Kühlmittel wird vorrangig Kühlwasser eingesetzt und die Kühlwasser führenden Leitungen werden in die Bewehrungskonstruktion integriert. Daraus ergibt sich vorrangig der Einsatz in horizontalen Bauelementen (Abbildung 6-5).

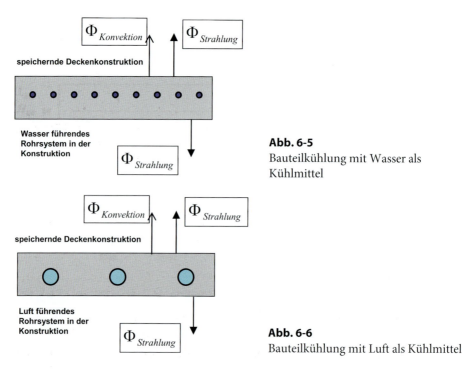

Abb. 6-5
Bauteilkühlung mit Wasser als Kühlmittel

Abb. 6-6
Bauteilkühlung mit Luft als Kühlmittel

Von [6-4] wird die Lösung (Abbildung 6-6) bevorzugt, indem Luft als Kühlmittel verwendet wird. Das Speicherverhalten der Deckenkonstruktion wird analog dem Thermolabyrinth (s. a. 2.3.4, Abb. 2.3-12 bis 2.3-16) zur Glättung der Zulufttemperaturschwankungen und zur Beeinflussung des Mittelwertes (Kühlung oder Vorwärmung) genutzt. Diese so behandelte Zuluft wird dann im Brüstungsbereich dem Raum zugeführt. Zu bedenken sind bei dieser Lösung der im Vergleich zum Wasser geringere Wärmekapazitätsstrom der Luft und die Probleme möglicher Taupunktunterschreitung in den einbetonierten Luftkanälen, konstruktiver und technologischer realisierbare Anbindung der bauseitigen Luftleitungen an Luftkanäle.

Bei hohen inneren Wärmelasten (z.B. Fernsehstudios, PC-Kabinette) und/oder hohen akustischen Nutzerforderungen ist die Anwendung der „**Stillen Kühlung**" bzw. „**Schwerkraftkühlung**" angebracht (s. a. 2.5.4). Der Oberflächenkühler wird so angeordnet, dass durch eine gezielte Fallströmung eine Raumströmung induziert wird. Die Zuführung der gekühlten Luft geschieht in Form der „Quelllüftung".

Die kalte Luft wird dabei in einem Schacht geführt, dessen eine Begrenzung die Wand und dessen andere eine Vorwandkonstruktion oder auch eine Einbaumöblierung sein kann. Die Austrittsflächen für die kalte Luft sind großflächig zu gestalten, um geringe Luftaustrittsgeschwindigkeiten zu gewährleisten. Es ist auch möglich, kühle Flächen im Raum zu platzieren (Abbildung 6-7) und durch gezielte Fallströmung eine Raumströmung und Kühlung der Raumluft bzw. eine Kompensation der Wärmelast zu erzielen, wobei dadurch die Variabilität der Raumnutzung nur wenig beeinträchtigt wird. Die Temperaturdifferenz zwischen der gekühlten Oberflächentemperatur $\theta_{O,i}$ und der Raumlufttemperatur θ_a sollte nicht mehr als 4 ... 5 K betragen.

Kühlverfahren und -systeme können miteinander und mit der konventionellen Kälteerzeugung verknüpft werden. Eine mögliche Kombination von DEC-Anlage, Quelllüftung über Fußbodenauslässe und Kälteerzeugung für eine Büroklimatisierung ist Abbildung 6-8 zu entnehmen. Bei diesen Verknüpfungen bedarf es einer gründlichen Analyse des zeitlichen Anfalls und Bedarfs an Kälte, Kühlung und Wärme unter Beachtung der Nutzung.

Eine weitere Möglichkeit der Kühlung stellt der Einsatz von latenten Speichermaterialien (PCM = Phase Change Materials) (s.a.7.2) sowohl in RLT-Geräten [6-6] (Brüstungsgeräten) (Abbildung 6- 9a bis 9c) [6-5] (s.a. Kapitel 4) als auch in Kombination mit Kühldecken (Abbildung 6-10) oder Lüftungswandelementen (Abbildung 6-11) [6-7] dar. Weiterhin können PCM auch in Baustoffe integriert werden, um die „Speicherfähigkeit" der Raumumschließungskonstruktion zu verbessern (s.a. 7.2).

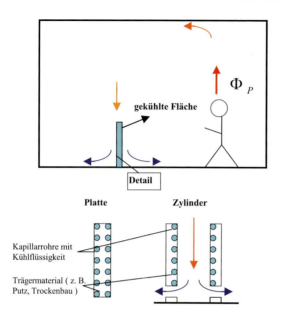

Abb. 6-7
Möglichkeit der Anwendung der
„Stillen Kühlung"

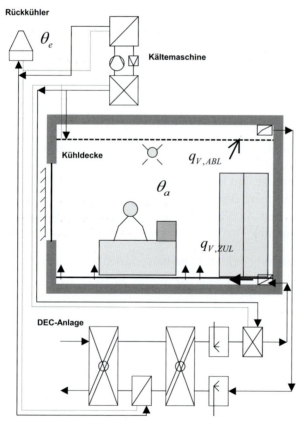

Abb. 6-8
Bauteilkühlung mit Luft
als Kühlmittel

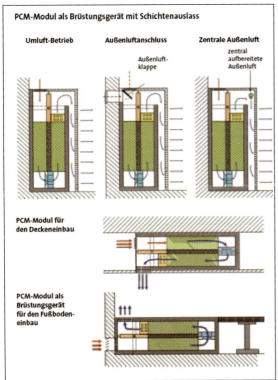

PCM-Modul als Brüstungsgerät mit Schichtenauslass

Umluft-Betrieb Außenluftanschluss Zentrale Außenluft

Außenluft-klappe

zentral aufbereitete Außenluft

PCM-Modul für den Deckeneinbau

PCM-Modul als Brüstungsgerät für den Fußboden-einbau

Abb. 6-9
a PCM im Einsatz in einem dezentralen RLT-Gerät *(Werkbild: Fa: Emco bzw. Fa. Imtech) [6-5]*

b Herausgezogenen PCM-Platten in einem dezentralen RLT-Gerät *(Werkbild: Fa: Emco) [6-10]*

c Dezentralen RLT-Gerät *(Werkbild: Fa: Emco) [6-10]*

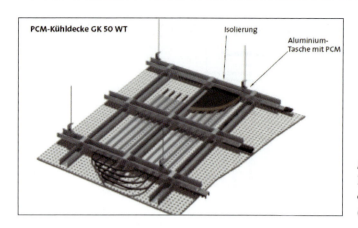

Abb. 6-10
PCM im Einsatz mit
einer Kühldecke
(Werkbild: Fa: Emco) [6-7]

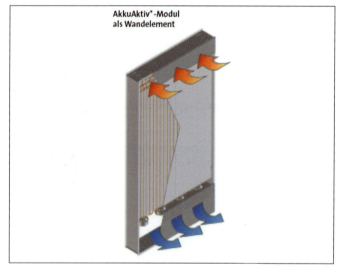

Abb. 6-11
PCM im Einsatz mit
Lüftungswandelement
*(Werkbild: Fa: Emco)
[6-7]*

7 Kälteerzeugung und Kühlung

Für Kühlprozesse (s. a. 6.4.1) wird „Kälte" benötigt. Für die Kälteerzeugung gibt es eine Reihe von technischen Lösungen. Die Dimensionierung der Kälteerzeugungseinrichtung ist insbesondere eine Funktion des zeitlichen und maximalen Kältebedarfs und der Anwendung (z. B. Klimatisierung, technologische Prozesse). Bei der Klimatisierung wird der Kältebedarf vorrangig durch die Wärmelast (Kühllast) und deren zeitlichen Verlauf (Tages- und Jahresgang) sowie die meteorologischen Bedingungen determiniert.

Ausgehend von der Summenlinie der Außenlufttemperatur θ_e ist erkennbar (Abbildung 7-1), dass nur in einem geringen Zeitraum technisch erzeugte Kälte benötigt wird, wenn die Außenlufttemperatur θ_e größer als die behagliche Raumlufttemperatur θ_a ist.

In einem größeren Zeitraum kann die Temperaturdifferenz zwischen der Raumluft und der Außenluft zur Kühlung („Freie Kühlung") genutzt werden. Wird Kälte zur Kühlung und Entfeuchtung bei inneren Wärme- und Feuchtelasten benötigt, so wird dieser Zeitraum größer werden (Abbildung 7-2).

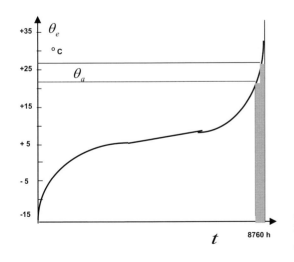

Abb. 7-1
Summenlinie der
Außenlufttemperatur

311

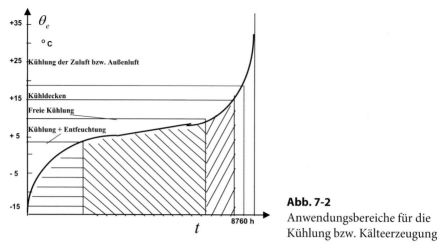

Abb. 7-2
Anwendungsbereiche für die
Kühlung bzw. Kälteerzeugung

Bei dem Kältebedarf Q_C ist im Allgemeinen ein ausgeprägter Tagesverlauf (Abbildung 7-3), aber auch ein Wochen-, Monats- und Jahresverlauf charakteristisch.

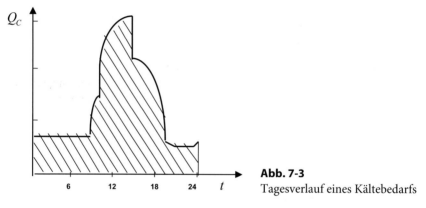

Abb. 7-3
Tagesverlauf eines Kältebedarfs

Die Kenntnis der Bedarfslinien ist eine entscheidende Größe zur Dimensionierung der Kälteanlage inklusive der Rückkühlmöglichkeiten und des Einsatzes von Kältespeichern (s.a. 7.3). Aus der Bedarfslinie kann z.B. die Anzahl und die Leistungsgröße der Kälteerzeuger (KM) abgeleitet werden, um möglichst eine hohe Volllaststundenzahl und einen großen Wirkungsgrad zu erreichen (Abbildung 7-4). Ähnliche Aussagen können zur Kombination „Speicher-Kälteerzeuger" abgeleitet werden (Abbildung 7-5).

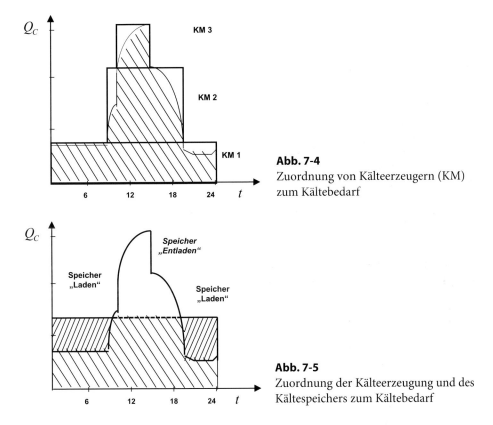

Abb. 7-4
Zuordnung von Kälteerzeugern (KM)
zum Kältebedarf

Abb. 7-5
Zuordnung der Kälteerzeugung und des
Kältespeichers zum Kältebedarf

7.1 Kälteerzeugung

7.1.1 Aufbau

Bei der Kälteerzeugung wird mit einem thermodynamischen Rechtsprozess durch Zuführung von Energie einem Wärmepotenzial Energie entzogen (Kälte) und auf ein höheres Wärmepotenzial gehoben (Abbildung 7-6).

Auf die Wirkungsweise dieses thermodynamischen Prozesses, auf Wärmequellen, auf die energetische Bewertung und auf die technische Beschreibung der Bauteile der Kältemaschine wird hier nicht näher eingegangen (weiterführende Literatur in [7-2], [7-3], [7-4], [7-5], [7-6] und [7-7]).

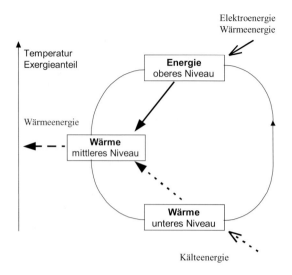

Elektroenergie
Wärmeenergie

Temperatur
Exergieanteil

Energie
oberes Niveau

Wärmeenergie

Wärme
mittleres Niveau

Wärme
unteres Niveau

Kälteenergie

Abb. 7-6
Schema der Kälteerzeugung

Für diesen Prozess sind folgende Bestandteile notwendig: Verdichter, zwei Wärme-übertrager (Verdampfer, Kondensator), Expansionsventil und Kältemittel. Sie werden in einer konstruktiven Einheit, der Kältemaschine, zusammengefasst (Abbildung 7-7).

Kältemaschine

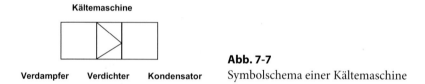

Verdampfer   Verdichter   Kondensator

Abb. 7-7
Symbolschema einer Kältemaschine

Nach dem Prinzip der Verdichtung wird in Kompressions- (Abbildung 7-8) und Absorptionskältemaschinen (Abbildungen 7-9 und 7-10) und bei der Kompressionskältemaschine weiter nach der Art der Verdichtung (Kolben-, Schrauben-, Turboverdichter) (Abbildungen 7-11 bis 7-12) unterteilt. Eine Sonderform stellt die Adsorptionskältemaschine dar.

Die beiden Wärmeübertrager – der Verdampfer zur Übertragung der Kälte und der Kondensator zur Übertragung der Wärme – sind jeweils über eine geschlossene Rohrleitung mit Pumpe (Kühlkreislauf) an einen die Kälte oder Wärme übertragenden Wärmeübertrager (z.B. Oberflächenkühler, Rückkühler) angeschlossen (Abbildung 7-13). Je nach Rückkühlung unterscheidet man in luftgekühlte (Abbildung 7-14) und wassergekühlte Kältemaschinen (Abbildungen 7-11 und 7-12).

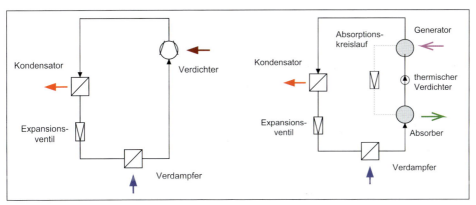

Abb. 7-8 (links) Symbolschema einer Kompressionskältemaschine
Abb. 7-9 (rechts) Symbolschema einer Absorptionskältemaschine

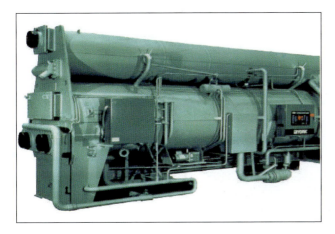

Abb. 7-10
Absorptionskältemaschine
(Werkbild, Fa. York)

Abb. 7-11
Wassergekühlter
Schraubenverdichter
(Werkbild, Fa. Trane)

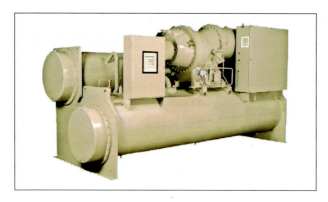

Abb. 7-12
Wassergekühlter Turbo-
verdichter
(Werkbild, Fa. Trane)

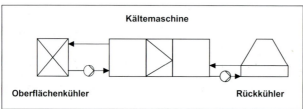

Kältemaschine

Oberflächenkühler   Rückkühler

Abb. 7-13
Symbolschema einer Kälte-
maschine in Kopplung mit
Oberflächenkühler und
Rückkühler

Abb. 7-14
Luftgekühlter Schrauben-
verdichter
(Werkbild, Fa. Trane)

Als Kältemittel können Sicherheitskältemittel (mit Fluor-Chlor-Kohlenwasserstoff-
anteilen (FCKW) (z. B. R22 , R134a)), Ammoniak (NH_3), aber auch Wasser eingesetzt werden. Im Kaltwasserkreislauf („kalte" Seite) und im Kühlwasserkreislauf
(„warme" Seite) wird im Allgemeinen Wasser verwendet.

7.1.2 Kältezentrale

In der Kältezentrale werden die Kältemaschine, die Ausdehnungsgefäße, die Kaltwasser- und Kühlwasserverteiler und -sammler, die Hauptpumpen, u.U. die Kältespeicher und die notwendigen Regeleinrichtungen zur Aufstellung gebracht.

Der notwendige Platzbedarf inklusive des notwendigen Wartungsraums ist eine Funktion der Art der Kältemaschine und der Kälteleistung $\Phi_C = \dot{Q}_{Kälte}$ [7-1] (Abbildungen 7-15, 7-16 und 7-17). Die Anordnung der Zentrale ist idealer Weise im Erdgeschoss, jedoch im Allgemeinen im Kellergeschoss vorzunehmen (s.a. 2.6) Dies bedeutet eine gute Zugänglichkeit und ausreichende Einbringmöglichkeiten (Türen, Öffnungen in der Decke, Hebegeräte). Die Raumhöhen sollten höher als 3,00 m sein und sind ebenfalls abhängig von der Kälteleistung Φ_C [7-1] (Abbildung 7-11).

Kältezentralen müssen aus Gründen der Sicherheit und der Abführung von anfallender Wärme belüftet (mechanisch oder frei) sein. Ist das Kältemittel schwerer als Luft, so muss die Absaugöffnung über Oberkante (OK) Fußboden angeordnet werden. Der erforderliche Luftvolumenstrom $q_{V,ABL}$ ist abhängig vom Füllgewicht G ($q_{V,ABL} \approx 50\sqrt[3]{G^2}$) zu bemessen.

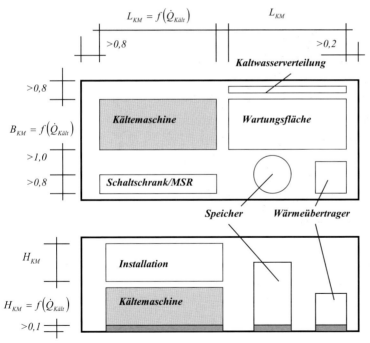

Abb. 7-15 Platzbedarf und Raumhöhe einer Kältezentrale als Funktion von Φ_C

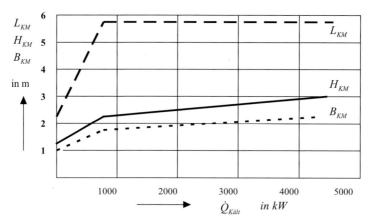

Abb. 7-16 Geometrie einer Kompressionskältemaschine als Funktion von Φ_C

In der DIN EN 13 779 [7-10] werden die räumlichen Anforderungen (Raumhöhe und Platzbedarf) an Kühl- und Wasserverteilungsanlagen als Funktion der Kälteleistung Φ_C dargestellt (s.a. Abb. 7-18).

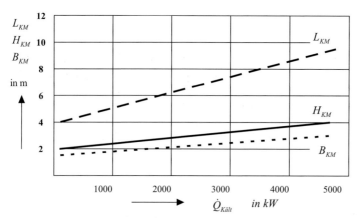

Abb. 7-17 Geometrie einer Absorptionskältemaschine als Funktion von Φ_C

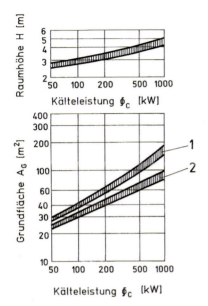

Abb. 7-18
Räumliche Anforderungen an Kühl-
und Wasserverteilungsanlagen nach [7-10]

1 Kühlanlage einschließlich Wasserverteilung
2 Nachkühlanlage

7.1.3 Rückkühler

Kann die anfallende Wärme am Kondensator nicht für andere technische Zwecke (z. B. Speicherung, Heizung, Warmwasserbereitung) genutzt werden, so ist diese im Allgemeinen an die Außenluft abzuführen. Dafür werden Rückkühlwerke verwendet, die als offene und geschlossene Systeme ausgeführt werden.

Die abzuführende Wärme Φ_H ist abhängig von der Art der Kälteerzeugung. Überschlägig kann davon ausgegangen werden, dass

- bei Kompressionskältemaschinen $\Phi_H \approx 1{,}3..1{,}4 * \Phi_C$ und
- bei Absorptionskältemaschinen $\Phi_H \approx 2{,}0..2{,}2 * \Phi_C$

in Ansatz gebracht werden.

Bei den offenen Systemen kommt das Wasser aus dem Kondensator über Füllkörper rieselnd mit Außenluft in Berührung und wird je nach Temperatur und Feuchtegehalt gekühlt (s. a. adiabate Befeuchtung). Der prinzipielle Aufbau ist in Abbildung 7-19 dargestellt.

Zu beachten ist, dass die austretende Luft feucht ist und so u. U. Nebel entstehen kann. Deshalb sollte der Rückkühler so angeordnet werden, dass es zu keiner Belastung der Baukonstruktionen kommt.

In der Regel erfolgt die Aufstellung auf dem Dach oder auch außerhalb des Gebäudes.

> **Zu beachten ist**, dass
> - der Ventilator eine nicht unerhebliche Schallquelle darstellt [7-8]
> - eine Reinigung des Kühlwassers notwendig ist und
> - verdunstetes Wasser durch Frischwasser ergänzt werden muss.

Mit den geschlossenen Rückkühlwerken wird versucht, die Nachteile des offenen Systems zu vermeiden. Deshalb sind zwei Kreisläufe erforderlich (Primär- und Sekundärkreislauf) (Abbildung 7-20).

Im Sommer und in der Übergangszeit, wenn die Gefahr der Wrasen- oder Nebelbildung nicht besteht, kann das Rohrschlangensystem des Sekundärkreislaufs mit Wasser besprüht werden, um einen höheren Kühleffekt zu erreichen. Zur Vermeidung des Einfrierens des Wassers in der Wassersammelwanne ist eine Beheizung notwendig.

Die Kühlung des Primärkühlkreislaufs kann auch nur über Luft erfolgen (luftgekühlter Kondensator). Zur Erhöhung des Wirkungsgrads werden die Wärmeübertrager mit Ventilatoren (im Allgemeinen: Axialventilatoren) kombiniert. Die luftgekühlten Kondensatoren gibt es schon für kleine Leistungen (ab 2 kW) (Abbildung 7-21).

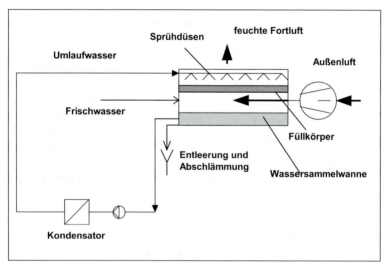

Abb. 7-19 Kreislaufschema eines offenen Rückkühlers

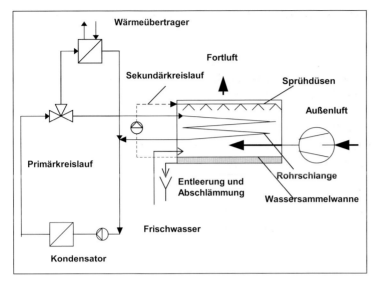

Abb. 7-20
Kreislaufschema
eines geschlos-
senen Rück-
kühlers

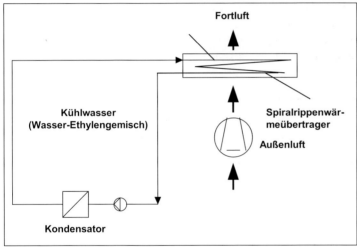

Abb. 7-21
Kreislaufschema
eines luftgekühl-
ten Kondensators

Der erforderliche Platzbedarf für die Rückkühler ist nach [7-1] eine Funktion der
Kühlerleistung, d.h. der abzuführenden Wärme Φ_H.

Tabelle 7-1 Orientierungswerte für den Platzbedarf von Rückkühlwerken

	Platzbedarf in m²/kW
offenes Rückkühlwerk	0,007
geschlossenes Rückkühlwerk	0,018
luftgekühlte Verflüssiger mit Axialventilatoren	0,04 ... 0,05

Abb. 7-22
Rückkühler in Freiaufstellung
(Werkbild, Fa. Gohl)

Abb. 7-23
Rückkühler mit Wrasenbildung
(Werkbild, Fa. Gohl)

7.1.4   Oberflächenkühler

Die erzeugte Kälte wird im Allgemeinen über Wärmeübertrager (Oberflächenkühler) in Form eines berippten Rohrbündelwärmeübertragers an die zu kühlende Luft übertragen. In Verbindung mit der Bauteilkühlung oder Speicherung kann die Übertragung auch an flüssige oder feste Materialien erfolgen.

Die Dimensionierung dieser Wärmeübertrager ist abhängig von der Spreizung (im Allgemeinen 4...6 K), den einzuhaltenden Vorlauftemperaturen (z.B. Kühlung und Entfeuchtung: θ_{VL} = 7...8 °C, bei Kühldecken: θ_{VL} = 17...18 °C, (s.a. 7.2)) für den jeweiligen Kühlprozess und den Wärmeleitbedingungen in den Materialien.

Die Oberflächenkühler sind im Allgemeinen Bauteile eines Kastengeräts (s.a. Abbildung 2-4-19) zur Aufbereitung der Zuluft oder in einem dezentralen Luftaufbereitungsgerät (z.B. Induktionsgeräten) angeordnet, können jedoch auch in Kanälen zur individuellen Nachkühlung installiert werden.

7.1.5 Kaltwassernetz

Die Dimensionierung des Kaltwassernetzes erfolgt nach den gleichen strömungs-technischen Grundbeziehungen wie z. B. die einer Heizungsanlage.

Die Leitungen sind grundsätzlich zu isolieren, um Kälteverluste zu minimieren und um eine Taupunktunterschreitung an der Rohroberfläche zu verhindern.

7.2 Kälte- und Wärmespeicherung

Um zeitliche Unterschiede von Bedarf und Verbrauch an Kälte bzw. Wärme zu kompensieren, Spitzen bei der Dimensionierung von Kälte- und Wärmeerzeugern abzubauen und um Betriebskosten (Arbeits- und Leistungspreise für Elektroener-gie bzw. Heizenergie) zu reduzieren, sind Speichersysteme notwendig.

Als Speichermaterial wird im Allgemeinen Wasser aufgrund seiner hohen spezifi-schen Wärmekapazität genutzt. Speichermaterialien, die in einem Temperaturbe-reich einen Phasenwechsel des Aggregatzustands durchlaufen, nennt man *Latent-speicher*. Das bekannteste Beispiel ist das Wasser, dass bei 0 °C vom flüssigen in den festen Zustand übergeht, was mit einem Wärmeentzug verbunden ist. Dieser Vor-gang kann im Allgemeinen als weitgehend reversibel betrachtet werden. Materia-lien, die in einem bestimmten Temperaturbereich einen Phasenwechsel durchlau-fen, werden auch als PCM (Phase Change Materials) bezeichnet. Die in der latenten Phase gespeicherte Energie, kann eine zu beachtende Größenordnung erreichen und in Abhängigkeit von der Speicherdichte Werte bis zu 200 kJ/kg erreichen.

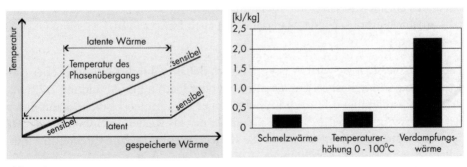

Abb. 7-24
a (links) Vergleich der Wärmespeicherung durch sensible und latente Wärme nach [7-11]
b (rechts) Vergleich der Schmelzwärme mit Energiemenge zum Erhitzen von Wasser nach [7-11]

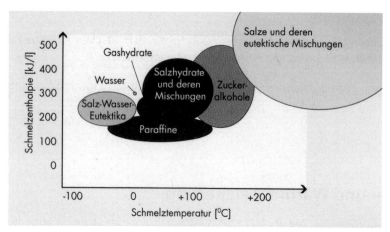

Abb. 7-25 Typische volumenspezifische Schmelzenthalpien und die dazugehörigen
Temperaturbereiche von PCM

Für den Einsatz von PCM in der Raumlufttechnik bzw. im Gebäude zur Erhöhung
der thermischen Speicherfähigkeit der Raumumschließungskonstruktion ist vor
allem die Temperatur des Phasenübergangs entscheidend, die in einer Größenordnung von 20 bis 22 °C liegen sollte. Viele schon bisher bekannte Latentspeicher wie-
sen Probleme auf, wie z.B. Entmischung bei Wasser-Salz-Gemischen, Hysterese
von Erstarren und Schmelzen sowie Korrosivität, die einen großtechnischen Einsatz kaum erlaubten. Zurzeit stehen PCM in gekapselter Form oder als Verbund-
material zur Verfügung, die einen verstärkten technischen Einsatz ermöglichen,
wobei die Wirtschaftlichkeit im Allgemeinen noch nicht gegeben ist (Kosten ca.
0,5 €/kg nach [7-11]). Beispiele für die Verkapselung und für Verbundmaterialien
sind aus den Abbildungen 7-26a bis 7-26f zu entnehmen.

Bei dem Verbund mit Graphit (Abbildung 7-26f) wurde die Leitfähigkeit des Materials erheblich erhöht. Dieses Material findet auch Einsatz in RLT-Geräten (s.a.6.2)
[7-12], [7-13].

Bei der *Eisspeicherung* wird Wasser in einem Behälter durch Kühlmittel oder Kältemittel so gekühlt, dass sich an den Rohren oder Platten Eis (Abbildung 7-27) bildet. Nach Aufladung, d.h. nach Erreichen einer bestimmten Eisdicke, kann durch
Beaufschlagung des Speichers mit Kühlwasser das Eis wieder geschmolzen werden.
Bei der Kopplung des Speichers an die Kälteerzeugung ist eine direkte und indirekte Lösung möglich (Abbildungen 7-28 und 7-29).

Abb. 7-26
a (links) Makroverkapselung in Kunststoffkugeln nach [7-11]
b (rechts) Mikrokapseln in Vergrößerung nach [7-11]

 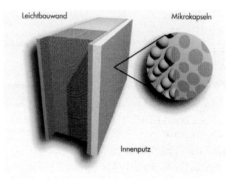

c (links) PCM-haltiger Gipsputz (die Mikrokapseln sind zu erkennen) nach [7-11]
d (rechts) Mikroverkapselte PCM im Innenputz nach [7-11]

 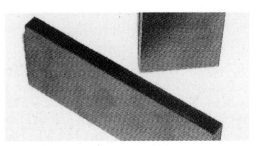

e (links) Faserplatten mit PCM nach [7-11]
f (rechts) PCM Graphit-Verbundmaterial nach [7-11]

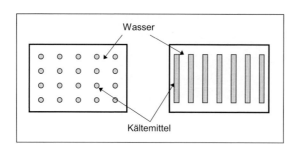

Abb. 7-27
Wärmeaustauscher zur
Eisanlagerung

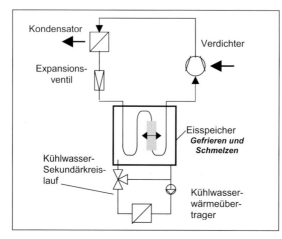

Abb. 7-28
Direkte Einbindung der
Kältemaschine an den Eisspeicher

Die im Allgemeinen vorgefertigten Speicherbehälter können sowohl im Gebäude (z.B. in der Technikzentrale, untergeordneten Räumen oder bauseitig erforderlichen Leerräumen) als auch im Außenbereich in der Erde untergebracht sein. Eine gewisse Zugänglichkeit zur Montage und Wartung ist zu gewährleisten.

Erdreich, insbesondere feuchte Materialien, ist aufgrund einer guten Wärmeleitung ebenfalls als „Speicher" nutzbar.

Bei der Nutzung des *Erdreichs* als Speicher wird davon ausgegangen, dass einerseits die Außenklimaschwankungen ab einer Tiefe von 3 ... 5 m kaum signifikant sind und anderseits der Einfluss der Grundwassertemperatur mit ca. 7 ... 10 °C dominant ist. Besonders feuchte Erdstoffe zeichnen sich durch eine gute Wärmeleitung aus. Durch horizontal verlegte Rohre (Erdwärmekollektoren) im Erdreich (Abbildung 7-30; Tabelle 7-2) oder besonders bei für die Standfestigkeit des Gebäudes erforderlichen Stützen, aber auch durch Betonkerne (Erdwärmesonden) kann das Erdreich als Wärme- bzw. Kältespeicher dienen (Abbildung 7-31; Tabelle 7-3). Eine Beispiellösung zeigt Abbildung 7-29, die schon vielfach in Österreich und der Schweiz in Kopplung mit Wärmepumpen zur Anwendung gekommen ist.

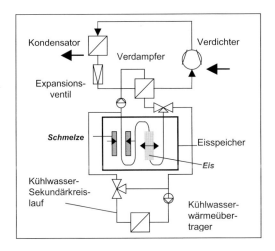

Abb. 7-29
Indirekte Einbindung der
Kältemaschine an den Eisspeicher

Auch in Deutschland gibt es schon eine Reihe von Versuchsanlagen, wobei der Einsatz von Wärmesonden sowohl von wasserrechtlichen als auch bergbaurechtlichen Randbedingungen abhängig ist. Als Wärmeträger können Wasser, im Allgemeinen ein Wasser-Glykol-Gemisch aber auch Kältemittel, wie z. B. Ammoniak zum Einsatz gelangen.

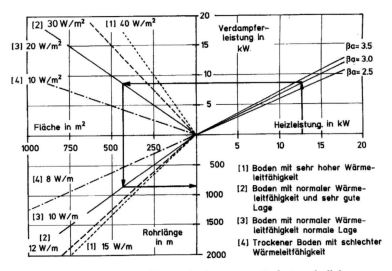

Abb. 7-30 Nomogramm zur Dimensionierung von Erdwärmekollektoren

Tabelle 7-2 Spezifische Entzugsleitungen von Erdwärmekollektoren in Abhängigkeit der Jahresarbeitszahl β_a

Untergrund	Spezifische Entzugsleistung in W/m²	Erdwärmekollektorfläche je 1 kW Heizleistung in m²	
		$\beta_a = 3$	$\beta_a = 3,5$
trockener sandiger Boden	10 – 15	44 – 67	48 – 71
feuchter sandiger Boden	15 – 20	33 – 44	36 – 48
trockener lehmiger Boden	20 – 25	27 – 33	29 – 36
feuchter lehmiger Boden	25 – 30	22 – 27	24 – 29
wassergesättigter Sand/Kies	30 – 40	17 – 22	18 – 24

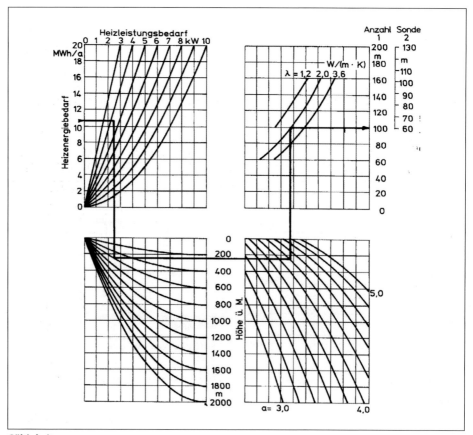

Gültigkeitsgrenzen:
Heizenergiebedarf : 4 ... 16 MWh/a.; Heizleistung: 3 ... 8 MWh/a; Höhenlage: 200 ... 1400 m; Wärmeleitfähigkeit $\lambda = 1,2$ ... 4,0 W/mK, Nomogrammeingangswert: a = 3,8 ...4,6; Sondenlänge: 1 Sonde: 60 ... 160 m; 2 Sonden: 60 ... 100 m

Abb. 7-31 Nomogramm zur Auslegung von Erdwärmesonden nach [7-9]

Der Nomogrammeingangswert a ergibt sich zu:

$$a = Q_{Ha} / ((Q_{Ha} / \beta_a) - Q_{pa})$$

mit: Q_{Ha}:   Jahresheizenergiebedarf in kWh/a

        Q_{pa}:   Jährlicher Energieverbrauch der Nebenverbraucher (z.B. Pumpe) in kWh/a

        β_a: Jahresarbeitszahl

Die Nutzung des Erdreichs bzw. von **wasserführenden Schichten** oder Brunnen (Zapf- und Schluckbrunnen bei Wärmepumpenanlagen) zur Speicherung bedarf in Deutschland der Zustimmung durch die zuständige Wasserbehörde bzw. die zuständigen Wasserversorgungsunternehmen.

Eine natürliche oder künstlich erstellte, abgesperrte Wasser führende Schicht im Erdreich wird als **Aquifer** bezeichnet. Dieser horizontale Wasserspeicher wird sowohl als Kälte- als auch als Wärmespeicher genutzt (Abbildung 7-33). Erfahrungen im großtechnischen Bereich sind zur Zeit ungenügend bekannt, wobei die Realisierung vor allem abhängig von der Wirtschaftlichkeit (Investitionskosten, Energiekosteneinsparungen) ist.

Tabelle 7-3   Spezifische Entzugsleitungen von Erdwärmesonden in Abhängigkeit von der Jahresarbeitszahl β_a für Anlagen mit Heizleistung kleiner 20 kW nach [7-9]

Untergrund	Spezifische Entzugs-leistung in W/m	Erdwärmesondenlänge je 1 kW Heizleistung in m	
		$\beta_a = 3$	$\beta_a = 3,5$
schlechter Untergrund ($\lambda < 1,5$ W/mK)	20	33	36
normales Felsgestein und wassergesättigtes Sediment ($\lambda = 1,5 ... 3$ W/mK)	50	13	14
Felsgestein ($\lambda > 3$ W/mK)	70	9,5	10
Kies, Sand, trocken	< 20	> 33	> 36
Kies, Sand, Wasser führend	55 – 65	12 – 10	13 – 11
Ton, Lehm (feucht)	30 – 40	22 – 17	24 – 18
Kalkstein (massiv)	45 – 60	15 – 11	16 – 12
Sandstein	55 – 65	12 – 10	13 – 11
Granit	55 – 70	12 – 9,5	10 – 10
Basalt	35 – 55	19 – 12	20 – 13
Gneis	60 – 70	11 – 9,5	12 – 10
Starker Grundwasserfluss in Sand und Kies für Einzelanlagen	80 – 100	8,2 – 6,7	8,9 – 7,1

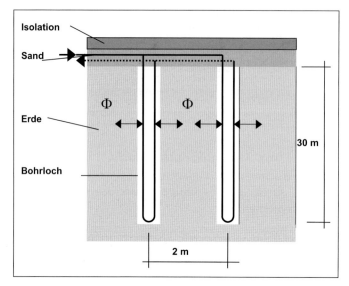

Abb. 7-32
Betonkern- oder
Stützfundament-
speicherung

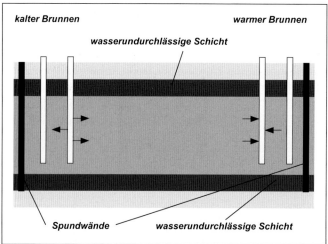

Abb. 7-33
Beispiel eines Aquifers

Im Berliner Raum sind durch geologische Bedingung zwei Wasser führende Schichten vorhanden. Diese beiden Schichten werden für die Wärme- und Kältespeicherung der heizungs- und kühltechnischen Anlagen des Reichstags genutzt (Abbildung 7-34).

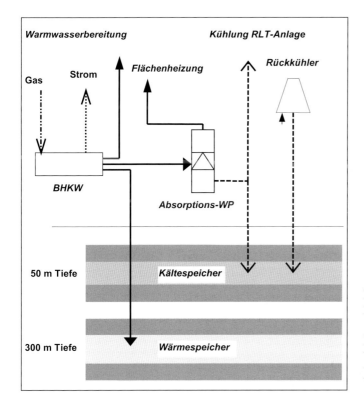

Warmwasserbereitung

Kühlung RLT-Anlage

Flächenheizung

Rückkühler

Gas

Strom

BHKW

Absorptions-WP

50 m Tiefe

Kältespeicher

300 m Tiefe

Wärmespeicher

Abb. 7-34
Nutzung von zwei
Wasserspeichern für
die heizungs- und
kühltechnischen
Anlagen im Reichs-
tagsgebäude

8 Klimatisierung von Hallenbädern

Hallenbäder gehören zu den Objekten mit dem höchsten Energiebedarf (Abb. 8-1). Etwa die Hälfte davon entfällt auf die Klimatisierung der Schwimmbadluft, die andere Hälfte wird zur Beheizung des Beckenwassers, zur Erzeugung von Warmwasser für die Duschen, für Filter- und Umwälzanlagen und für Verluste bei der Wärmeerzeugung benötigt. Der Energiebedarf für die Klimatisierung stellt mit Abstand den größten Posten dar, weshalb sich hier die Optimierung am schnellsten lohnt.

Abb. 8-1 Beispiel eines Hallenbads

Die Klimatisierung von Schwimmhallen ist auf die verschiedensten Arten möglich. Die einfachste aber auch zugleich die unzweckmäßigste Art ist die Be- und Entlüftung ohne Energierückgewinnung. Heute wird allein aus wirtschaftlichen Gründen auf ein System zur Energierückgewinnung nicht mehr verzichtet. Daraus folgt, dass sowohl bei Neubauten als auch bei Sanierungen von Hallenbädern die Wärmerückgewinnung aus der Abluft als Standard anzusehen ist.

8.1 Anforderungen in einem Hallenbad

In einem Hallenbad findet man hinsichtlich der Temperaturen, Feuchtigkeit und der Zusammensetzung der Luft sehr extreme Bedingungen, die nicht nur aus bauphysikalischen Gründen sondern auch aus Gründen der Behaglichkeit bewältigt werden müssen. Wenn die Badegäste sich nach ihrem Aufenthalt im Wasser in den entsprechenden Zonen des Hallenbads aufhalten, darf es natürlich nicht zu kalt oder zu feucht sein. Dem unbekleideten, mit Wasser benetzten Körper wird aufgrund der Verdunstung des Wassers ein gewisser Anteil an Wärme entzogen, so dass die Lufttemperatur entsprechend hoch sein sollte.

Ein Hallenbad erfordert also ganz bestimmte Raumluftbedingungen, damit sich der Badegast wohl fühlt. Die Lufttemperatur im Hallenbad sollte aus Gründen der Behaglichkeit minimal 2 K über der Beckenwassertemperatur t_W liegen. Aus wirtschaftlichen Gründen sollte eine Temperatur von 34 °C nicht überschritten werden. Die Auslegungstemperaturen für die Schwimmhalle und ihre Nebenräume weist Tabelle 8-1 aus.

Tabelle 8-1 Richtwerte für Lufttemperaturen im Schwimmbad nach VDI 2089 [8-1]

Raumart	Raumlufttemperatur t_R $[t_R = f(t_W)]$ in °C	
	min.	max.
Eingangsbereich, Nebenräume und Treppenhäuser	18	22
Umkleideräume	24	28
Sanitäts-, Schwimmmeister- und Personalräume	22	26
Duschräume mit zugeordneten Sanitärbereichen	27	31
Schwimmhalle	30	34

Während zu niedrige Werte bei der Lufttemperatur von dem Menschen als unbehaglich empfunden werden, verursachen zu hohe Werte bei der Luftfeuchtigkeit ein sogenanntes Schwüleempfinden. Nach VDI 2089 [8-1] liegt die Schwülegrenze für den unbekleideten Menschen bei einem Wassergehalt von $x = 14,3$ $g_{Wasser}/kg_{tr.Luft}$. Bei einem Luftdruck von 1000 mbar liegt der maximale Wert für die relative Luftfeuchtigkeit in der Schwimmhalle bei 53% und der minimale bei 42%. Diese Werte dürfen allerdings im Sommer überschritten werden, wenn der Wassergehalt der Außenluft $x \geq 9$ $g_{Wasser}/kg_{tr.Luft}$ liegt.

Damit es in der Schwimmhalle nicht zu Schäden an Metall- und Holzbauteilen kommt, sollte die relative Luftfeuchtigkeit in einem Bereich von 40% $\leq \varphi \leq$ 64% liegen. Bei schlechter Baukonstruktion oder ungenügender Verglasung ist es oft erforderlich, die Raumluft bei tiefen Außentemperaturen unterhalb der Grenzwerte zu entfeuchten, wodurch ein erhöhter Energieaufwand resultiert.

8.2 Auslegungsdaten für die Schwimmhalle

Als Bemessungsgrundlage für die Bestimmung des maximalen Außenluftstroms im Sommer werden die Werte der Tabelle 8-2 herangezogen. Weitere erforderliche Daten für eine Berechnung sind dem h,x-Diagramm zu entnehmen.

Tabelle 8-2 Auslegungsdaten nach VDI 2089 [8-1]

	x [g/kg]	P_D [mbar]
Raumluft	14,3	22,7
Außenluft	9	14,4

Die Grundlage für die Auslegung einer Lüftungsanlage in der Schwimmhalle stellt die Verdunstung des Wassers von der Beckenwasseroberfläche dar. Durch die Vielzahl der Wasserattraktionen wie Wasserrutschen, Sprudelbecken, Wasserkanonen etc. wird die verdunstende Wassermenge erheblich vergrößert.

Nachfolgend sind die Berechnungsgleichungen nach VDI 2089 Blatt 1 aufgeführt, die für die Ermittlung des für die Entfeuchtung erforderlichen Luftmassenstroms $\dot{m}_L = q_M$ herangezogen werden.

$$\dot{m}_L = \frac{\dot{m}_W}{\left(x_L - x_{ZUL}\right)} \text{ in [kg/h]}$$

mit:

$\dot{m}_L$ Luftmassenstrom in kg/h

$\dot{m}_W$ verdunstete Wassermenge in g/h

x_L Wassergehalt der Schwimmhallenluft in $g_{Wasser}/kg_{tr.Luft}$

x_{ZUL} Wassergehalt der Zuluft in $g_{Wasser}/kg_{tr.Luft}$

Die verdunstete Wassermenge $\dot{m}_W$ wird aus der Verdunstungsbeziehung nach Dalton bestimmt.

$$\dot{m}_W = \varepsilon * A_B * \left(p_S - p_D\right)$$

mit:

ε Gesamtverdunstungsbeiwert in g/(hPa m² h)

A_B Beckenwasseroberfläche in m²

p_S Dampfdruck bei Beckenwassertemperatur in hPa

p_D Wasserdampfpartialdruck in hPa

Bei dem empirischen Gesamtverdunstungsbeiwert ε handelt es sich um Erfahrungswerte für die verschiedenen Nutzungsverhältnisse des Schwimmbeckens (Tabelle 8-3).

Tabelle 8-3 Gesamtverdunstungsbeiwert entsprechend den unterschiedlichen Nutzungsverhältnissen des Schwimm- oder Badebeckens nach VDI 2089 [8-1]

Schwimmhallennutzung	Verdunstungsbeiwert ε in g/(hPa m² h)
Abgedecktes Becken	0,5
Ruheverdunstung	5
Wohnhausbad	15
Hallenbad, Normalbetrieb	20
Freizeitbad, ohne Attraktionen	28
Wellenbad, Wellenmaschine in Betrieb	35

Neben der verdunstenden Wassermenge ist die Geruchs- und Schadstoffkonzentration bei der Bestimmung des erforderlichen Außenluftstroms entscheidend. Bei erhöhtem spezifischem Gasgehalt ist die zulässige Schadgaskonzentration mit Hilfe der MAK-Werte zu überprüfen. Zu erhöhten Werten kommt es in der Regel nur in Thermal- und Mineralbädern, so dass die Berechnung des Außenluftvolumenstroms $\dot{V}_L = q_{V,AUL} = q_{V,ODA}$ nach folgender Gleichung für ein klassisches Schwimmbad eine untergeordnete Rolle spielt.

$$\dot{V}_L = \frac{\dot{C}}{\left(c_{MAK} - c_{AUL}\right)}$$

mit:

$\dot{V}_L = q_{V,AUL} = q_{V,ODA}$ Außenluftvolumenstrom in m³/h

$\dot{C}$ Schadgasanfall in mg/h

c_{MAK} MAK-Wert in mg/m³ Luft

$c_{AUL} = c_{ODA}$ Schadgaskonzentration in der Außenluft in mg/m³ Luft

Zu beachten ist: Bei der Auslegung einer Schwimmhalle sind die verdunstenden Wassermengen und die Geruchs- und Schadstoffkonzentrationen von entscheidender Bedeutung. Eine Auslegung nach Luftwechselzahlen ist in Schwimmhallen grundsätzlich nicht zulässig.

Für weitere Räume in Hallenbädern wie z.B. in Tabelle 8-1 aufgeführt, sind detaillierte Angaben bezüglich der Be- und Entlüftung VDI 2089 Blatt 1 zu entnehmen.

8.3 Anforderungen an die Luftaufbereitung

Bei der klassischen Methode der Klimatisierung wird die feuchtwarme Hallenluft abgesaugt und durch trockene Außenluft ersetzt, die über Heizregister auf die erforderliche Temperatur erwärmt wird. Bei diesem Verfahren setzen sich die Wärmeverluste zu je etwa einem Drittel aus Transmissionsverlusten, Lüftungsverlusten und Verdunstungsverlusten zusammen (Abb.8-2).

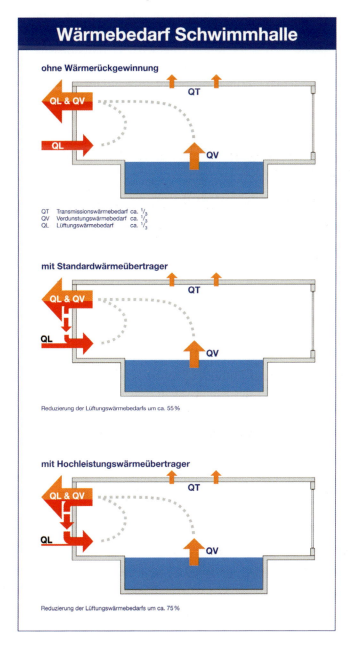

Abb. 8-2
Wärmebedarf (Heizlast) einer Schwimmhalle in einem klassischen Hallenbad

8.3.1 Wämerückgewinnung in der Schwimmhalle

Durch den Einsatz von Rekuperatoren lässt sich nur der Lüftungswärmebedarf minimieren. Die Transmissionswärmeverluste liegen in der Verantwortung des Architekten, und sie sollten so gering wie möglich sein. Der Verdunstungs- und der Lüftungswärmebedarf jedoch kann durch ein modernes und hochwertiges Klimasystem erheblich reduziert werden.

Sehr häufig wurden in den letzten Jahren hierfür rekuperative und regenerative Wärmerückgewinnungssysteme wie Plattenwärmeübertrager, Wärmerohre oder Kreislaufverbundsysteme (siehe VDI 2071 [8-2]) eingesetzt. Deren Effizienz ist allerdings begrenzt, denn die für die Wärmerückgewinnnung angegebenen Wirkungsgrade beziehen sich nur auf den Lüftungswärmebedarf, während die im Wasserdampf gebundene latente Energie mit der Abluft der Schwimmhalle entzogen wird. Selbst ein Hochleistungswärmeübertrager (Abb. 8-3) verbessert den Energiegewinn nur mäßig. Für alle Wärmeübertrager gilt grundsätzlich, dass sie nur bei besonderen Außenluftbedingungen einen kleinen Teil der latenten Wärme aus der Abluft zurückgewinnen können.

Die üblicherweise in Schwimmhallen eingesetzten Wärmerückgewinnungssysteme verfügen über Temperaturwirkungsgrade (Rückwärmzahlen) von 50 bis 60%. Für den Entfeuchtungsbetrieb konstruierte Wärmeübertrager lassen sich Temperaturwirkungsgrade (Rückwärmzahlen) von mehr als 70% bei niedrigen luftseitigen Druckverlusten erreichen. Bevorzugte Wärmeübertrager sind solche, bei denen es nicht zu einer Vermischung der Ab- und Zuluft kommt, so dass eine Stoffübertragung (Feuchte, Gerüche, etc.) ausgeschlossen ist.

8.3.2 Rückgewinnung latenter und sensibler Wärme

Eine energetisch sinnvolle Methode zur Entfeuchtung der Schwimmhallenluft ist die Integration einer Wärmepumpe in das Klimasystem. Nach einer Vorkühlung im Rekuperator des Klimageräts wird die feuchte Luft durch den kalten Verdampfer des Kälteprozesses geleitet, wobei Feuchtigkeit auskondensiert (Abbildung 8-4). Die abgekühlte und getrocknete Luft wird anschließend im Rekuperator und im Verflüssiger der Wärmepumpe wieder aufgeheizt. Die latente Wärme des Wasserdampfs bleibt so innerhalb des Prozesses und kommt der Zuluft als sensible Wärme zugute. Die Zuluft wird dadurch erheblich wärmer als die Abluft. Bei günstiger Platzierung der Wärmepumpe lässt sich zusätzlich auch die elektrische Antriebsenergie der Wärmepumpe komplett als Wärmegewinn für das Hallenbad in Ansatz bringen.

Energetisch hat der Einsatz der Kältemaschine/Wärmepumpe große Vorteile. Wirtschaftlich muss jedoch beachtet werden, dass elektrische Energie deutlich teurer ist

als thermische Energie. Das wirtschaftliche Ergebnis beim Einsatz der Wärmepumpe zur Luftentfeuchung hängt also insbesondere davon ab, ob es gelingt, die
notwendige Luftentfeuchtung mit einem möglichst geringen Energieverbrauch zu
erreichen. Hochwertige Kältekomponenten mit richtig dimensionierten Kältemittel-
unterkühlern verbessern den *EER*-Wert der Wärmepumpe (*EER* = Energy Efficiency Ratio = Verhältnis von abgegebener thermischer Leistung zur Aufnahme von
Elektroleistung)(s.a.1.5). Die besten Ergebnisse werden jedoch erst mit einer an die
Bedürfnisse angepassten Steuerung und Regelung erreicht. Die VDI 2089 schreibt
zum Beispiel für den Badebetrieb einen notwendigen Außenluftwechsel zur Abführung von Schadstoffen aus der Hallenluft vor, die durch die Oxidation des Chlors
mit organischen Substanzen frei werden. Moderne Regelungen sind in der Lage, sich
den aktuellen Bedürfnissen genau anzupassen. Denn wird mehr als der notwendige
Außenluftvolumenstrom gefahren, ist dies mit einem unnötigen Energieverlust verbunden.

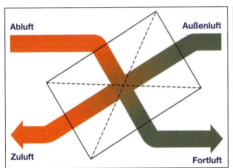 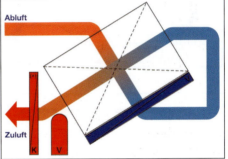

Abb. 8-3 (links)   Wärmerückgewinnung mittels rekuperativen
                          Hochleistungswärmeübertrager
Abb. 8-4 (rechts) Kombination von Rekuperator und Wärmepumpe

8.4   Betriebskosten

Ein Zahlenbeispiel für ein Schwimmbecken mit 400 m^2 Wasseroberfläche soll die
Größenordnungen der Einsparpotenziale, die sich durch eine optimierte Klimatisierung ergeben, verdeutlichen.

Legt man der Berechnung einen Ruhebetrieb von täglich 10 Stunden und einen
mittleren Badebetrieb von 14 Stunden zu Grunde, ergibt sich jedes Jahr eine verdunstete Wassermenge von etwa 500 t. Daraus lässt sich, wie in Abbildung 8-5 dargestellt, ein Wärmebedarf für die klassische Klimatisierung mit reinem Fortluft-
Außenluft-Betrieb von etwa 700.000 kWh pro Jahr berechnen. Grundlage für die
Beispielzahlen ist eine über das Jahr gemittelte Außentemperatur von 9,05 °C und
ein Wassergehalt von 6,23 g/kg. Diese Werte sind typisch für das Rheinland.

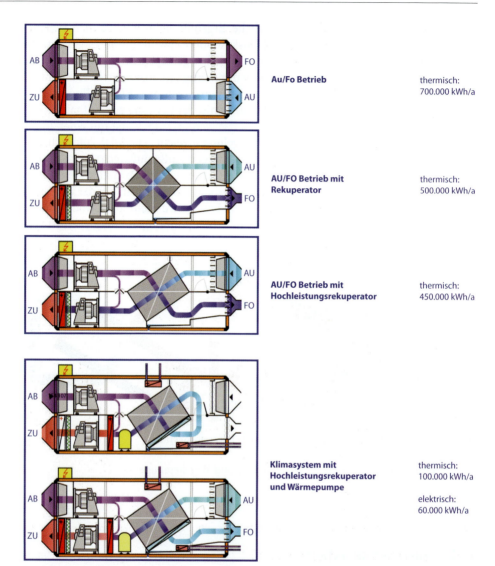

Au/Fo Betrieb

thermisch:
700.000 kWh/a

AU/FO Betrieb mit Rekuperator

thermisch:
500.000 kWh/a

AU/FO Betrieb mit Hochleistungsrekuperator

thermisch:
450.000 kWh/a

Klimasystem mit Hochleistungsrekuperator und Wärmepumpe

thermisch:
100.000 kWh/a

elektrisch:
60.000 kWh/a

Abb. 8-5 Der Energieverbrauch für die Klimatisierung einer Schwimmhalle mit 400 m^2 Wasseroberfläche .

Im unteren Teil der Abbildung 8-5 sind mit Umluft- und Zuluftbetrieb verschiedene Prozessführungen des Klimageräts mit Wärmepumpe zur Entfeuchtung angedeutet.

■ In der ersten Optimierungsstufe wird nun ein einfacher Kreuzstromwärmeübertrager eingesetzt, der in der Praxis einen Temperaturwirkungsgrad (Rückwärmzahl) von 55 Prozent erzielt. Dadurch sinkt der Wärmebedarf für die Klimatisierung bereits auf etwa 500.000 kWh pro Jahr, was einer Verbesserung um knapp 30 Prozent entspricht.

- Wird statt des Kreuzstomwärmeübertragers ein Hochleistungsrekuperator mit einem Temperaturwirkungsgrad (Rückwärmzahl) von 75 Prozent und vergrößerter Fläche eingesetzt, lässt sich eine weitere Verringerung des Wärmebedarfs auf rund 450.000 kWh pro Jahr erzielen.
- Aber erst durch den Einsatz der Wärmepumpe zur Entfeuchtung der Schwimmhallenluft lässt sich der nächste große Schritt bei der Energieeinsparung erzielen. Allerdings kommt es hierbei, wie zuvor erwähnt, auf eine optimierte Betriebsweise und Regelung an. Abbildung 8-6 zeigt ein Lüftungsgerät mit rekuperativem Wärmeübertrager und einer integrierten Wärmepumpe.

Auf diese Weise lässt sich die Klimatisierung mit einem Aufwand von jährlich rund 60.000 kWh elektrischer und 100.000 kWh thermischer Energie betreiben. Eine prozentuale Angabe der Ersparnis ist hierbei schwierig, weil elektrische und thermische Energie unterschiedlich zu werten sind. Zudem werden die Bewertungen stets regional und zeitlich unterschiedlich ausfallen. Die Zahlen des Beispiels gelten für ein einfaches Schwimmbecken in einem Hallenbad.

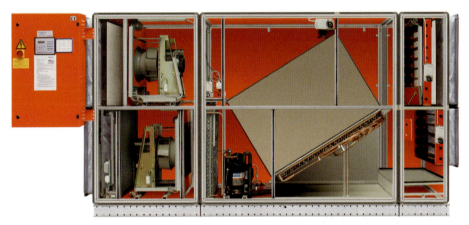

Abb. 8-6 Kompaktes Klimagerät zur Schwimmhallenklimatisierung *(Werkbild Fa. Menerga)*

Moderne Freizeitbäder bringen wesentlich höhere Anforderungen an die Klimatechnik mit sich. Die Badbenutzer erwarten Attraktionen wie Wasserrutschen, Wildwasserflüsse, Wellen, Wasserfälle oder Sprudler, die zu weit höheren Verdunstungsraten und auch zur Aerosolbildung führen. Unverzichtbar ist deshalb die Abstimmung der Technik auf diese erschwerten Konditionen, bei denen vor allem der Korrosionsschutz eine wichtige Rolle spielt. Angaben zur Energie- und Wassereffizienz in Schwimmbädern sind VDI 2089 Bl.2 [8-3] zu entnehmen.

Literaturverzeichnis

[1-1]   DIN EN 13779: *Lüftung von Nichtwohngebäuden- Allgemeine Grundlagen und Anforderungen an Lüftungs- und Klimaanlagen*, 09/2007, Beuth-Verlag GmbH, Berlin

[1-2]   DIN EN V 13779: *Lüftung von Nichtwohngebäuden- Allgemeine Grundlagen und Anforderungen an Lüftungs- und Klimaanlagen*, 07/2005, Beuth-Verlag GmbH, Berlin

[1-3]   DIN V 18599: *Energetische Bewertung von Gebäuden – Berechnung des Nutz-, End- und Primärenergiebedarfs für Heizung, Kühlung, Lüftung, Trinkwarmwasser und Beleuchtung*, (Teil 1 bis 10), 02/2007, Beuth-Verlag GmbH, Berlin

[1-4]   DIN EN 12831: *Heizungsanlagen in Gebäuden – Verfahren zur Berechnung der Normheizlast, Berlin*, 08/2003, Beuth-Verlag GmbH

[1-5]   DIN EN ISO 7730: *Ergonomie der thermischen Umgebung – Analytische Bestimmung und Interpretation der thermischen Behaglichkeit durch Berechnung des PMV- und des PPD- Indexes und Kriterien der lokalen thermischen Behaglichkeit*, 05/2006, Beuth-Verlag GmbH, Berlin

[1-6]   DIN EN 15251: *Eingangsparameter für das Raumklima zur Auslegung und Bewertung der Energieeffizienz von Gebäuden – Raumluftqualität, Temperatur, Licht und Akustik*, 08/2007, Beuth-Verlag GmbH. Berlin

[1-7]   DIN EN 12 831; Beiblatt 1 (Nationaler Anhang NA): *Heizungsanlagen in Gebäuden – Verfahren zur Berechnung der Normheizlast*, 07/2008, Beuth-Verlag GmbH

[1-8]   Glück, B.: *Strahlungsheizung – Theorie und Praxis*, VEB Verlag für Bauwesen Berlin, 1981

[1-9]   Fanger, P.O.: *Thermal Comfort Analysis and Applications in Environmental Engineering*, McGraw-Hill-Books New York, 1973

[1-10]   Ashrae Fundamentals Handbook, *Part 1: Heat Transfer, American Society of Heating Refrigeration and Air- conditioning Engineers*, USA, 1997

[1-11]   Glück, B.: *Bewertungsmaßstab zur optimalen Anordnung von Heiz- und Kühlflächen im Raum*, Gesundheits-Ingenieur,1991/2, S.65 – 71

[1-12]   Fanger, P.O.: *VDI Bericht 317*, VDI Nachrichten,1978, S. 37 – 41

[1-13]   Recknagel et al.: *Taschenbuch für Heizung + Klimatechnik*, Oldenbourg Industrieverlag, 2007/08

[1-14]   Richter, W.: *Handbuch der thermischen Behaglichkeit- Sommerlicher Kühlbetrieb -*, Schriftenreihe der Bundesanstalt für Arbeitsschutz und Arbeitsmedizin: Forschung F 2071, 2007

[1-15]   DIN 1946-T2: *Raumlufttechnik, Gesundheitstechnische Anforderungen (VDI-Lüftungsregeln)*, 01/1994, Beuth-Verlag GmbH, Berlin

[1-16]   VDI 2078: *VDI-Kühllastregeln*, 07/1996.

[1-17]   DIN 4710: *Meteorologische Daten zur Berechnung des Energieverbrauches von heiz- und raumlufttechnischen Anlagen*, Beuth-Verlag, 1982.

[1-18]   EnEV 2007: *Verordnung über energiesparenden Wärmeschutz und energiesparende Gebäudetechnik bei Gebäuden*; BGBl. 34 , 26.07.07

[1-19]   EnEV; *Verordnung über energiesparenden Wärmeschutz und energiesparende Anlagentechnik bei Gebäuden (12/2004)*

[1-20]   DIN 4108 T2: *Wärmeschutz und Energieeinsparung in Gebäude, Teil 2, Mindestanforderungen an den Wärmeschutz*, 03/2001.

[1-21]   WSchV95: *Wärmeschutzverordnung 1995 – Verordnung über einen energiesparenden Wärmeschutz bei Gebäuden*

[1-22]   Petzold, K.: *Wärmelast*, Verlag Technik Berlin, 2. Auflage , 1980.

[1-23]   *ILKA – Berechnungskatalog, Abschnitt L*, Institut für Luft- und Kältetechnik (ILK) gGmbH, Dresden.

[1-24]   Jahn, A.: *Das Test-Referenz Jahr. Eine Sammlung stündlicher Werte interessierender Wetterelemente*, In: Heizung Lüftung Haustechnik (HLH), 28 (1977).

[1-25]   Steimle, F.: *Handbuch der haustechnischen Planung*, Karl-Krämer-Verlag, Stuttgart+Zürich, Abschnitt 13, 2000.

[1-26]   Petzold, K.: *Raumlufttemperatur*, Verlag Technik Berlin, Bauverlag Wiesbaden und Berlin, 2. Auflage, 1983.

[1-27]   *Verordnung über Honorar für Leistungen der Architekten und Ingenieure (HOAI)*, 5. Änderungsverordnung 21.09.1995, BGBl. I, S. 1174 verbindlich ab 01.01.96.

[1-28]   Trogisch, A.: *RLT-Anlagen – Leitfaden für die Planungspraxis*, C.F. Müller-Verlag, Heidelberg 1. Auflage, 2001.

[1-29]   DIN 1946 T6: *VDI-Lüftungsregeln – Wohnungsöüftung 10/1988*, Beuth-Verlag GmbH, Berlin

[1-30]   DIN 4108 T2 A1:. *Wärmeschutz und Energieeinsparung in Gebäude, Teil 2, Mindestanforderungen an den Wärmeschutz*, Änderung A1, 06/2002, Beuth-Verlag GmbH, Berlin

[1-31]   Hakenschmied, E. *Untersuchungen baulicher Möglichkeiten zur Stabilisierung des sommerlichen Raumklimas im Wohnungsbau*, Diss. TU Dresden, 1973.

[1-32]   Recknagel/Sprenger/Schrameck, *Taschenbuch für Heizung + Klimatechnik*, Oldenbourg-Verlag, München/Wien, 68. Auflage, 1997/98.

[1-33]   Trogisch, A.: *Lüftung und sommerlicher Wärmeschutz*, In: 11. Bauklimatisches Symposium an der TU Dresden, (2002)9.

[1-34]   Richtlinie 2002/91/EG des Europäischen Parlaments und des Rates: *Gesamtenergieeffizienz von Gebäuden*, 16.12.2002

[1-35]   DIN EN 15241: *Lüftung von Gebäuden – Berechnungsverfahren für den Energieverlust aufgrund der Lüftung und Infiltration von Nichtwohngebäuden*, 09/2007, Beuth-Verlag GmbH, Berlin

[1-36]   DIN EN 15242: *Lüftung von Gebäuden – Berechnungsverfahren zur Bestimmung Luftvolumenströme in Gebäuden einschließlich Infiltration*, 09/2007, Beuth-Verlag GmbH, Berlin

[1-37]   DIN EN 15243 :*Lüftung von Gebäuden – Berechnung der Raumtemperaturen, der Last und Energie von Gebäuden mit Klimaanlagen*, 10/2007, Beuth-Verlag GmbH, Berlin

[1-38]   DIN EN 15239: *Lüftung von Gebäuden- Gesamteffizienz von Gebäuden – Leitlinien für die Inspektion von Lüftungsanlagen*, 08/2007, Beuth-Verlag GmbH, Berlin

[1-39]   DIN EN 15240: *Lüftung von Gebäuden- Gesamteffizienz von Gebäuden – Leitlinien für die Inspektion von Klimaanlagen*, 08/2007, Beuth-Verlag GmbH, Berlin

[1-40]   Dose, St., Käppler, A: *Commissioning – Qualitätssicherung von RLT-Anlagen*, 11/2008, Masterarbeit (unv.), FH Erfurt

[1-41]   DIN V 18599: *Energetische Bewertung von Gebäuden – Berechnung des Nutz-, End- und Primärenergiebedarfs für Heizung, Kühlung, Lüftung, Trinkwarmwasser und Beleuchtung - Teil 3: Nutzenergiebedarf für die energetische Luftaufbereitung*, 02/2007, Beuth-Verlag GmbH, Berlin

[1-42]   DIN V 18599: *Energetische Bewertung von Gebäuden – Berechnung des Nutz-, End- und Primärenergiebedarfs für Heizung, Kühlung, Lüftung, Trinkwarmwasser und Beleuchtung - Teil 7: Endenergiebedarf von Raumlufttechnik- und Klimakältesystemen für den Nichtwohnungsbau*, 02/2007, Beuth-Verlag GmbH, Berlin

[2-1]   DIN 1946, T1: *Terminologie und graphische Symbole (VDI-Lüftungsregeln,)* 10/1988, Beuth-Verlag GmbH, Berlin

[2-2]   Steimle, F.: *Handbuch der haustechnischen Planung*, Karl-Krämer-Verlag, Stuttgart +Zürich, Abschnitt 13, 2000.

[2-3]   Recknagel/Sprenger/Schrameck, *Taschenbuch für Heizung + Klimatechnik*, Oldenbourg-Verlag München/Wien, 70. Auflage, 2005/06

[2-4]   DIN V 18599: *Energetische Bewertung von Gebäuden – Berechnung des Nutz-, End- und Primärenergiebedarfs für Heizung, Kühlung, Lüftung, Trinkwarmwasser und Beleuchtung , Teil 7: Endenergiebedarf von Raumlufttechnik- und Klimakältesystemen für den Nichtwohnungsbau*, 02/2007, Beuth-Verlag GmbH, Berlin

[2-5]   VDI 3804: *Raumlufttechnik für Bürogebäude)VDI-Lüftungsregeln* ; Entwurf; 04/2008, Beuth-Verlag GmbH, Berlin

[2-6]   DIN EN 13779: *Lüftung von Nichtwohngebäuden- Allgemeine Grundlagen und Anforderungen an Lüftungs- und Klimaanlagen*, 07/2005, Beuth-Verlag GmbH, Berlin

[2-7]   DIN EN 13779: *Lüftung von Nichtwohngebäuden – Allgemeine Grundlagen und Anforderungen an die Lüftungs- und Klimaanlagen*, 09/2007, Beuth-Verlag GmbH, Berlin

[2-8]   DIN 276-1: *Kosten im Hochbau, Teil 1: Hochbau*, 11/2006, Beuth-Verlag GmbH, Berlin

[2-9]   *http://air-climate.eionet.europa.eu/databases/airbase/*

[2-10]   Trogisch, A.: *RLT-Anlagen – Leitfaden für die Planungspraxis*, C.F. Müller-Verlag, Heidelberg, 2001

[2-11]   DIN EN 15243 :*Lüftung von Gebäuden – Berechnung der Raumtemperaturen, der Last und Energie von Gebäuden mit Klimaanlagen*, 10/2007, Beuth-Verlag GmbH, Berlin

[2-12l] Dietze, L.; *Freie Lüftung von Industriegebäuden*, Verlag für Bauwesen, Berlin, 1. Auflage, 1987.

[2-13]   Baumgarth, Hörner, Reeker; *Handbuch der Klimatechnik*, C.F. Müller Verlag, Heidelberg, Bd. 2, Kapitel 5, 2003.

[2-14]   *ILKA – Berechnungskatalog, Abschnitt L*, Institut für Luft- und Kältetechnik (ILK) gGmbH, Dresden.

[2-15]   Lutz/Jenisch u. a.: *Lehrbuch der Bauphysik*, B. G. Teubner-Verlag, Stuttgart, 4. Auflage 1997.

[2-16]   Kircher, F.: *Brandschutz im Bild, Rechtsvorschriften*, WEKA Bauverlag, 2001.

[2-17]   Kircher, F.: *Brandschutz im Bild, Stand 08.05*, WEKA-MEDIA GmbH & Co KG

[2-18]   Hausladen, G, u.a.: *Clima Design – Lösungen für Gebäude, die mit weniger Technik mehr können*; 2005, Verlag Georg D.W. Callwey GmbH & Co KG, München

[2-19]   DIN 4108 – T 2 – *Wärmeschutz im Hochbau*, 07/2003, Beuth-Verlag GmbH, Berlin

[2-20]   Trogisch, A. Zur Problematik der intensiven Nachtlüftung, 2003, TAB, H. 3

[2-21]   *BimSchV (Bundes-Immissionsschutzverordnung): Technische Anleitung zum Schutz gegen Lärm (TA-Lärm).*

[2-22]   *BimSchV (Bundes-Immissionsschutzverordnung): Technische Anleitung zur Reinhaltung der Luft (TA Luft).*

[2-23]   Bolsius, J.: *Gebäudekühlung mittels Luft-Erdwärmeübertrager*, In: Heizung Lüftung Haustechnik (HLH), 53 (2002), 10, 42 ff.

[2-24]   Daniels, K.: *Technologie des ökologischen Bauens*, Birkhäuser-Verlag, Basel, Boston, Berlin, 2. Auflage , 2000.

[2-25]   *Firmenschrift „Betonkernkühlung mit Zuluft –CONCRETCOLL"*, Fa. Kiefer Luft- und Klimatechnik, Stuttgart, 2006

[2-26]   VDI 6022 T1: *Hygienische Anforderungen an Raumlufttechnische Anlagen und Geräte*, 04/2006, Beuth-Verlag GmbH, Berlin

[2-27]   Schröder. D.: *Betonkernkühlung mit Zuluft*; Sonderdruck aus HLH für Fa. Kiefer
          Luft- und Klimatechnik, Stuttgart, 2006

[2-28]   Heinrich, G., Franzke, U.(Hrsg.): *Wärmerückgewinnung in lüftungstechnischen
          Anlagen*, C.F. Müller Verlag, Heidelberg, 1993.

[2-29]   VDI 2078: *VDI-Kühllastregeln*, 07/1996

[2-30]   Hanel, B. M.; *Raumluftströmung*, C. F. Müller Verlag, Heidelberg 2. Auflage,1996.

[2-31]   DIN EN 15251: *Eingangsparameter für das Raumklima zur Auslegung und Bewertung der
          Energieeffizienz von Gebäuden – Raumluftqualität, Temperatur, Licht und Akustik*,
          08/2007, Beuth-Verlag GmbH. Berlin

[2-32]   VDI 3803: *„Raumlufttechnische Anlagen" – bauliche und technische Anforderungen*,
          06/2002, Beuth-Verlag GmbH. Berlin

[2-33]   VDI 3803 (E): *„Raumlufttechnik" – bauliche und technische Anforderungen an zentrale
          Raumlufttechnische Anlagen*, Entwurf, 07/2008, Beuth-Verlag GmbH. Berlin

[2-34]   VDI 2087: *Luftleitungssysteme; Bemessungsgrundlagen*, 12/2006, Beuth-Verlag GmbH.
          Berlin

[2-35]   DIN EN 13053: *Lüftung von Gebäuden; Zentrale Raumlufttechnische Geräte; Leistungs-
          kenndaten für Geräte, Komponenten und Baueinheiten*, 11/2007, Beuth-Verlag GmbH.
          Berlin

[2-36]   Trogisch, A.; Mai, R: *Die Planung von Lüftungs- und Klimatechnik unter Beachtung der
          europäischen Normung*; Ki – Luft- und Kältetechnik (2008), H. 5; S. 30 – 36 und H. 6,
          S. 16 – 22

[2-37]   EnEV 2007: *Verordnung über energiesparenden Wärmeschutz und energiesparende
          Gebäudetechnik bei Gebäuden*; BGBl. 34 , 26.07.07

[2-38]   DIN EN 15239: *Lüftung von Gebäuden- Gesamteffizienz von Gebäuden – Leitlinien für
          die Inspektion von Lüftungsanlagen*, 08/2007, Beuth-Verlag GmbH, Berlin

[2-39]   DIN EN 15240: *Lüftung von Gebäuden- Gesamteffizienz von Gebäuden – Leitlinien für
          die Inspektion von Klimaanlagen*, 08/2007, Beuth-Verlag GmbH, Berlin

[2-40]   VDI 6026 (E): *Planen, Bauen, Betreiben: Inhalte und Beschaffenheit von zugehörigen
          Planungs-, Ausführungs- und Revisionsunterlagen der technischen Gebäudeausrüstung*,
          03/2007, Beuth-Verlag GmbH, Berlin

[2-41]   DIN EN 15255: *Wärmetechnisches Verhalten von Gebäuden, Berechnung der wahrnehm-
          baren Raumkühllast, Allgemeine Kriterien und Validierungsverfahren*, 11/2007,
          Beuth-Verlag GmbH, Berlin

[2-42]   DIN 31051: *Grundlagen der Instandhaltung*; 06/2003, Beuth-Verlag GmbH, Berlin

[2-43]   AMEV- Richtlinie „Wartung 2006": *Wartung, Inspektion und damit verbundene kleine
          Instandsetzungsarbeiten von technischen Anlagen und Einrichtungen in öffentlichen
          Gebäude*. Hrg. Arbeitskreis Maschinen- und Elektrotechnik staatlicher und kommunaler
          Verwaltungen (AMEV). Lfd. Nr. 092, Berlin 2006

[2-44]   FGK- Statusreport: Nr. 5, *Energetische Inspektion von Lüftungs- und Klimaanlagen*, Hrg.: FGK, Bietigheim-Bissingen, 2007

[2-45]   FGK- Statusreport: Nr. 6, *Energetische Inspektion von Kälteanlagen zur Klimatisierung*, Hrg.: FGK, Bietigheim-Bissingen, 2007

[3-1]   Arndt, U.; Schmitz, G.; Wobst, E.:*Expertenumfrage „Die Kältetechnik für die Klimatechnik?"* KI Kälte-Luft-Klimatechnik03/2007

[3-2]   Iselt, P. und Arndt, U.: *Die andere Klimatechnik*. 2. Auflage. Heidelberg: C. F. Müller Verlag 2002

[3-3]   Recknagel/Sprenger/Schrameck, *Taschenbuch für Heizung + Klimatechnik,* 72. Auflage 05/06, S 1093 ff, Oldenbourg – Verlag München/Wien

[3-4]   v. Brandauer, M.: *Viele Anforderungen – eine Lösung.* CCI 6/2002, 34 – 35

[3-5]   Trogisch, A. und Arndt, U.: *Gebäudeklimatisierung mit VRF-Multisplittechnik.* TGA Fachplaner 9/2005, S. 22 – 26

[3-6]   Trogisch, A. und Arndt, U.: *VRF-Multisplit-Klimaanlagen, -Maßgeschneidert, Kostengünstig-.* Intelligente Architektur 58/2007

[3-7]   Arndt, U.: *Die komfortable Luftbehandlung und Luftführung mittels VRF-Multisplittechnik.* KI Luft- und Kältetechnik 06/2004

[3-8]   Arbeitskreis der Dozenten für Regelungstechnik: *Digitale Regelung und Steuerung in der Versorgungstechnik (DDC-GA).* 2. Auflage. Berlin, Heidelberg, New York: Springer Verlag 1995

[3-9]   Reinhold, Ch.: *Mess-, Steuerungs- und Regelungstechnik.* 1. Auflage. Würzburg: Vogel Buchverlag 1999

[3-10]   Tilli, T.: *Fuzzy - die Lehre vom Unscharfen.* MC (11/93), 72 – 75

[3-11]   Wendelborn, H.: *Regelungstechnik für Niedrigenergiekälteanlagen.* KI Luft- und Kältetechnik 10/97, 468 – 471

[3-12]   Ishii, N. et al.: *Mechanical efficiency of a variable speed scroll compressor* Proc. of the internat. Compressor. Eng. Conf. at Purdue, West Lafeyette, Ind. USA.1 (1990), S. 192 – 199

[3-13]   Kaiser, H.: *System- und Verlustanalyse von Kältemittelverdichtern unterschiedlicher Bauart.* Forschungsberichte des Deutschen Kälte- und Klimatechnischen Vereins (DKV) Nr. 14, 1985

[3-14]   Arndt, U.: *Gasmotor-Antrieb für innovative Klimasysteme.* KK Die Kälte+Klimatechnik 11/2007

[3-15]   *Time to turn to gas?* In: rac refrigeration and air conditioning magazine, July 2003, S.25

[3-16]   Brockmann, T. u. a.: *Gaswärmepumpen.* Broschüre der Arbeitsgemeinschaft für sparsamen und umweltfreundlichen Energieverbrauch (ASUE) e. V., Verlag Rationeller Energieeinsatz, Kaiserslautern, 12/2002

[3-17]   *Heizen-Kühlen-Klimatisieren mit Gaswärmepumpen.* Tagungsmaterial der Fachtagung vom 15.10.2003 in Göppingen. Veranstalter: ASUE Kaiserslautern

[3-18]   Frigger, R.: *Voll-Gas geben! Kaut/SANYO und der Gas-Wärmepumpen-Markt.* In: KKA Kälte Klima Aktuell, (2005)2, S. 64 – 65

[3-19]   Herstellerunterlagen Fa. Kaut/SANYO

[3-20]   Arndt, U.: *Mehr als eine Klima-Alternative.* CCI 11/2000, 85 – 87

[3-21]   Arndt, U.: *ECO-Multisysteme.* KK Die Kälte- und Klimatechnik, 51. Jahrgang 1998, 908 – 915

[3-22]   *Gebäudesimulation mit VRF-ECO-Multisplitsystemen,* ILK Dresden 1998/99. Forschungsvorhaben 211/97 des BMWi

[3-23]   Iselt, P. und Arndt, U.: *Untersuchungen von VRF-Multisplitanlagen am Institut für Luft- und Kältetechnik (ILK) Dresden.* KK Die Kälte & Klimatechnik 4/2000, 46 – 54

[3-24]   Klinkert,V./Agsten,R./Krause,H.: *Gaswärmepumpe zum Heizen und Kühlen, Erfahrungen aus dem ersten Feldversuch.* In: Ki Luft- und Kältetechnik 1-2/2005, S. 18 – 24.

[3-25]   Nitschke-Kowsky, P./Schumacher,T./Lenhart,W.: *Gas-Wärmepumpe im Feldtest.* In: Clima Commercial International (CCI), (2005)11, S. 30 – 31

[3-26]   Trogisch, A. und Arndt, U.: *VRF-Technik nach DIN V 18599, Energetische Bewertung von Gebäuden.* Fach.Journal, Ausgabe 2008

[3-27]   Franzke, U.: *Sommerlicher Kühlbedarf gut wärmegedämmter Gebäude.* KK Die Kälte & Klimatechnik 2/2002, 24 – 32

[3-28]   Frommann, A.; Holzmann, R. und Frigger, R.: *Abgerechnet wird zum Schluss.* KK Die Kälte & Klimatechnik 10/2001, 24 – 32

[3-29]   Arndt, U.; Jantsch, U.: *Digitale Regelung von VRF-Multisplitsystemen;* KI Luft- und Kältetechnik, 10/2002, S. 468 ff

[4-1]   Sefker, T.: *So funktioniert FSL,* Clima Commercial International (CCI), (2002) 5, S. 101 – 103

[4-2]   Makulla, D.: *Vorwärts zurück zum Induktions-Klima,* In: Clima Commercial International (CCI), (2002) 5, S. 90 – 96

[4-3]   Roth, W.: *Das Geheimnis der FORKS;* In: Clima Commercial International (CCI) (2002) 4, S. 51 – 55.

[4-4]   DIN 1946 T2: *Raumlufttechnik – Gesundheitstechnische Anforderungen* , Beuth Verlag, Berlin, 1964.

[4-5]   DIN EN ISO 20140-T10: *Messung der Schalldämmung in Gebäuden und von Bauteilen – Messung der Luftschalldämmung kleiner Bauteile in Prüfständen,* 1992.

[5-1]   DIN 1946 T6: *Raumlufttechnik – Lüftung von Wohnungen,* 10/1998, Berlin, Beuth-Verlag GmbH

[5-2]   EnEV; *Verordnung über energiesparenden Wärmeschutz und energiesparende Anlagentechnik bei Gebäuden (12/2004)*

[5-3]   DIN EN 12831: *Heizungsanlagen in Gebäuden – Verfahren zur Berechnung der Normheizlast,* 08/2003, Berlin, Beuth-Verlag GmbH

[5-4]   DIN EN 832:- *Berechnung des Heizenergieverbrauchs.* Berlin, Beuth-Verlag GmbH

[5-5]   Hartmann, T. *Ziele der neuen DIN 1946 T6,* 1. Symposium der Wohnungslüftung an der Univerität Stuttgart, 2003

[5-6]   DIN 1946 T6 (Entwurf): *Raumlufttechnik – Lüftung von Wohnungen, Allgemeine Anforderungen, Anforderungen zur Bemessung, Ausführung und Kennzeichnung, Übergabe/Übernahme (Abnahme) und Instandhaltung* 12/2006, Berlin, Beuth-Verlag GmbH

[5-7]   EnEV 2007: *Verordnung über energiesparenden Wärmeschutz und energiesparende Gebäudetechnik bei Gebäuden*; BGBl. 34 , 26.07.07

[5-8]   Berhorst, H.: DIN 1946 Teil 6: Konsequenzen für Planer, Bauherren und Nutzer, Moderne Gebäudetechnik, 2006, H. 5, S. 40 bis 41

[5-9]   Trogisch, A.: *Zur Problematik des Lüftens von Wohnungen,* TGA-Fachplaner, 2005. H. 3, S. 70 – 76

[5-10]   DIN 4701: *Regeln für die Berechnung des Wärmebedarfs von Gebäuden – Grundlagen der Berechnung,* Beuth-Verlag, 1983

[5-11]   DIN 18017- T3: *Lüftung von Bädern und Toilettenräumen ohne Außenfenster,* 08/1990, Berlin, Beuth-Verlag GmbH

[5-12]   Mürmann, H.: *Wohnungslüftung* ; C.F. Müller-Verlag, Heidelberg, 5. Aufllage, 2006.

[5-13]   Recknagel/Sprenger/Schrameck, *Taschenbuch für Heizung + Klimatechnik,* Oldenbourg-Verlag, München/Wien, 70. Auflage, 2001/02, S. 1525 ff.

[5-14]   Ewe, T.: *Vom Lüften zum Sparen – Leidet die Luftqualität in gut gedämmten Häusern – Ein Diskurs*; Bild der Wissenschaften plus; Sonderpublikation der IBZ Initiative Brennstoffzelle, Leipzig, 2004

[5-15]   Meyer, M, u.a.; *Zentrale Wohnungslüftung – eine unfertige Technologie ?*; TAB 9/2003, S. 57 ff.

[5-16]   Leitzinger, W. u.a.: *Wohnungslüftungsanlagen in Österreich , Praxiserfahrungen und Forschungsbedarf,* KI Luft- und Kältetechnik, 2005, H. 1 – 2, S. 42 – 45

[5-17]   VDI 6022 T1: *Hygienische Anforderungen an Raumlufttechnische Anlagen und Geräte,* 04/2006, Beuth-Verlag GmbH, Berlin

[5-18]   Schmidt, W.: *Wohnungslüftung auf der ISH – Hygienische Gratwanderung,* 2005, SBZ, H. 13, S. 62 – 65

[5-19]   Prospektunterlage Fa. Junkers Bosch Thermotechnik

[5-20]   .... *Die Suche nach behaglichen Raumverhältnissen*; Sanitär- und Heizungstechnik, 2005, H. 7, S. 32 – 36

[5-21]   Prospektunterlage Fa. Lunos

[5-22]   Händel, C.: *Mit kontrollierter Wohnungslüftung sanieren – Frische Luft in alten Mauern*, Gebäudeenergieberater, Gentner-Verlag Stuttgart, 2008, H. 9. S 26 bis 31

[5-23]   Berhorst, H.: *Gemeinsamer Betrieb von Wohnungslüftungsgeräten und Feuerstätten*, 1. Symposium der Wohnungslüftung, Univ. Stuttgart, 2003

[5-24]   Solcher, O.: *Dichtheitsanforderungen an moderne Gebäude; Mindestluftwechsel gewährleisten*, Fa. Lunos-Lüftung GmbH Berlin, Vortrag, air nova 2002 , Pinkafeld.

[5-25]   Woßky, D.; *Energetische und wirtschaftliche Optimierung von TGA-Anlagen in einem Ferienobjekt*, Diplomarbeit HTW DD, 2002, (unv.).

[6-1]   Heinrich,G. / Franzke,U: *Sorptionsgestütze Klimatisierung*, C.F. Müller-Verlag, Heidelberg, 1997.

[6-2]   Trogisch, A., Franzke,U: *Feuchte Luft und kühle Raumumschließungsflächen*, Technik am Bau (TAB), 49(2001), H.12

[6-3]   Meierhans/Olesen: *Betonkernaktivierung*, Fa. Velta. 1. Auflage, 1999.

[6-4]   Firmenschrift Fa. Kiefer: *Nachwärmung durch Bauteilkühlung*, 1999.

[6-5]   Detzer, R., Boiting, B.: *PCM eröffnet neue Wege für die Raumlufttechnik*, KI-Luft- u. Kältetechnik, 2004, H.9, S. 350 bis 352

[6-6]   Jesske, J.: *Energetische Bewertung des Einsatzes plattenförmiger PCM-Verbundmaterialien in der Klimatechnik*, 2003, HTW DD , Diplomarbeit (unv.)

[6-7]   Firmenschrift Imtech und Emco: *„emcopcm-Raumtemperierung“*, 09/2004

[6-8]   Deeke, H. Günther, M. Olesen B.: *velta contec – Die Betonkernaktivierung*, 2003, 1. Auflage, Eigenverlag: Wirsbo.VELTA GmbH & Co. KG

[6-9]   Trogisch, A, Günther, M.: *Planungshilfen bauteilintegrierte Heizung und Kühlung*, 1. Aufl., C.F. Müller-Verlag, Heidelberg, 2008

[6-10]   Firmenschrift Emco/Lingen

[7-1]   [2-33]VDI 3803 (E): *„Raumlufttechnik“ – bauliche und technische Anforderungen an zentrale Raumlufttechnische Anlagen*, Entwurf, 07/2008, Beuth-Verlag GmbH. Berlin

[7-2]   Daniels, K.: *Gebäudetechnik*, Oldenbourg-Industrieverlag, München, 3. Auflage, 2000,

[7-3]   Recknagel/Sprenger/Schrameck, *Taschenbuch für Heizung + Klimatechnik*, Oldenbourg-Verlag, München/Wien, 70. Auflage, 2001/02 S. 1525 ff..

[7-4]   Baumgarth, Hörner, Reeker; *Handbuch der Klimatechnik*, C.F. Müller Verlag, Heidelberg, Bd. 2, Kaiptel 5, 2003.

[7-5]   Steimle, F.: *Handbuch der haustechnischen Planung*, Karl-Krämer-Verlag, Stuttgart + Zürich, 2000.

[7-6]   Arbeitskreis der Dozenten der Klimatechnik (Hrsg.). *Handbuch der Klimatechnik*, C.F. Müller-Verlag, Heidelberg, Band 1, 1989.

[7-7]   Heinrich, Najork, Nestler (Hrsg.): Wärmepumpenanwendung in Industrie, Landwirtschaft, Gesellschafts- und Wohnungsbau; Verlag Technik, Berlin, 1982.

[7-8]   *BimSchV (Bundes-Immissionsschutzverordnung): Technische Anleitung zum Schutz gegen Lärm (TA-Lärm).*

[7-9]   Reuß, M., Sanner, B.: *Auslegung von Wärmequellenanlagen erdgekoppelter Wärmepumpen*, Heizung Lüftung Haustechnik (HLH), 51 (2000) 4, S. 50 ff.

[7-10] DIN EN 13779: *Lüftung von Nichtwohngebäuden – Allgemeine Grundlagen und Anforderungen an die Lüftungs- und Klimaanlagen,* 09/2007, Beuth-Verlag GmbH, Berlin

[7-11] Inormationsschrift: *Latentwärmespeicher,* 2002, BINE-Informationsdienst IV/02, Fachinformationszentrum Karlsruhe

[7-12] Detzer, R., Boiting, B.: *PCM eröffnet neue Wege für die Raumlufttechnik,* KI-Luft- u. Kältetechnik, 2004, H.9, S. 350 bis 352

[7-13] Firmenschrift Imtech und Emco: *„emcopcm-Raumtemperierung",* 09/2004

[8-1]   VDI 2089 (E) : Blatt 1: *Technische Gebäudeausrüstung von Schwimmbädern – Hallenbäder,* 09/2008, Beuth-Verlag GmbH. Berlin

[8-2]   VDI 2071: *Wärmerückgewinnung in Raumlufttechnischen Anlagen,* 12/1997 bzw. Gültigkeitsverlängerung 07/2003, Beuth-Verlag GmbH. Berlin

[8-3]   VDI 2089 (E) : Blatt 2: *Technische Gebäudeausrüstung von Schwimmbädern – Energie- und Wassereffizienz in Schwimmbädern,* 02/2008, Beuth-Verlag GmbH. Berlin

Stichwortverzeichnis

A

Abluftöffnung 194
Absorptionskältemaschine 319
adiabate Kühlung 126, 162
Amplitude der Raumlufttemperatur 58
Amplitudendämpfungsfaktor 52
Anordnung 220
Atrium 134
Aufbereitungsformen 158
Aufbereitungsgeräte 171
Aufenthaltsbereich 6
Auftriebsströmung 109
Außeneinheit 242
Außenluftansaugung 139
Außenluftöffnung 145
Außenlufttemperatur 23
Außenwandluftdurchlasselemente 293
Äußere Kühllast 40
Äußere Wärmebelastung 31

B

Bauteilkühlung 306
Bauwerksmasse 21
Beckenwassertemperatur 334
Befeuchten mit Wasser 162
Betriebsverhalten 259

C

CO2-Konzentration 106

D

Dachaufsatzlüftung 120
Dauerlüftung 116
DEC-Verfahren 303
Dezentrale Fassadenlüftungssysteme 267
dezentrale Klimatisierung 96
dezentrale Lüftungsgeräte 269
Dichtheitsklassen 229

D

Drallstrahl 191
Drehzahlregelung 252, 253
Drei-Rohr-System 256
Druckdifferenzen 272

E

eingeschwungener Zustand 58
einseitige Lüftung 116
Einteilung der RLT-Anlagen 92
Eisspeicherung 324
EnEV 2007 84
Entfeuchten 162
Enthalpieübertragungsgrad 166
Entspeicherung 54
Erdreich 326
Erdwärmekollektor 327
Erdwärmesonde 328

F

Fensterlüftung 115
Feuchteschutzluftstufe 282
Feuchteübertragungsgrad 166
Filter 179
Flächenkühlsystem mit Luft 154
Flächenkühlung 305
Fortluftführung 139
Fortluftöffnung 145
Freie Lüftungssysteme 100
Freistrahl 189

G

gasbetriebene Außeneinheiten 258
Gesamtenergieeffizienz Gebäude 80
Gesamtkühllast 55
Gesamtverdunstungsbeiwert 336
Gravitationswärmerohr 169
Grundluftstufe 282

H

Hallenbad 333
Heizlast 21
Hochleistungswärmeübertrager 338
hygienische Behaglichkeit 1

I

Inneneinheit 242
Innenraumklima 18
Innentemperatur 16
Innere Kühllast 53
Innere Wärmebelastung 33
Inspektion und Wartung 234
Intensive Nachtlüftung 136
Intensivluftstufe 282
Isothermer Strahl 192

J

Jahresarbeitszahl 88, 328
Jahresenergieverbrauch 260

K

Kälteerzeugung 311, 313
Kältespeicherung 323
Kältezentrale 317
Kaltluftsträhnen 120
Kaltwassernetz 323
Kapillarwärmerohr 169
Kastengerät 175
Klappen 180
Klassifizierung der Abluft 104
Klassifizierung der Außenluft 101
Klimaanlagen 84
Kompressionskältemaschine 319
Kontrollierte Wohnungslüftung 279
Kosten für RLT-Anlagen 222
Kostenvergleich 262
Kühlen 160
Kühlen mit Taupunktunterschreitung 161
Kühllast 29
Kühlprozess 303
Kühlung 311
KV-Systems 169

L

Latentspeicher 323
Leistungsregelung 252
Luftarten 3
Luftaufbereitung 157

Luftbefeuchtungssystem 86

Luftbefeuchtungssystem 86
Luftbrunnen 150
Luftdichtheit 229
Luftdurchlass 180, 200
Luftentfeuchung 339
Lufterfasser 200
Luftführungsarten 195
Luftleitung 179
Lufttemperatur 334
Lufttransport 179
Lüftung nach dem Vermischungsprinzip 196
Lüftungsanlagen 83
Lüftungsheizlast 21
Luftverteiler 200
Luftvolumenstrom 1
Luftwechsel 107

M

mechanische Lüftung 100
Mechanische Wohnungslüftung 292
Mindestabstand 145
Mindestaußenluftvolumenstrom 2
Mindestluftstufe 282
Mischen 163
mittlere Raumlufttemperatur 58
mittlerer Wärmedurchgangskoeffizient 26

N

Nennkälteleistungszahl 87
neutrale Linie 111
Nichtisothermer Strahl 192
Nichtwohngebäude 82
Norm-Innentemperatur 24
Norm-Lüftungsverlustwärmekoeffizient 25

O

Oberflächenkühler 322
Oberflächentemperatur 13
operative Temperatur 4, 16
optimaler Außenluftvolumenstrom 61

P

PCM = Phase Change Materials 307
Physiologische Wärmebelastung 34
Planungsablauf RLT-Anlage 232
Plattenwärmeübertrager 168
PMV-Index 10
PPD-Index 10

Q

quasistationärer Zustand 55
Quelllüftung 197
Querlüftung 116

R

Rauch- und Wärmeabzugsanlagen (RWA) 121
Rauchabzugsanlagen 121
Raumbedarf 213
Raumdurchspülung 115
Raumhöhenkorrekturfaktor 28
Raumluftqualität 100
Raumlufttemperatur 4
Raumstrahl 189
Raumströmung 187
Regenerativwärmeübertrager 168
RLT-Zentrale 213
Rückfeuchtzahl 166
Rückkühler 319
Rückwärmzahl 86, 166, 338

S

Schachtlüftung 117
Schadstoffemission 20
Schalldämpfer 179
Schwerkraftkühlung 307
Schwimmhallennutzung 336
SFP-Kategorien 228
SFP-Wert 83
Sommerlicher Wärmeschutz 65
sorptionsgestützte Klimatisierung 303
Speicherung 54
Speicherverhalten 45
speicherwirksame Masse 21
spezifische Ventilatorleistung P_{SFP} 225
Stille Kühlung 197, 307
Strahlimpuls 188
Strahlungsasymmetrie 5
Strahlungslast 40
Strömungen infolge thermischer Kräfte 190
summative thermische Behaglichkeit 15

T

Teillastverhalten 260
Temperaturübertragungsgrad 166
thermische Behaglichkeit 7
thermischer Auftrieb 109
Thermolabyrinth 150

Transmissionsheizlast 21
Transmissionskühllast 47
Transmissions-Wärmeverlust-Koeffizient 23

U

Umschaltregenerator 168
unterbrochene Lüftung 116

V

Ventilator 179
Verdrängungslüftung 197
Verdunstung 334
Versperrungen im Raum 195
Vertikaler Lufttemperaturgradient 13
Volumenstromregler 180
Vorbemessung Wärmeschutz 66
Vorhangfassaden 126
VRF-Anlagen 96
VRF-Multisplittechnologie 239

W

Wandstrahl 189
Wärmeabsorptionsvermögen 58
Wärmeabzugsanlagen 123
Wärmebelastung 30
Wärmebelastung durch Beleuchtung 36
Wärmebelastung durch Maschinen 38
Wärmedurchgangskoeffizient 21
Wärmelastberechnung 20
Wärmepumpe 338
Wärmerückgewinnung 164
Wärmeschutz 64
Wärmespeicherung 323
Wetterschutzgitter 180
Winddruck 109
Windeinflüsse 273
Winterlicher Wärmeschutz 64
Wirtschaftlichkeit 259
Wohngebäude 83
WRG-System 86

Z

zentrale Klimatisierung 96
Zugluftrisiko 11
Zuluftöffnung 193
Zuluftstrahl 188
Zustandsänderungen 158
Zwei-Rohr-System 255